Andreas Weder

Entwurf anwendungsspezifischer drahtloser Körpernetzwerke zur Vitalparameterübertragung

Beiträge aus der Informationstechnik

Andreas Weder

Entwurf anwendungsspezifischer drahtloser Körpernetzwerke zur Vitalparameterübertragung

 VOGT

Dresden 2013

Bibliografische Information der Deutschen Bibliothek
Die Deutsche Bibliothek verzeichnet diese Publikation in der Deutschen
Nationalbibliografie; detaillierte bibliografische Daten sind im Internet über
http://dnb.ddb.de abrufbar.

Bibliographic Information published by the Deutsche Bibliothek
The Deutsche Bibliothek lists this publication in the Deutsche
Nationalbibliografie; detailed bibiograpic data is available in the internet at
http://dnb.ddb.de.

Zugl.: Dresden, Techn. Univ., Diss., 2013

Die vorliegende Arbeit stimmt mit dem Original der Dissertation
„Entwurf anwendungsspezifischer drahtloser Körpernetzwerke zur
Vitalparameterübertragung" von Andreas Weder überein.

Gesetzt vom Autor

ISBN 978-3-938860-63-2

Jörg Vogt Verlag
Niederwaldstr. 36
01277 Dresden
Germany

Phone: +49-(0)351-31403921
Telefax: +49-(0)351-31403918
e-mail: info@vogtverlag.de
Internet : www.vogtverlag.de

TECHNISCHE UNIVERSITÄT DRESDEN

Entwurf anwendungsspezifischer drahtloser Körpernetzwerke zur Vitalparameterübertragung

Andreas Weder

von der Fakultät Elektrotechnik und Informationstechnik
der Technischen Universität Dresden

zur Erlangung des akademischen Grades eines

Doktoringenieurs

(Dr.-Ing.)

genehmigte Dissertation

Vorsitzender: Prof. Dr.-Ing. habil. Malberg
Gutachter: Prof. Dr.-Ing. habil. Fischer
               Prof. Dr.rer.nat. Henrich

Tag der Einreichung: 29.03.2012
Tag der Verteidigung: 25.03.2013

Inhaltsverzeichnis

1. **Einleitung**   **1**

2. **Drahtlose Datenübertragung in der Medizintechnik**   **7**
   2.1. Grundlagen 7
      2.1.1. Motivation 7
      2.1.2. Problemfelder von Funktechniken im Gesundheitssektor 8
   2.2. Anwendungsszenarien von Funktechniken in der Medizin 11
      2.2.1. Überblick 11
      2.2.2. Medizinische Informationstechnik 11
      2.2.3. Steuerung medizinischer Geräte 13
      2.2.4. Identifikationsanwendungen 13
      2.2.5. Patientenmonitoring 15
      2.2.6. Zusammenfassung und Ausblick 16
   2.3. Wireless Body Sensor Networks 18
      2.3.1. Grundlagen 18
         2.3.1.1. Geschichtliche Entwicklung 18
         2.3.1.2. Motivation und Nutzen 20
         2.3.1.3. Konzeptionelle Unterschiede zwischen Wireless Sensor Networks und Wireless Body Sensor Networks 22
      2.3.2. Technische Betrachtungen 23
         2.3.2.1. Drahtlose Kommunikation in Körpernähe 23
         2.3.2.2. Gebrauchstauglichkeit 25
         2.3.2.3. Netzwerktopologien 25
         2.3.2.4. Energetischer Vergleich von Instruktionsausführung und Datenübertragung 28
         2.3.2.5. Betriebszustände von Transceivern 32
      2.3.3. WBSN-Konzepte in der Literatur 34
   2.4. Komerzielle Funktechnologien für Body Sensor Networks 36
      2.4.1. Bluetooth 36
         2.4.1.1. Grundlegende Eigenschaften 37
         2.4.1.2. Bluetooth-Stack 38
         2.4.1.3. Health Device Profile (HDP) 40
         2.4.1.4. Bluetooth Low Energy 42
      2.4.2. IEEE 802.15.4 43
         2.4.2.1. Eigenschaften der physikalischen Schicht 43
         2.4.2.2. Knotentypen und Netzwerktopologie 44
         2.4.2.3. Operationsmodi und Superframe-Struktur 45
         2.4.2.4. Praktische Anwendung 46

	2.4.3.	ZigBee	46
	2.4.3.1.	Allgemeines	46
	2.4.3.2.	Netzwerk und Routing	48
	2.4.3.3.	Anwendungsschicht und Profile	49
	2.4.3.4.	ZigBee Health Care Profile	51

3. Entwicklung eines Experimentalsystems   **53**

3.1. System-Konzept 53
3.2. Hardwareentwurf 54
    3.2.1. Überblick 54
    3.2.2. Entwurfsentscheidungen 55
    3.2.3. Transceiverschaltkreise 56
    3.2.4. Mikrocontroller 60
    3.2.5. Ergebnisse 61
       3.2.5.1. Entwicklungshardware *»BSN-Develboard«* 61
       3.2.5.2. Universelle BSN-Hardware *»BSN-UniNode«* 63
       3.2.5.3. Spezialisierte Hardwarebaugruppen 65
3.3. Firmware 67
    3.3.1. BSN-Modem-Firmware 68
    3.3.2. SD-Kartenübertragung 75
3.4. Softwarewerkzeuge zur Nutzung und Optimierung der Körpernetzwerke 78
    3.4.1. Konfigurationssoftware 79
    3.4.2. Programmiersoftware 80
    3.4.3. Evaluationssoftware 81
       3.4.3.1. Konzept 82
       3.4.3.2. Formatbeschreibung der Testfälle 83
       3.4.3.3. Umsetzung und Anwendung 85
3.5. Strommessung zur Charakterisierung von Transceiverschaltkreisen 86
    3.5.1. Vorgehensweise 86
    3.5.2. Strommessungen am Beispiel des nRF24L01 90
    3.5.3. Zusammenfassung der Messergebnisse 94
3.6. Ergebnisse 95
    3.6.1. Szenario I: Periodische Sensordatenübertragung ... 96
    3.6.2. Szenario II: Dateiübertragung 100

4. Modellierung und Simulation   **103**

4.1. Motivation 103
4.2. Diskrete Ereignissimulation 105
4.3. Simulationswerkzeuge 106
    4.3.1. ns-2 und ns-3 106
    4.3.2. OPNET-Modeler 108
    4.3.3. OMNeT++ 108
    4.3.4. Weitere Simulationswerkzeuge 110
    4.3.5. Zusammenfassung 111
4.4. Energieberechnungsmodelle des nRF24L01 in C++ 111
    4.4.1. FSM-Modell 111

4.4.2. Empirisches Modell 113
4.4.3. Zusammenfassung 118
4.5. Simulationsmodell in MiXiM 119
4.5.1. Grundlagen 119
4.5.2. Konzept des Simulationsmodells 119
4.5.3. Physikalische Schicht 121
4.5.4. MAC-Schicht 123
4.6. Anwendung des Simulationsmodells 125
4.6.1. Energetische Untersuchungen 125
4.6.2. Protokollanalyse 127
4.6.3. Entwicklung eines Protokolls mit reduziertem Energieverbrauch auf Empfänger-
seite 130
4.7. Zusammenfassung 134

5. Zusammenfassung   137

Literaturverzeichnis   141

Abkürzungsverzeichnis   157

A. ISM-Bänder   161

B. Hardware   163
B.1. Entwicklungshardware »BSN-Develboard« 163
B.2. Erweiterungsplatine »nRF24L01-Daughter-Card« 165
B.3. Universelle BSN-Hardware »BSN-UniNode« 166
B.4. Optimierte Basisstation »BSN-USBBaseStation« 168
B.5. Körpereinheit »BSN-BodyUnit« 170
B.6. BSN-Funkmodul »BSN-Modem« 172

C. Software   175
C.1. XML-Syntax-Definition für Testfälle 175
C.2. Beispielkonfiguration für das FSM-Modell in C++ 177
C.3. Messsoftware für LabVIEW 178

1. Einleitung

Moderne IT-Systeme, die eine digitale Datenverarbeitung ermöglichen, sind inzwischen ein fester Bestandteil der Infrastruktur im Medizinsektor geworden. Mit ihrer Hilfe lassen sich Abläufe effizienter gestalten und somit der Anteil zeitaufwendiger Routinearbeiten minimieren. Auch Systeme, die sich die Vorteile drahtloser Datenübertragungen zu Nutze machen befinden sich bereits im praktischen Einsatz [25, 88]. Solche Funknetzwerke werden beispielsweise eingesetzt, um dem medizinischen Personal einfachen und vor allem ortsunabhängigen Zugriff auf Patientenakten zu gewähren [25]. So können Ärzte bei der täglichen Visite mit Hilfe von Notebooks, PDAs oder Smartphones drahtlos auf digital vorliegende Daten wie die Behandlungshistorie, neue Untersuchungsergebnisse oder Laborberichte zugreifen (*»Mobile Visite«*). Ein umständliches und zeitaufwendiges Herstellen einer Verbindung zum Krankenhausnetzwerk mit Hilfe von Kabeln ist dabei nicht mehr notwendig.

Die Anwendung mobiler, funkbasierter Geräte vermeidet an dieser Stelle auch den Medienbruch zwischen analoger und digitaler Welt. Notizen und Behandlungsanweisungen können direkt digital aufgezeichnet werden, ein späteres Übertragen der handschriftlichen Notizen an einem stationären Arbeitsplatzrechner ist nicht mehr notwendig. Dadurch wird die Gefahr von Fehleingaben reduziert und unnötige Doppelarbeit vermieden.

Bei der Technik, die in Kliniken am häufigsten für Funknetzwerke eingesetzt wird, handelt es sich in der Regel um speziell für den Krankenhauseinsatz zertifizierte WLAN-Geräte nach dem IEEE802.11-Standard [88, 80].

Betrachtet man die vom Statistischen Bundesamt bis 2030 erwarteten und in Abbildung 1.1 dargestellten Veränderungen in der Altersstruktur der deutschen Bevölkerung, zeigt sich, dass der Anteil der Älteren in der Gesellschaft weiter wächst. Verknüpft mit dem Wissen über die erwartete Häufigkeit von Krankenhausfällen (Abbildung 1.2a) und die im Alter stark steigenden Krankheitskosten (Abbildung 1.2b), wird deutlich, dass das Gesundheitssystem vor einer weiteren grundlegenden Herausforderung steht. Weil eine durchschnittlich ältere Gesellschaft mehr medizinische Versorgung benötigt, wird sich der demographische Wandel im Gesundheitssystem also vor allem durch Kostensteigerungen bemerkbar machen. Neben der Verbesserung bestehender IT-Systeme, gilt es daher auch neuartige technische Ansätze zu betrachten um dieser Entwicklung in gewissen Maß entgegenzuwirken.

Ein solcher neuartiger Ansatz ist die Verwendung von drahtlosen Körpernetzwerken (*Wireless Body Sensor Networks*, WBSN). Ein WBSN ist ein Funknetzwerk aus kleinen Geräten, die direkt am Körper getragen werden. Mit Hilfe von Sensoren zeichnen sie verschiedenste Vitalparameter auf und kommunizieren drahtlos miteinander.

Abbildung 1.3 zeigt ein mögliches Anwendungsszenario eines solchen WBSNs für die autonome Langzeitüberwachung von Patienten. Das dargestellte System besteht in diesem Fall aus mehreren Sensoren zur Erfassung diverser Vitalparameter (Körpertemperatur, EKG, EEG, Blutsauerstoffsättigung (SPO2), Atmung und Bewegung) und einer zentralen Steuereinheit, die das Netzwerk kontrolliert und die empfangenen Sensordaten auswertet und speichert.

Je nach Anwendungsgebiet ergeben sich durch den Einsatz drahtloser Körpernetzwerke verschiedene Vorteile: Im Krankenhaus lassen sich damit kabelgebundene Vitalparameterüberwa-

Bevölkerung nach Altersgruppen in Tausend / in % der Gesamtbevölkerung

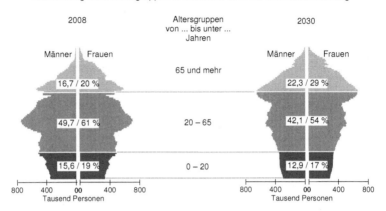

Abbildung 1.1.: Demographischer Wandel in Deutschland (Quelle [206]).

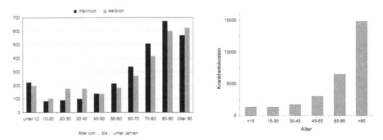

(a) Krankenhausfälle je 1 000 Einwohner nach Alter und Geschlecht 2008 (Quelle [207])

(b) Krankheitskosten nach Alter (Datenbasis [205]).

Abbildung 1.2.: Statistische Angaben zu Kosten und Krankheitshäufigkeiten im deutschen Gesundheitssystem für unterschiedliche Altersgruppen.

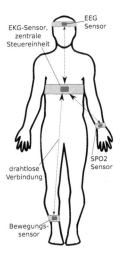

EKG-Sensor, zentrale Steuereinheit

EEG Sensor

drahtlose Verbindung

SPO2 Sensor

Bewegungs-sensor

Abbildung 1.3.: Anwendungsbeispiel eines autonomen drahtlosen Körpernetzwerks (WBSN) mit zentraler Steuereinheit und verschiedenen Vitalparametersensoren.

chungssysteme ersetzen. Die einzelnen Sensorknoten werden beispielsweise mit Hilfe von Klebe-systemen, elastischen Bändern oder Gurten am Patienten befestigt. Das zeitaufwendige und fehler-anfällige Verkabeln einzelner Sensoren mit einem zentralen Patientenmonitor kann entfallen. Die drahtlose Verbindung wird vom System autonom hergestellt. Denkbar ist auch die automatis-che Neukonfiguration ohne Nutzereingriff bei der Verlegung von Patienten. Durch die einfachere Handhabung wird hier besonders das medizinische Personal entlastet. Für den Patienten resultiert der Wegfall der Kabelverbindungen in einer gesteigerten Bewegungsfreiheit.

Der Einsatzbereich von WBSNs ist dabei jedoch nicht auf die Verwendung im Krankenhaus beschränkt. Andere Konzepte [247] sehen beispielsweise vor, stabile Patienten zeitiger aus der Klinik in ihr gewohntes Lebensumfeld zu entlassen. Voraussetzung dafür ist die Nutzung eines zuverlässigen autonomen Körpernetzwerkes, das durch eine permanente Überwachung der Vital-parameter sicherstellt, dass bei kritischen Änderungen des Gesundheitszustands ein Alarm aus-gelöst wird. Damit lassen sich Kosteneinsparungen realisieren, ohne aber gleichzeitig die Qualität der Betreuung zu verringern.

Auch in den Bereichen Home-Care, *Ambient Assisted Living* (AAL), Wellness und Sportmedi-zin besteht zunehmend Bedarf an Langzeitüberwachungssystemen [147]. Der Trend geht bei allen genannten Bereichen dahin, die verschiedensten Vitalparameter zu analysieren und miteinan-der in Verbindung zu setzen (Sensordatenfusion) und dadurch die Diagnosemöglichkeiten zu verbessern.

Ein wichtiger Vorteil einer Langzeitüberwachung besteht darin, dass die Vitalparameter über einen langen Zeitraum in der typischen Lebensumgebung und nicht nur bei einer kurzfristigen Untersuchung in der Klinik aufgezeichnet werden. Daraus resultiert in der Regel zuverlässigeres Datenmaterial. Weiterhin können solche Systeme dazu beitragen, die Eigenverantwortlichkeit

3

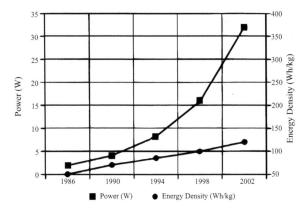

Abbildung 1.4.: Vergleich der Entwicklung vom Energiebedarf mobiler Systeme und der Energiedichte von Energiespeichern (Quelle: [191, S. 218])

der Patienten zu stärken, Gesundheitstrends frühzeitig zu erkennen und gegebenenfalls rechtzeitig gegensteuern und eine Einlieferung in eine Klinik vermeiden zu können [70]. Die Anwendung neuartiger WBSN-Konzepte adressiert also nicht nur Kostenaspekte sondern gibt Ärzten eine bessere Datenbasis für ihre Entscheidungen und macht schließlich auch zielgerichtetere Behandlungen einschließlich einer besseren Erfolgskontrolle möglich.

Die Herausforderung bei der Entwicklung von WBSN-Systemen besteht darin, dass eine Vielzahl unterschiedlicher und teilweise gegensätzlicher Anforderungen zu erfüllen sind. Abbildung 1.4 verdeutlicht eines dieser grundlegenden Gegensätze: Der Energiebedarf mobiler Systeme ist aufgrund der Verwendung immer schnellerer Prozessoren und Funksystemen mit immer höheren Datenraten in den letzten Jahren deutlich angestiegen. Die Energiedichte gängiger Energiespeicher ist hingegen deutlich langsamer gewachsen. Die vergleichsweise langsamen Fortschritte in der Batterietechnologie müssten also durch eine Zunahme von Batteriegröße und -gewicht kompensiert werden, um den gestiegenen Energiebedarf zu decken und ausreichend lange Laufzeiten zu erreichen. Eine Zunahme von Größe und Gewicht steht aber im Widerspruch zu den Anforderungen die verlangen, dass ein Körpernetzwerk aus kleinen, leichten und mobilen Sensoren besteht, die sich direkt in oder auf der Kleidung tragen lassen.

Eine weitere Herausforderung ist die große Vielzahl der unterschiedlichen Anwendungsszenarien. Den meisten drahtlosen Körpernetzwerken ist jedoch gemein, dass sie lediglich mit einer geringen Datenrate, dafür aber über einen sehr langen Zeitraum übertragen müssen. Aufgrund dieser Anforderungen sind WBSNs in der Regel nicht mit den zuvor beschriebenen klassischen funkbasieren IT-Systemen zu vergleichen. Klassische medizinische Funksysteme auf WiFi-Basis wurden eher für die schnelle Übertragung großer Datenmengen entworfen und haben in der Regel auch kein Energieproblem. Ihre Nutzung ist daher für WBSNs nicht empfehlenswert.

Für den erfolgreichen Einsatz von WBSNs müssen die genutzte Hardware und das Funksystem also gezielt optimiert werden. Besonders die energetischen Optimierungen lassen sich nur bei genauer Kenntnis des Anwendungsfalls effizient vornehmen. Der Entwurfs- und Optimierungsprozess ist daher für jeden Anwendungsfall erneut zu durchlaufen. Werkzeuge, die dabei Unterstützung leisten existieren bisher nicht.

Die vorliegende Arbeit stellt einen möglichen Lösungsansatz vor, die zuvor angesprochenen Herausforderungen zu meistern und die Entwicklung anwendungsspezifischer drahtloser Körpernetzwerke einfacher zu gestalten.

Statt einer isolierten Betrachtung von Funktion, Hardware, Software, Funksystem und Protokoll umfasst das Konzept vielmehr den kompletten Entwurfsprozess. Auf Basis der Analyse vorhandener Lösungen und existierender Probleme werden die spezifischen Anforderungen herausgearbeitet und Konzeptvorschläge für die anwendungsspezifische Entwicklung besonders energieeffizienter Körpernetzwerke unterbreitet. Als Ergebnis der Forschungsarbeiten wurde eine universelle Experimentalplattform entworfen und umgesetzt, mit der sich die Richtigkeit der gewählten Lösungsansätze demonstrieren lässt. Ergänzt wird diese durch eine Simulationsumgebung mit welcher sich verschiedenste Konzepte und Protokollentwürfe detailliert und mit geringem Aufwand analysieren und optimieren lassen. Den eingesetzten Funkprotokollen kommt dabei eine besondere Bedeutung zu. Daher wurden speziell auf diesem Gebiet umfangreiche Untersuchungen durchgeführt. Mit Hilfe dieser Werkzeuge wird es für den Entwickler von WBSNs möglich, die Funkprotokolle sehr einfach an die speziellen Anwendungsszenarien anzupassen und so einen minimalen Energiebedarf zu garantieren.

Die vorliegende Arbeit gliedert sich wie folgt: Das Kapitel 2 beschreibt die grundlegenden Konzepte des Einsatzes drahtloser Datenübertragungstechniken im Medizinsektor. Dazu wird zuerst herausgearbeitet, warum die Nutzung von Funktechniken dort sinnvoll ist und in welchen Anwendungsszenarien sie konkret zum Einsatz kommen (Abschnitt 2.2). Darauf basierend wird im Abschnitt 2.3 das spezielle Anwendungsgebiet der drahtlosen Körpernetzwerke betrachtet, mit denen sich diese Arbeit beschäftigt. Anschließend wird in Abschnitt 2.4 gezeigt, mit welchen kommerziellen Funktechniken solche Körpernetzwerke gegenwärtig umgesetzt werden, welche Probleme dabei auftreten und welches Optimierungspotential für zukünftige Realisierungen existiert.

In Kapitel 3 wird Entwurf und Umsetzung des vorgeschlagenen Gesamtkonzeptes vorgestellt. Dieses ermöglicht die vereinfachte Entwicklung und Optimierung von anwendungsspezifischen Körpernetzwerken. Das Gesamtkonzept umfasst dabei die Entwicklung einiger besonders energieeffizienter Hardwarebaugruppen zur praktischen Demonstration der verschiedenen Konzepte (Abschnitt 3.2), die Umsetzung und Optimierung der notwendigen Betriebsfirmware für unterschiedliche Anwendungsszenarien (Abschnitt 3.3), die Implementierung diverser Softwarewerkzeuge zur Nutzung und Optimierung der Körpernetzwerke (Abschnitt 3.4) sowie die messtechnische Validierung der angewendeten Prinzipien am umgesetzten Experimentalsystem (Abschnitt 3.5).

Kapitel 4 beschreibt das Simulationsframework, welches einen wesentlichen Teil des Gesamtkonzeptes darstellt und vorrangig der einfachen Analyse und Optimierung drahtloser Körpernetzwerke im jeweiligen Anwendungsfall dient. Die wichtigsten Komponenten sind dabei das auf Messungen basierende C++-Energiemodell (Abschnitt 4.4) eines Transceiverschaltkreises als Referenzimplementierung und das eigentliche Transceiver-Simulationsmodell (Abschnitt 4.5). Anhand einiger Beispiele demonstriert Abschnitt 4.6 die Anwendung der Simulationsumgebung für Energieabschätzung, Parameteroptimierung und Protokollentwurf.

Das Kapitel 5 fasst abschließend die gewonnen Ergebnisse zusammen.

2. Drahtlose Datenübertragung in der Medizintechnik

2.1. Grundlagen

2.1.1. Motivation

Die vom Bundesministerium für Gesundheit (BMG) in [47] veröffentlichten Daten lassen einen drastischen Anstieg der Kosten für die gesetzliche Krankenversicherung (GKV) in den letzten zehn Jahren erkennen. Abbildung 2.1 zeigt den Kostenzuwachs von etwa 128 Mrd. Euro im Jahr 1998 auf ca. 162 Mrd. Euro im Jahr 2008. Auf Dauer werden sich derartige Kostensteigerungen durch die Solidargemeinschaft kaum finanzieren lassen. Aus diesem Grund wird beständig an Konzepten zur Kostenreduktion gearbeitet. Die wichtigsten Maßnahmen zielen derzeit auf die Reduktion der Arzneimittelkosten ab. Dies soll durch vermehrte Verschreibung von Generika, Veränderungen bei Neuzulassungen von Medikamenten und bessere Rabattverträgen mit Pharmafirmen erreicht werden [178].

Ein weiterer Ansatzpunkt ist der Einsatz moderner IT- und Kommunikationssysteme im Gesundheitswesen [25]. Diese werden bereits seit vielen Jahren in Form von Krankenhaus-Informationssystemen (KIS), elektronischen Laborsystemen und Bildarchivierungssystemen (PACS) eingesetzt und beständig ausgebaut und verbessert. Diese, meist stationären, IT-Systeme werden derzeit vermehrt durch drahtlose Anwendungen erweitert. Ein wichtiger Treiber hinter den Bestrebungen zum Einsatz drahtloser Techniken im Gesundheitswesen ist der Wunsch, noch mehr Patienten eine bessere Versorgung, bei gleichzeitiger Beachtung der finanziellen und personellen Beschränkungen, zu bieten. Besonders in Krankenhäusern gibt es eine große Anzahl beweglicher Personen ohne stationären Arbeitsplatz, die jedoch gleichzeitig einen großen Informationsbedarf aufweisen. Stationsärzte benötigen beispielsweise bei der täglichen Visite Zugriff auf die Patientenakten. Zusätzlich müssen Ärzte immer mehr Aufgaben, speziell im Bereich der patientenbezogenen und administrativen Dokumentation übernehmen. Kahla-Witzsch geht in [123, S. 135] von einem durchschnittlichen Dokumentationsaufwand von zwei bis drei Stunden pro Arzt und Tag aus. Aus diesen Gründen bieten sich drahtlose Lösungen zur Steigerung der Effizienz von Arbeitsabläufen und somit zur Kostenreduktion in diesem Umfeld besonders an.

Eine Verkabelung ist häufig aufwendig, teuer und unflexibel. Speziell das Verlegen neuer Kabel kann bautechnisch und regulatorisch mit hohen Kosten verbunden seien (vgl. [88, S. 41]). Im Gegensatz dazu ist die Ausrüstung mit WLAN heute deutlich einfacher und kostengünstiger zu erreichen. Weiterhin bieten drahtlose Lösungen echte Mobilität und sind durch mehrere Anwender ohne zusätzlichen Aufwand gleichzeitig nutzbar. Der Einsatz drahtloser Techniken ermöglicht teilweise auch völlig neue Anwendungen, die zuvor in dieser Form nicht möglich waren. Dazu zählt beispielsweise die Ortung von Patienten oder Personal im Gebäude.

Vorteile durch den Einsatz von drahtlosen Techniken ergeben sich sowohl aus Sicht des Patienten als auch aus Sicht des medizinischen Personals. Für das Personal sorgen drahtlose Datenübertragungen durch den Wegfall von Kabelverbindungen für einen aufgeräumteren Arbeitsplatz und echte Mobilität im Bereich der Netzversorgung. Zusätzlich können sie den Arbeitsaufwand beim Umgang mit den Patienten reduzieren. So können beispielsweise das Umstecken der Ka-

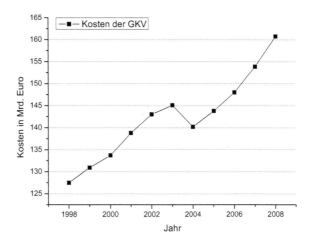

Abbildung 2.1.: Kosten der gesetzlichen Krankenversicherung (Quelle: BMG [47])

belverbindungen bei internen Patientenverlegungen und auch die oft notwendige aufwendige Sterilisation der Kabel entfallen.

Aus Sicht des Patienten resultiert der Wegfall von Kabeln häufig in einer erhöhten Bewegungsfreiheit bei einem gleichzeitigen Zuwachs an Sicherheit. Diese können sich dadurch relativ frei im Krankenhausbereich bewegen, während ihre Vitalparameter unterbrechungsfrei übertragen werden. Somit können kritische Zustände beispielsweise auch beim Toilettengang erkannt werden.

Verglichen mit dem Heimbereich befindet sich die drahtlose Vernetzung im Gesundheitswesen noch in einer relativ frühen Phase. Als Gründe sind vor allem die erhöhten Anforderungen bezüglich Zuverlässigkeit und Datensicherheit anzusehen.

2.1.2. Problemfelder von Funktechniken im Gesundheitssektor

Neben den vielfältigen Vorteilen hat der Einsatz von Funktechnologien in der Medizin aber auch mit einigen Nachteilen zu kämpfen. Im Vergleich zu Kabelverbindungen sind Funklösungen meist durch eine geringere Datenrate, größere Störanfälligkeit und einen höheren Energiebedarf gekennzeichnet. Getrieben durch den rasanten technischen Fortschritt stellt die Datenrate heute nur noch selten ein Problem dar. Auch die Auswirkungen erhöhter Übertragungsfehlerwahrscheinlichkeiten lassen sich durch geeignete Protokollimplementierungen inzwischen gut reduzieren. Alle kommerziell verwendeten Technologien (WiFi, Bluetooth, DECT, etc.) verwenden entsprechende Sicherungsmechanismen.

Besonders der erhöhte Energiebedarf macht sich aber bei mobilen Medizingeräten, die mit einem begrenzten Energievorrat auskommen müssen, negativ bemerkbar. Je nach Anwendungsfall sind deshalb spezielle Maßnahmen zur Reduktion des Energiebedarfs sinnvoll. Dieser Aspekt stellt einen der wesentlichen Schwerpunkte der vorliegenden Arbeit dar.

In drahtlosen Netzwerken sind wichtige *Quality-of-Service* (QoS) Merkmale wie Durchsatz und Latenz von ständigen Fluktuationen betroffen. Diese werden unter anderem durch die Anzahl der Nutzer im gleichen Frequenzspektrum, die physikalische Umgebung und die Mobilität der Netzwerkgeräte verursacht. Bei einer großen Nutzeranzahl wird besonders die schlechte Skalierbarkeit drahtloser Netzwerke zum Problem (vgl. [109, S. 10]). Müssen sich sehr viele Nutzer einen Frequenzbereich teilen, kommt es vermehrt zu Paketkollisionen. Dies hat zur Folge, dass der Durchsatz sinkt und die Latenz der Pakete ansteigt. Solche Auswirkungen sind vor allem für die Übertragung von Alarmsignalen kritisch. Dem kann durch verschiedene Maßnahmen entgegengewirkt werden. Denkbar sind beispielsweise priorisierte Übertragungen von Alarmpaketen oder das Reservieren von Bandbreite für diese. Derartige Maßnahmen steigern aber immer die Komplexität des Netzwerkes und erhöhen meist die Kosten und den Energiebedarf.

Besonders im Blickfeld stehen auch die Aspekte Datenschutz und Datensicherheit. Diese müssen bei allen Funklösungen beachtet werden, in der Medizin haben sie jedoch eine besondere Brisanz, weil es sich bei den übertragenen Daten häufig um besonders sensible Patientendaten handelt.

Ein wesentlicher Kritikpunkt ist die Gefahr des unbefugten Mithörens der übertragenen Daten [88]. Bedingt durch die inhärenten Eigenschaften der Funktechnologie lassen sich versendete Datenpakete im Ausbreitungsbereich der Übertragung mit geeigneten technischen Geräten relativ einfach abhören und aufzeichnen. Es ist also sicherzustellen, dass die eigentlichen Patientendaten aus den abgehörten Paketen nicht ohne weitere Informationen zu extrahieren sind. Dies wird im Allgemeinen durch Verschlüsselung der Datenpakete erreicht. Weit verbreitet ist die Verwendung des AES-Verfahrens (*Advanced Encryption Standard*, AES). AES [162] wurde nach einer öffentlicher Ausschreibung und Durchführung eines komplexen Auswahlverfahrens vom *National Institute of Standards and Technology* (NIST) zum Standard erhoben. Das Verfahren ist ein moderner, frei verfügbarer symmetrischer Blockchiffre, der als sehr sicher gilt. Er darf in den USA zur Verschlüsslung geheimer Regierungsdokumente verwendet werden [161].

Selbst wenn eine Verschlüsselung verwendet wird, kann sich diese im Nachhinein noch als unsicher erweisen, wenn neue Sicherheitslücken wie mathematische Schwachstellen oder Implementierungsfehler entdeckt werden. Exemplarisch seien hier die Schwachstelle [92] in der Zufallszahlenerzeugung des Z-Stacks, der von vielen Herstellern in ZigBee-Produkten verwendet wurde, oder die Sicherheitslücken der ursprünglichen WiFi Verschlüsselung *Wired Equivalent Privacy* (WEP) [43] genannt. Die Beseitigung derartiger Problem ist oft mit Aufwand und hohen Kosten verbunden.

Ein weiteres Problem können unter Umständen gezielte Angriffe auf medizinische Drahtlosnetzwerke darstellen. Denkbar sind beispielsweise absichtliche Manipulationen (Tampering, Replay-Angriff) an den übertragenen Daten oder aktive Störaussendungen um eine Übertragung allgemein zu verhindern (Denial-of-Service-Angriff). Durch Umsetzung technischer Maßnahmen (Prüfsummen, Sequenznummern, Authentifizierung, Frequenzsprungverfahren, etc.) kann solchen Angriffen bis zu einem bestimmten Grad entgegengewirkt werden. Diese fortschrittlichen Maßnahmen erfordern aber immer einen erhöhten Implementierungsaufwand wodurch auch die Kosten und der Energiebedarf steigen.

Ein weiteres Problemfeld ist der Bereich der *elektromagnetischen Verträglichkeit* (EMV). EMV ist laut EU-Richtlinie 2004/108/EG definiert als *"die Fähigkeit eines Apparates, einer Anlage oder eines Systems, in der elektromagnetischen Umwelt zufriedenstellend zu arbeiten, ohne dabei selbst elektromagnetische Störungen zu verursachen, die für alle in dieser Umwelt vorhandenen Apparate, Anlagen oder Systeme unannehmbar wären"* [67, S. 3].

Bei Betrachtungen zur EMV von Funklösungen sind zwei unterschiedliche Aspekte von Interesse: Störfestigkeit und Aussendungen. Störfestigkeit beschreibt die Immunität von Geräten gegenüber elektromagnetische Störungen im typischen Anwendungsszenario (vgl. [194, S. 23]). Aussendung bezieht sich auf die Vermeidung der Abstrahlung elektromagnetischer Energie, die andere Funkdienste oder Geräte stören könnte. Dies betrifft sowohl gewollte als auch ungewollte Abstrahlungen. Von besonderem Interesse ist im Zusammenhang mit dieser Arbeit die ungewollte Störung von Medizingeräten durch die hochfrequenten Ausstrahlungen der Funkkomponenten.

Von Medizingeräten, vor allem bei lebenserhaltenden, wird ein besonders hohes Schutzniveau gefordert. Funktionsstörungen können bei diesen unter Umständen fatale Folgen haben. Verbindliche rechtliche Grundlagen zur elektromagnetischen Verträglichkeit medizintechnischer Produkte werden in der DIN EN 60601-1-2 [57] geschaffen. Dabei wird als wichtigste organisatorische Maßnahme die Angabe von Schutzabständen von tragbaren HF-Telekommunikationseinrichtungen (WLAN-Karten, Mobiltelefone, etc.) zu Medizingeräten gefordert. Beispielsweise ist der minimale Schutzabstand eines typischen WLAN-Senders im 2.4 GHz-Band bei einer Sendeleistung von 100 mW zu einem Medizingerät mit etwa 73 cm angegeben [57, S. 91].

Trotz des hohen Bedarfs und ihrer Vorteile (vgl. [190]) sind Mobilfunkgeräte in vielen Krankenhäusern vollständig verboten. Ursächlich für dieses Verbot sind verschiedene von der *Food and Drug Administration* (FDA) untersuchte Fälle der Störung von Medizingeräten durch Mobilfunkgeräte [88, S. 294]. Basierend auf diversen aktuellen Studien [190, 158, 140, 66] scheint ein vollständiges Verbot von Mobilfunkgeräten in Krankenhäusern jedoch weder notwendig noch sinnvoll. Auch Tobisch und Irnich kommen in ihrer Studie [228, 117] zu dem Ergebnis, dass ein Abstand von einem Meter zwischen Mobilfunkgerät und Medizingerät ausreichend ist, um Störungen größtenteils zu verhindern. Diese 1m-Regel wird in der Praxis bereits häufig angewendet. Die meisten anderen, für die Medizintechnik relevanten Funktechniken, haben eine deutlich geringere Sendeleistung. Die Wahrscheinlichkeit einer Störung ist somit deutlich geringer (vgl. [241]).

Die in diesem Kapitel gezeigten Nachteile und Probleme von Funktechnik machen deutlich, dass bereits in der Planungsphase des Einsatzes im Gesundheitswesen ein ausführlicher Risikomanagementprozess zu etablierten ist. Der gewünschte Anwendungsfall muss genau analysiert und darauf aufbauend eine geeignete Funktechnologie ausgewählt und evtl. zusätzliche (QoS-)Maßnahmen umgesetzt werden. Je (lebens-)wichtiger eine Gerätefunktion und die übertragenen Daten sind, desto robuster muss auch die Funktechnik sein [79]. Unter Umständen sind drahtlose Datenübertragungen auch überhaupt nicht geeignet, beispielsweise wenn der Anwendungsfall weder Verzögerungen noch Paketverluste zulässt. Auch im Einsatz sollte der Risikomanagementprozess ständig weiterentwickelt und verbessert werden, um übertragungsrelevante Fehler zu erkennen und für die Zukunft auszuschließen.

Der Einsatz drahtloser Techniken im Gesundheitswesen bietet also eine Vielzahl von Vorteilen. Es ist aber notwendig, die gewählten Techniken sehr genau an den gewünschten Anwendungsfall anzupassen und durch einen geeigneten Risikomanagementprozess im Einsatz zu begleiten.

2.2. Anwendungsszenarien von Funktechniken in der Medizin

2.2.1. Überblick

Funktechniken werden bereits jetzt im Gesundheitswesen in einer Vielzahl von Anwendungsszenarien eingesetzt. Die verschiedenen Einsatzszenarien stellen jeweils sehr unterschiedliche Ansprüche an die verwendete Funktechnik. Die *eine* Technik, die sinnvoll in allen Szenarien eingesetzt werden kann existiert nicht. Aus diesem Grund ist eine grobe Klassifizierung anhand typischer Anforderungen sinnvoll. Für jede Anwendungsklasse können dann geeignete Funklösungen gefunden werden, welche die spezifischen Charakteristika beachten.

Folgende Szenarien wurden identifiziert: *medizinische Informationstechnik*, *Steuerung medizinischer Geräte*, *Identifikationsanwendungen*, *Patientenmonitoring* und *Andere*. Abbildung 2.2 zeigt eine Übersicht der einzelnen Kategorien mit einer Vielzahl an verschiedenen Nutzungsbeispielen. Auf die einzelnen Klassen wird im Folgenden ausführlich eingegangen.

2.2.2. Medizinische Informationstechnik

Die *Medizinische Informationstechnik* ist die Gruppe von Anwendungen, die sicherlich im Gesundheitswesen am meisten von Funklösungen profitiert und daher am weitesten verbreitet ist. Wichtige Nutzer sind vor allem die großen Kliniken.

Zu diesem Anwendungsszenario zählt beispielsweise der drahtlose Zugriff auf Patientenakten, Laborberichte, Krankenhausinformationssysteme und Medikamentendatenbanken. Dies stellt eine enorme Arbeitserleichterung für Ärzte und das medizinische Personal dar. Bei entsprechender Netzwerkplanung können sie sich frei innerhalb der Klinik bewegen und haben überall Zugriff auf die notwendigen Daten. Häufig wird dafür ein elektronischer Visitenwagen mit WLAN-Zugang eingesetzt [88]. Auf ein zeitaufwendiges Umstecken der Kabel und auf Papierausdrucke kann dabei verzichtet werden. Auch die Dokumentation der Behandlung kann dadurch direkt beim Patienten erfolgen. Physiologische Parameter wie Blutdruck, Zuckerwerte oder die verabreichten Medikamente werden sofort elektronisch gespeichert und müssen nicht mehr handschriftlich vom Personal erfasst und später fehleranfällig digitalisiert werden. Die Nutzung drahtloser Übertragungstechniken ist in dieser Arbeitsumgebung meist bereits aus wirtschaftlichen Gründen notwendig.

Auch die mobile Nutzung des *World Wide Web* (WWW) zu Recherchezwecken und der Einsatz von E-Mails für die fachliche Kommunikation mit Kollegen bieten viele Vorteile für das ärztliche Personal [177]. Ein großer Bedarf besteht auch für die Nutzung dieser Dienste durch Patienten und Besucher [112]. Essentiell ist dabei aber die strikte Trennung des öffentlichen Patientenzugangs von den internen Zugängen der Klinikinfrastruktur.

Dieses Anwendungsszenario ist davon gekennzeichnet, dass unter Umständen sehr große Datenmengen drahtlos übertragen werden müssen. Hohe Anforderungen an die Technik stellen z.B. der Abruf hoch aufgelöster Bilder und die Live-Übertragung bei Videokonferenzen [175]. Daher sind für diese Anwendungsklasse hohe Datenraten im Bereich von 10 - 100 MBit/s wünschenswert. Als Technologie bietet sich WLAN nach dem Standard IEEE 802.11 [105] an. Diese zeichnet sich durch hohe Datenraten, zuverlässige Technik und sichere Verschlüsselungsalgorithmen aus. Durch die große kommerzielle Verbreitung dieser Technologie im Massenmarkt steht die notwendige Infrastrukturhardware auch nach den notwendigen speziellen Zertifizierungen vergleichsweise günstig zur Verfügung. WLANs lassen sich problemlos in existierende Netzwerke

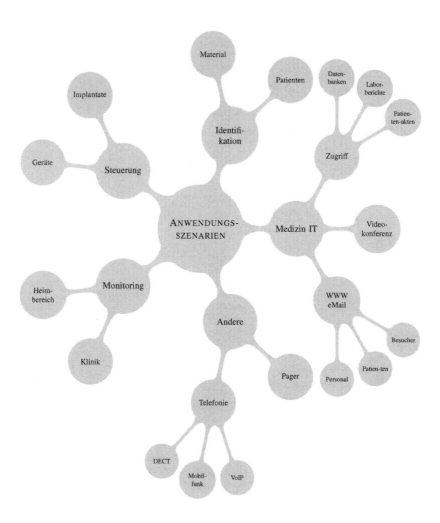

Abbildung 2.2.: Übersicht und Klassifikation der wichtigsten Anwendungsszenarien drahtloser Übertragungstechniken im Gesundheitswesen.

integrieren und ersetzen eine klassische Verkabelung via Ethernet. Auch Zugriffsgeräte (Clients) wie Laptops, Netbooks, PDAs, Mobiltelefone und Smartphones existieren in großer Anzahl und sind günstig zu beschaffen. Inzwischen ist die Mehrzahl der Krankenhäuser flächendeckenden mit WLAN-Hotspots ausgerüstet [22, 177].

2.2.3. Steuerung medizinischer Geräte

Auch die Steuerung oder Konfiguration medizinischer Geräte mit Hilfe von drahtlosen Datenübertragungen erfreut sich inzwischen einer großen Beliebtheit. Die wichtigsten Einsatzgebiete sind die Kommunikation mit Implantaten und die Steuerung größerer medizinischer Geräte wie Infusionspumpen, Patientenmonitoren oder Operationstischen mit drahtloser Fernbedienung.

Ein charakteristisches Beispiel für die Nutzung bei Implantaten ist die Anpassung von Konfigurationsparametern bei Herzschrittmachern oder Tiefenhirnstimulatoren. Vor dem Einsatz von Funktechniken mussten Kabel durch die Haut nach außen geführt werden. Dies bedeutete für den Patienten stets einen erheblichen Pflegeaufwand. Bei mangelnder Hygiene können an den Durchtrittsstellen der Kabel gefährliche Infektionen auftreten [133, S. 759].

Charakteristisch für diesen Anwendungsfall sind relativ niedrige Datenraten, aber gehobene Anforderungen an die Übertragungssicherheit. Konfigurationsbefehle dürfen bei der Übertragung nicht unerkannt verloren gehen. Weiterhin muss sichergestellt werden, dass Konfigurationsänderungen an medizinischen Geräten oder Implantaten nur von befugten Personen vorgenommen werden können. Als Negativbeispiel wird in [95] gezeigt, dass sich Patienteninformationen aus bestimmten implantierbaren Herzschrittmachern auslesen und sogar manipulieren lassen. Aufgrund dieser Bedrohung ist also eine sichere Verschlüsselung der Nutzdaten und Authentifizierung der Anwender notwendig.

Für die Kommunikation mit Implantaten wurde 1999 von der FCC der *Medical Implant Communications Service* (MICS) geschaffen. Dieser beschreibt den Frequenzbereich von 402 MHz bis 405 MHz, in welchem bidirektionale Kommunikation mit medizinischen Implantaten bei einer effektiven Strahlungsleistung von maximal $25\,\mu W$ und einer maximalen Bandbreite von 300 kHz erlaubt ist. 2009 ist MICS im *Medical Device Radiocommunication Service* (MedRadio) [76] [75, S. 580 ff] aufgegangen. Hinzugekommen sind hier die Bereiche 401-402 MHz und 405-406 MHz. In Europa wird die Nutzung des MICS-Frequenzbereichs (402-405 MHz) durch aktive Implantate in der Norm ESTI EN 301 839-1 [65] geregelt.

Für die Steuerung größerer medizinischer Geräte hat sich inzwischen die Verwendung von WLAN durchgesetzt [22]. Das liegt vor allem an der Tatsache, dass WLAN in vielen Kliniken bereits etabliert ist und somit ein bereits vorhandenes Netzwerk auch für Steuerungszwecke eingesetzt wird.

2.2.4. Identifikationsanwendungen

Ein weiteres Anwendungsszenario für drahtlose Datenübertragungen in der Medizin ist die elektronische Identifikation von Objekten. Die eingesetzte Technik wird als *Radio Frequency Identification* (RFID) bezeichnet. RFID ist ein Verfahren zur kontaktlosen und automatischen Identifikation von Objekten mit Hilfe elektromagnetischer Wellen. Diese Technik wird in Handel und Logistik bereits auf breiter Front zur automatischen Identifikation von Produkten und zur Optimierung von Warenflüssen eingesetzt. Auch im Gesundheitswesen findet sie zunehmend Anwendung (vgl. [25, S. 121 ff] und [88, S. 165 ff]).

Gegenüber Barcodes, einem anderen weit verbreiteten Auto-ID-System, hat RFID den Vorteil, dass eine Maschinenlesbarkeit ohne optische Sichtverbindung sichergestellt werden kann. Die einzelnen Objekte müssen daher zum Einlesen nicht mehr aus ihrer Verpackung entnommen werden. Auch Verschmutzungen der Kennzeichnung sind somit unkritisch. Ein weiterer bedeutsamer Vorteil ist, dass sich mehrere Objekte im Empfangsbereich gleichzeitig identifizieren lassen. Dies wird technisch durch den Einsatz von Antikollisionsalgorithmen erreicht. Im Gegensatz dazu muss bei Barcodes das Einlesen immer sequentiell geschehen.

Ein RFID-System besteht aus mindestens einer Lesestation (Reader), mehreren Transpondern (Tags) und der zugehörigen Software-Infrastruktur (vgl. [211]). Die Tags werden an den zu identifizierenden Objekten befestigt. Sie bestehen aus einer Antenne und einer kleinen elektronischen Schaltung. Man unterscheidet dabei passive und aktive Tags. Passive Tags beziehen ihre Energie ausschließlich aus dem Feld der Lesestation. Aktive Tags verfügen zusätzlich über eine eigene Energieversorgung, die größere Reichweiten und einen größeren Funktionsumfang ermöglicht. Somit lassen sich beispielsweise Sensorapplikationen aufbauen, die in regelmäßigen Abständen Messungen vornehmen und die Messwerte für ein späteres Auslesen speichern.

Je nach verwendeter Technik liegen die Reichweiten bei wenigen Zentimetern bis zu einigen Metern. Im Allgemeinen werden Daten nur auf Abruf, d.h. wenn durch den Reader ein Feld angelegt wird, übertragen. Durch den Wegfall einer aktiven und dauerhaften Datenübertragung und die geringen Reichweiten wird sichergestellt, dass elektromagnetische Störungen durch die Tags minimal sind.

Problematisch sind momentan noch die vergleichsweise hohen Kosten für die Tags. Übliche Preise liegen im Bereich zwischen 30 Cent und 1 Euro [54, 211], was für den millionenfachen Einsatz noch zu hoch ist (vgl. [24, S. 104]). Ein Ansatz zur weiteren Kostenreduktion ist der Einsatz von Polymerelektronik [185]. Es wird erwartet, dass sich die Kosten durch das Drucken der Elektronik im Rolle-zu-Rolle-Verfahren auf unter einen Cent pro Tag reduzieren lassen.

Das wichtigste Anwendungsgebiet in der Medizin ist die Identifikation von Patienten und Mitarbeitern. Für Patienten werden häufig Armbänder mit integrierten RFID-Tags verwendet. Mit dieser Maßnahme sollen vorrangig Verwechslungen von Patienten vermieden werden. Jeder Behandlungsschritt kann dadurch über eine Verbindung mit dem KIS sofort in der richtigen Patientenakte dokumentiert werden. Mitarbeiter erhalten meist Tags in Form von Kreditkarten oder Schlüsselanhängern. Mit diesen lassen sich Zugangsbeschränkungen zu Labor- und Untersuchungsräumen oder Operationssälen durchsetzen. Denkbar ist auch eine Verwendung der Tags zum bargeldlosen Bezahlen in der Cafeteria (vgl. [127]).

Ein weiteres Anwendungsgebiet in Kliniken ist der Einsatz in der Lagerwirtschaft. Dazu zählt z.B. die Kennzeichnung von Wäsche, Verbrauchsmaterial, Medikamenten, Laborproben und Blutkonserven. Das Bestellwesen lässt sich optimieren, indem Bestellungen erst dann ausgelöst werden, wenn Medikamente oder Material zur Neige gehen oder die Haltbarkeitsdaten überschritten werden.

RFID-Tags lassen sich auch zur Qualitätssicherung einsetzen. Für Blutkonserven und diverse Medikamente muss sichergestellt sein, dass die Kühlkette auf dem Transportweg nicht unterbrochen wird. Der Nachweis lässt sich mit Hilfe von aktiven Tags erbringen, die die Umgebungstemperatur während des Transports permanent aufzeichnen.

Des Weiteren werden RFID-Tags in Implantaten eingesetzt. Ein Beispiel für dieses Konzept ist die intelligente Hüftprothese des Fraunhofer IPMS [98]. Mit dieser lassen sich Abnutzungserscheinungen drahtlos detektieren, sodass bei einer solchen Prothese statt des üblichen regelmäßigen Austauschs nur noch ein Austausch bei Bedarf vorgenommen werden muss.

2.2.5. Patientenmonitoring

Ein weiteres Hauptanwendungsgebiet ist das Patientenmonitoring, also die drahtlose Übertragung von Vitalparametern. Dabei unterscheidet man hauptsächlich in Überwachungssystem für Kliniken und für den Heimbereich (Telemonitoring).

Im klinischen Umfeld müssen Vitalparameter wie EKG-Signale, Körperkerntemperatur, Blutzuckerspiegel, Herzrate und Blutsauerstoffsättigung unter Umständen permanent mit einem Patientenmonitor angezeigt und überwacht werden. Die Übertragung erfolgt dabei üblicherweise vom Sensor am Patienten zu einem Patientenmonitor. Dieser zeigt dann die Signale eines oder mehrerer Patienten an. Der Vorteil drahtloser Lösungen besteht in einer größeren Bewegungsfreiheit für den Patienten. Durch den Verzicht auf Kabelverbindungen kann ein solcher Patientenmonitor auch einfach in seiner Position verändert werden. Weiterhin lassen sich Patienten einfacher in andere Räume oder Abteilungen verlegen, wenn sich die Sensoren autonom mit dem neuen Patientenmonitor verbinden. Damit entfällt eine Vielzahl von Arbeitsschritten. Dies führt schließlich zu effizienteren Arbeitsabläufen und entlastet das medizinische Personal.

Wichtig ist bei diesem Anwendungsszenario eine geringe Latenz und hohe Zuverlässigkeit der drahtlosen Übertragung. Die physiologischen Reaktionen eines Patienten auf die Verabreichung von Medikamenten muss oft sehr zeitnah (»Live«) auf dem Monitor verfolgbar sein.

Üblicherweise besitzen Patientenmonitore und Patientenüberwachungssysteme Alarmfunktionen, welche beim Über- oder Unterschreiten eines vorgegebenen Bereiches einen Alarm auslösen um Ärzte oder Pflegepersonal zu verständigen. Wenn auch diese Alarmsignale drahtlos übermittelt werden, müssen spezielle Maßnahmen für das drahtlose Netzwerk getroffen werden, um eine zuverlässige Übertragung sicherzustellen. Sinnvoll ist daher die Definition von Dienstgütegarantien (Quality-of-Service, QoS) für besondere Signale, die auf keinen Fall durch Paketverluste oder Netzwerküberlastung verloren gehen dürfen. Auch für die Übertragung bestimmter Vitalparameter werden gelegentlich derart hohe Anforderungen an die Übertragungssicherheit gestellt. Das Problem lässt sich üblicherweise durch die Reservierung von Bandbreite für kritische (lebenswichtige) Daten lösen. Unter Umständen werden dann weniger wichtige Daten verzögert oder gar nicht übertragen. Ein andere Möglichkeit ist die wiederholte Übertragung bis zum Empfang einer Quittierung.

Zur technischen Umsetzung dieser Monitoringsysteme existieren verschiedene Konzepte. Medizinische Telemetriedienste werden in den USA bereits seit vielen Jahren in verschiedenen Einrichtungen eingesetzt. Störungen durch andere Dienste (z.B. Fernsehstationen) mussten jedoch hingenommen werden. Ein zuverlässiger Betrieb der Telemetriedienste für lebenswichtige Anwendungen war daher schwierig [22]. Aus diesem Grund hat die FCC im Jahr 2000 den *Wireless Medical Telemetry Service* (WMTS) [77] [75, S. 576 ff] verabschiedet. Dabei handelt es sich um eine Gruppe reservierter Frequenzbänder (608-614 MHz, 1.395-1.400 MHz, 1.427-1.432 MHz) zur drahtlosen Übertragung medizinischer Daten. Die vorgesehenen Frequenzbereiche sind jedoch nicht weltweit harmonisiert, weshalb sich WMTS-Geräte nur in den USA betreiben lassen. Die Lizenzierung der Frequenzbereich gilt nur für Verwendung durch akkreditierte Gesundheitsdienstleister. Ein privater Einsatz, beispielsweise im Rahmen von Fitnessübungen, ist nicht erlaubt. WMTS spezifiziert lediglich die nutzbaren Frequenzbereiche, die dort verwendeten Protokolle sind proprietäre Lösungen der jeweiligen Hersteller. Störungen von WMTS Diensten treten häufig durch Geräte anderer Hersteller oder durch alternative Dienste auf Nachbarkanäle auf.

Aufgrund der zuvor genannten Probleme und der relativ geringen Bandbreite konnten sich WMTS-Systeme nicht allgemein durchsetzten. Als Alternative werden mittlerweile meist Systeme auf Basis von IEEE 802.11 (WiFi) eingesetzt [22, 226]. Diese Lösungen sind vergleichsweise günstig in Entwicklung und Betrieb und sehr zuverlässig, da sie bereits seit vielen Jahren im Massenmarkt Verwendung finden.

Der Einsatz von drahtlosen Techniken zur Patientenüberwachung im Heimbereich fällt unter den Sammelbegriff Telemonitoring. Ein typischer Fall ist die Betreuung von Patienten nach einer Herzoperation. Der Patient kann vergleichsweise zeitig aus dem Krankenhaus entlassen werden, erhält aber gleichzeitig die Sicherheit einer permanenten Überwachung seiner Vitalparameter. Im Fall von Komplikationen kann somit schnell reagiert werden. Der Patient trägt bei dieser Anwendung verschiedene Sensoren, beispielsweise zur Aufzeichnung von EKG, Blutzuckerspiegel, Blutsauerstoffgehalt, Gewicht oder Blutdruck. Die aufgezeichneten Daten werden anschließend über eine relativ kurze Distanz an ein Gateway im Bereich des Patienten übertragen. Dieses übernimmt die weitere Übermittlung der Daten an das Krankenhaus oder einen anderen Anbieter von Gesundheitsdienstleistungen zur Auswertung.

Anwendungen im Heim- und Fitnessbereich stellen im Allgemeinen geringere Anforderungen an Latenz, Datenraten und Zuverlässigkeit der Übertragung. Dabei finden meist IEEE 802.15.4, ZigBee oder Bluetooth Verwendung.

2.2.6. Zusammenfassung und Ausblick

Einige drahtlose Techniken lassen sich aufgrund ihrer speziellen Charakteristika nicht eindeutig bei den anderen Szenarien einordnen. Dazu zählen beispielsweise Telefonieanwendungen über DECT, GSM, UMTS oder VoIP und die Alarmierung von Mitarbeitern mittels Funkrufempfänger (Pager).

Neben der hier vorgestellten Klassifikation der medizinischen Anwendungsszenarien existieren noch diverse alternative Einteilungen. Soomro und Cavalcanti teilen beispielsweise in [202] die Funklösungen in die Klassen *Fernbedienungsanwendungen, kritische Echtzeitanwendungen, unkritische Echtzeitanwendungen* und *Büroanwendungen* ein und charakterisieren diese ebenfalls kurz.

In [109, S. 47ff] wurde ein etwas anderer Ansatz gewählt, um den Bedarf von Funklösungen im Gesundheitswesen zu analysieren. Dabei wurden im ersten Schritt verschiedene Anwendungsfälle definiert, die sich an typischen Szenarien oder Krankheitsbildern orientieren. Betrachtet wurden dabei folgende Anwendungsfälle für mobile Systeme im Heimbereich und Gesundheitswesen:

- Vitalparameterüberwachung im Heimbereich beispielsweise für Patienten nach Herzoperationen, Diabetiker und ältere Personen
- Wellnessanwendungen
- Herzpatienten auf der Intensivstation
- Vitalparameterüberwachung von Einzelpatienten und Patientengruppen, die sich frei im Krankenhaus bewegen können
- Herzpatienten auf dem Weg in den Operationssaal
- Notaufnahme von Patienten mit schweren Verbrennungen
- Vitalparameterüberwachung von Patienten im Krankenwagen

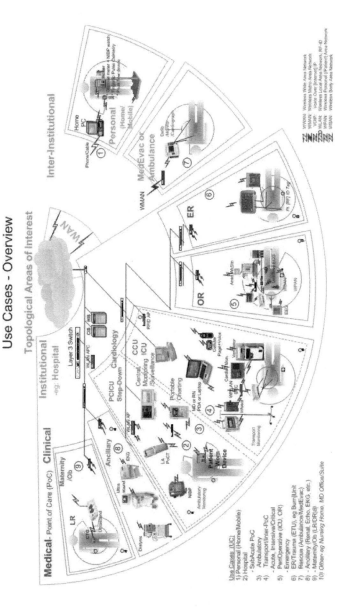

Abbildung 2.3.: Überblick über Anwendungsfälle drahtloser Übertragungstechniken in der Medizin (Quelle: [109, S.25]).

- Aufzeichnung und Auswertung von Belastungs-EKGs

Im zweiten Schritt wurde für jeden Anwendungsfall analysiert, welche Anforderungen hinsichtlich Bandbreite, Zuverlässigkeit und maximaler Verzögerung bestehen. Der letzte Schritt besteht darin, festzulegen, welche Techniken (Vitalparameterüberwachung, Identifikation, Gerätesteuerung usw.) und Netzwerkklassen für einen konkreten Anwendungsfall kombiniert werden können, um den Patienten optimal zu versorgen. In Abbildung 2.3 ist die Vielzahl der Anwendungsmöglichkeiten von Funktechniken nochmals für die beschriebenen Anwendungsfälle schematisch dargestellt.

Anhand der vorangegangenen Abschnitte sollte deutlich geworden sein, dass es auch im Bereich der Medizintechnik eine Vielzahl von Anwendungsszenarien für Funktechniken gibt. Jedes Anwendungsgebiet stellt dabei charakteristische Anforderungen hinsichtlich Datenraten, Zuverlässigkeit und Latenz an die drahtlose Übertragung von Daten. Es gibt also nicht die »eine« Funktechnologie, die immer und überall einsetzen lässt. Für den umfassenden Einsatz von drahtlosen Techniken im Gesundheitswesen ist eine gründliche Bedarfsplanung und Risikoanalyse unerlässlich. Im Normalfall wird eine Kombination mehrerer Technologien Anwendung finden. In [22] wird ein ausführliches Beispiel zur Planung der Netzwerkversorgung eines Krankenhauses beschrieben.

Im Folgenden wird eine Fokussierung auf Funksysteme vorgenommen, die sich zur mobilen Vitalparameterüberwachung von Patienten einsetzen lassen. Das Hauptaugenmerk liegt dabei auf Techniken, die einen besonders geringen Energiebedarf haben und somit tragbare Geräte mit langer Nutzungsdauer ermöglichen. Diese Geräteklasse wird im folgenden Kapitel näher betrachtet.

2.3. Wireless Body Sensor Networks

2.3.1. Grundlagen

2.3.1.1. Geschichtliche Entwicklung

Die Forschung auf dem Gebiet der *Wireless Sensor Networks* (WSN) hat in den letzten Jahren viel Aufmerksamkeit erhalten. Dabei ist WSN ein Sammelbegriff für verteilte Sensorsysteme, die drahtlos miteinander kommunizieren. Ausgangspunkt für die Entwicklung war die fortschreitende Miniaturisierung der Hardware und die Verfügbarkeit einfacher, effizienter und günstiger Transceiverschaltkreise. Treiber hinter der Miniaturisierung der Hardware ist vor allem die stetige Verkleinerung der Prozessstrukturen in der Mikroelektronik.

Gordon Moore prophezeite 1965 in [156] die Verdopplung der Transistoranzahl bei integrierten Schaltungen alle 12 Monate. Diese Vorhersage wurde von ihm später auf eine Verdopplung alle zwei Jahre korrigiert und ging als *Moore's Law* in die Geschichte ein. Das Zutreffen dieser Prophezeiung zeigt sich nun bereits seit über 45 Jahren. Die *International Technology Roadmap for Semiconductors* (ITRS) geht in der Version von 2009 [120] davon aus, dass sich dieser Trend bei Prozessoren bis 2013 in gleicher Weise fortsetzt. In der Zeit danach wird mit einer Verdopplung alle drei Jahre gerechnet.

Das Wachstum der Transistoranzahl, erreicht durch die stetige Verkleinerung der CMOS-Strukturen, nähert sich jedoch den physikalischen Grenzen. Für eine weitere Verbesserung von Leistungsfähigkeit, Energiebedarf, Kosten und Größe sind nun zusätzlich zur Skalierung weitere

Strategien notwendig. [119] bezeichnet diese ergänzenden Konzepte als »*More than Moore*«-Ansatz. Dazu zählen die Integration von Analog- und Hochfrequenzbaugruppen, Sensoren, Aktoren und passiven Bauelementen in ein Gehäuse. Mit solchen *System-in-Package*-Konzepten (SiP) kann vor allem die Anzahl der externen Bauelemente und somit die Größe und der Energiebedarf reduziert werden.

Auch die Entwicklung von Funktechnologien verlief in den letzten Jahrzehnten rasant, vor allem getrieben durch die Weiterentwicklung digitaler Modulationsarten und Signalverarbeitungstechniken. Die Leistungsfähigkeit hinsichtlich Datenrate, Robustheit, notwendiger Bandbreite und Reichweite der Transceiver ist deutlich gestiegen. Wesentlich zum Erfolg von Funktechnologien hat die nahezu vollständige Integration der Transceiver beigetragen. Die Anzahl der externen Bauelemente wurde mit der Zeit reduziert und es sind keine umfassenden Expertenkenntnisse und keine teure Messtechnik mehr notwendig. Dies verbessert die Handhabbarkeit für den Entwickler wesentlich. Statt einer diskret aufgebauten Transceiverbaustufe reicht mittlerweile häufig der Einsatz eines einzelnen Schaltkreises, um ein Gerät mit drahtlosen Übertragungsmöglichkeiten auszustatten. Ihre Verbreitung im Massenmarkt haben die Techniken vor allem der Standardisierung der verwendeten Protokolle und der lizenzfreien Nutzung der ISM-Bänder zu verdanken.

Signifikante Leistungssteigerungen und die Miniaturisierung von Prozessoren, Funktechnik und Sensoren bildeten somit die Grundlage für das Entstehen der WSN-Forschung. Erste Anwendungen kamen aus der Militärforschung. Kleine Sensorknoten (Motes) sollten wahllos über das Schlachtfeld verteilt werden und sich anschließend selbständig und redundant vernetzen. Vision war und ist die Schaffung von »Smart Dust« [124], also miniaturisierten Netzwerkknoten, die sich autonom mit Energie versorgen, untereinander kommunizieren und verschiedenste Aufgaben übernehmen können. Von einer Realisierung dieser Vision ist man aber auch nach mehr als zehn Jahren Forschung noch weit entfernt.

Nachdem WSN-Konzepte inzwischen bei verschieden Projekten (z.B. [143], [128] oder [243]) zur Überwachung von Umwelt- und Materialparametern eine weite Verbreitung gefunden haben, liegt es nahe, derartige Systeme auch für die Überwachung von Vitalparametern am menschlichen Körper zu verwenden.

Befinden sich mehrere Sensorknoten, die miteinander kommunizieren, in unmittelbarer Körpernähe oder sogar im Körper selbst, spricht man von einem Sensornetzwerk in Körpernähe (*Body Sensor Network*, BSN). Findet die Kommunikation drahtlos unter Zuhilfenahme von Funktechniken statt handelt es sich um ein *Wireless Body Sensor Network* (WBSN). Häufig werden auch die Begriffe *Body Area Network* (BAN) und WBAN verwendet. Das Wort »Sensor« soll lediglich auf die Tatsache hinweisen, dass die einzelnen Netzwerkknoten üblicherweise über Sensoren verfügen, über welche Bio- oder Umweltsignale aufgezeichnet werden. Vor allem bei Anwendungen im Medizinbereich trifft man häufig auch auf die Bezeichnungen *Medical Body Area Network* (MBAN) oder *Patient Area Network*.

Durch die speziellen Eigenschaften der Kommunikation in Körpernähe (vgl. Abschnitt 2.3.2.1) und die zugehörigen Anwendungsszenarien eignen sich typische WSN-Systeme nur bedingt für den Einsatz am menschlichen Körper [247] und machen entsprechende Anpassungen notwendig. Auch konventionelle Funknetzwerke eignen sich selten für solche Einsatzszenarien, weil diese meist für Video- und Audioübertragungen sowie hohe Reichweiten ausgelegt sind. Dies ist historisch bedingt, da sich diese Techniken zuerst im Endanwenderbereich verbreiteten, in welchem diese Anwendungsfälle eine zentrale Rolle spielen. Für den Einsatz von Funktechniken zur Vitalparameterüberwachung sind hohe Reichweiten und Datenraten nicht notwendig. Hier steht besonders die Energieeffizienz im Vordergrund.

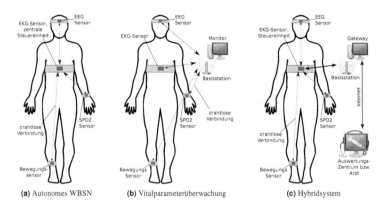

(a) Autonomes WBSN   **(b)** Vitalparameterüberwachung   **(c)** Hybridsystem

Abbildung 2.4.: Dargestellt sind drei typische Anwendungsbeispiele für Wireless Body Sensor Networks: a) zeigt ein autonomes WBSN mit zentraler Steuereinheit, die am Körper getragen wird. b) zeigt ein WBSN zur stationären Vitalparameterüberwachung bei dem alle Sensoren an einen Monitor übertragen. c) ist ein Hybridsystem aus den beiden vorherigen Varianten. Hier werden die Daten zentral am Körper gesammelt und anschließend gemeinsam an ein zentrales Gateway übertragen.

Abbildung 2.4 zeigt drei typische Anwendungsszenarien von BSNs zur Vitalparameterüberwachung. Abbildung 2.4a demonstriert ein autonomes BSN, bei dem der Anwender verschiedene Sensoren trägt. Die Sensoren übermitteln ihre Daten drahtlos an eine zentrale Körpereinheit wo diese vorverarbeitet und gespeichert werden. Ist der Datenspeicher des mobilen Gerätes voll, werden die gespeicherten Informationen in der Regel ausgelesen und einer weiteren Analyse und Auswertung mit Hilfe geeigneter Software unterzogen. Solche Systeme eigenen sich besonders für die Überwachung von Risikopatienten im Alltag, zur Nachbetreuung von Patienten im Anschluss an eine Herzoperation oder für Sportanwendungen. Abbildung 2.4b zeigt hingegen die Vitalparameterübertragung diverser Körpersensoren an einen zentralen Patientenmonitor oder ein stationäres Gateway. Dieses Szenario ist typisch für den Klinikeinsatz. Dafür muss sich der Patient in der Reichweite des Patientenmonitors befinden. Abbildung 2.4c zeigt ein Hybridsystem der beiden vorherigen Konzepte. Hier übertragen die Körpersensoren an eine zentrale Körpereinheit, die die Daten speichert. Bewegt sich der Patient in den Empfangsbereich einer Basisstation werden alle bis dahin gesammelten Daten drahtlos heruntergeladen. Danach erfolgt optional eine Übertragung der Daten über das Internet an ein Auswertezentrum oder einen Arzt zum Zwecke der Analyse.

2.3.1.2. Motivation und Nutzen

WBSNs werden aller Voraussicht nach in Zukunft eine wichtige Rolle bei der Veränderung des Gesundheitswesens spielen. Langfristiges Ziel ist dabei eine Transformation des gegenwärtig krankenhauszentrischen Systems zu einem mehr individualbasierten System (vgl. [187]). Statt im Krankenhaus nur die Notfälle zu behandeln, sollen durch eine permanente Überwachung gesundheitsrelevante Veränderungen und Trends frühzeitig erkannt werden. Durch ein rechtzeitiges Entgegenwirken bzw. eine Behandlung besteht die Möglichkeit, lebensbedrohliche Notfälle zu verhindern und somit die Kosten für das Gesundheitssystem und den Patienten zu minimieren (vgl. [70], [69]). Speziell Risikopatienten sollen demnach mehr Eigenverantwortung für ihre Gesundheit übernehmen und relevante Vitalparameter permanent mit Hilfe elektronischer Geräte überwachen.

Derzeit werden Monitoringgeräte in der Regel episodenhaft eingesetzt. Das heißt, ein Patient kommt einmalig zu einer Belastungs-EKG-Untersuchung, bei welcher sich dieser auf einem Ergometer einer definierten Belastung aussetzt, während sein EKG aufgezeichnet wird. Die gewonnen Daten werden im Anschluss durch den betreuenden Herzspezialisten analysiert. Gängig sind auch Langzeit-EKG-Untersuchungen, bei welchen der Patient einen Holtermonitor erhält und über einen begrenzten Zeitraum (etwa einen Tag bis eine Woche) im Alltag trägt. Die Auswertung der Daten erfolgt wiederum im Nachgang. Speziell sehr seltene Ereignisse können mit diesem Ansatz jedoch nur schlecht gefunden werden. Auch hier ist die Nutzung von WBSN-Hardware für eine permanente Überwachung in Kombination mit einer geeigneten algorithmischen Auswertung wünschenswert.

Notwendige Voraussetzung für einen erfolgreichen Einsatz dieser Konzepte ist neben der Bereitstellung einer geeigneter Gerätetechnik vor allem das Vorhandensein von modernen Algorithmen, die eine automatische Analyse oder Vorauswertung der Daten vornehmen können. Das dauerhafte Aufzeichnen von Vitalparametern und die Suche nach den vorher genannten »seltenen Ereignissen« ist nur sinnvoll, wenn die gewonnen Daten auch mit geringem zeitlichen Aufwand für das medizinische Personal ausgewertet werden können. Sinnvoll ist hier beispielsweise eine algorithmenbasierte Markierung relevanter Zeitabschnitte, die durch einen Arzt genauer untersucht werden sollten.

Mittlerweile existieren auch erste Standardisierungsbestrebungen für mobile Geräte im Gesundheits- und Wellnesssektor die mit Funktechniken arbeiten. Ziel ist es Interoperabilität von Geräten und Anwendungen über Herstellergrenzen hinweg sicherzustellen. Eine der wichtigsten Organisationen, die auf diesem Gebiet aktiv sind, ist die *Continua Health Alliance* [50], eine Vereinigung von mehr als 230 Mitgliedern aus Industrie und Wissenschaft. Die Allianz propagiert ein vernetztes Gesundheitsmanagement mit Unterstützung durch mobile, drahtlose Medizingeräte und unter Betonung der individuellen Verantwortlichkeit der Patienten für ihre Gesundheit.

Um diese Ziele zu erreichen, veröffentlicht die Vereinigung unter anderem Entwurfsrichtlinien für die Geräteentwicklung (*Continua Design Guidelines Version 2010* [51]). In diesen Richtlinien wird festgelegt welche Übertragungstechniken (*Bluetooth Health Device Profile* [39], *USB Personal Healthcare Device Class* [230]) und Datenaustauschprotokolle (*IEEE 11073-20601* [108]) zu verwenden sind. Geräte- und Softwarehersteller können als Allianzmitglieder ihre Produkte zertifizieren lassen und damit nachweisen, dass diese im Rahmen des Continua-Ökosystems miteinander interoperieren können.

Die Nutzung von Monitoringsystemen im Privat- bzw. Fitnessbereich soll vor allem langfristig Verhaltensänderungen bewirken. Vorrangiges Ziel ist es, die Anwender zu animieren, mehr und regelmäßig Sport zu treiben und ihre Ernährung umzustellen. Um solche Verhaltensänderungen langfristig zu etablieren sind positive Rückkopplungen essentiell. Der Anwender muss seine Erfolge erkennen und positive Trends ablesen können. Möglich sind beispielsweise Angaben zu gelaufenen Kilometern, Trainingszeit pro Woche, durchschnittlicher Kalorienverbrauch oder andere statistische Auswertungen. Motivierend wirkt auch die Teilnahme an geschlossenen Benutzergruppen (»Community«). Nutzer können sich und ihre Erfolge mit anderen vergleichen und an virtuellen Wettkämpfen teilnehmen. Eine derartige Strategie verfolgt beispielsweise das Projekt Well.com.e [26]. Auf den Community- bzw. Wettkampfcharakter setzen auch Internetportale wie *Sports Tracker* [203], *HeiaHeia* [157] oder *Endomondo* [62], die vor allem die GPS-Funktionalität und Rechenleistung moderner Smartphones nutzen. Erweitern lassen sich diese Angebote durch den Einsatz von Beschleunigungssensoren und Atemgurten. Die Nutzung eines solchen Systems ist damit sehr kostengünstig für Privatpersonen möglich.

Diese konzeptionellen Veränderungen sind eine Voraussetzung um die Kosten des Gesundheitssystems in Zeiten einer alternden Gesellschaft und steigenden Medikamentenkosten in sinnvollen Grenzen zu halten.

2.3.1.3. Konzeptionelle Unterschiede zwischen Wireless Sensor Networks und Wireless Body Sensor Networks

Aufgrund der historischen Entwicklung und ihrer engen technischen Verwandtschaft weisen WSNs und WBSNs viele Gemeinsamkeiten auf. Aber nicht alle WSN-Forschungsergebnisse können ohne kritische Betrachtung der Unterschiede für den Entwurf von WBSNs übernommen werden. Auf die wichtigsten konzeptionellen Unterschiede soll im Folgenden kurz eingegangen werden:

WSN sollen üblicherweise eine große Fläche abdecken und verschiedene Umweltfaktoren oder physikalische Parameter überwachen. Um dies zu erreichen ist eine große Anzahl an Sensoren notwendig, die sich idealerweise autonom vernetzen. Das Konzept mobiler Ad-Hoc Netzwerke (MANET) [186, 237] spielt hier eine wichtige Rolle. Für WBSNs ist eine geringe Netzwerkknotenanzahl mit jeweils relativ geringer Reichweite ausreichend, weil sich die Sensoren in unmittelbarer Nähe des menschlichen Körpers befinden.

Für WSNs sind die Sensoren in der Regel redundant ausgelegt. Das bedeutet, dass in einem Netzwerk immer mehrere Sensorknoten mit gleicher Funktionalität existieren. Der Ausfall eines einzelnen Gerätes ist konzeptionell vorgesehen und somit unkritisch. Das Erfüllen der Netzwerkaufgabe kann durch geeignete Algorithmen trotzdem sichergestellt werden. Bei WBSNs ist hingegen eine Sensorredundanz nicht vorgesehen. Jeder Knoten verfügt über spezielle Fähigkeiten die er dem Netzwerk zur Verfügung stellt. Ein Knotenausfall ist somit kritisch für die Funktionalität des Gesamtsystems. Für WBSN-Systeme ist demnach die energetische Optimierung und Gewährleistung der Zuverlässigkeit essentiell.

Wichtigstes Ziel der Entwicklung von WBSN-Systeme ist die Miniaturisierung der Hardware und die Reduktion des Energieverbrauchs für den mobilen Einsatz. Dies ist notwendig, um durch geringes Gewicht, einfache Handhabung (Usabilty) und ohne Behinderung des Alltagslebens die Akzeptanz des Nutzers für eine dauerhafte Anwendung zu erreichen. Der Patient soll idealerweise nach einiger Zeit vergessen, dass er diese Technik überhaupt verwendet. Auch für viele WSN-Anwendungen ist die Hardwareminiaturisierung das wichtigste Entwurfsziel. Hier steht aber nicht die Akzeptanz durch den Anwender im Vordergrund weil die Hardware in der Regel fest installiert werden kann und nicht getragen werden muss.

WSN-Hardware muss beim Außeneinsatz dauerhaft vor Umwelteinflüssen geschützt werden. Die Hardware der BSN-Knoten ist häufig schon durch die Kleidung der Anwender ausreichend vor Witterungseinflüssen geschützt. Hier können eher Faktoren wie Biokompatibilität oder hygienische Aspekte eine Rolle spielen. Beim Einsatz im medizinischen Umfeld muss beispielsweise sichergestellt sein, dass sich die Geräte problemlos reinigen und desinfizieren lassen.

Besonders wenn sensible Patientendaten drahtlos übertragen werden, sollten WBSNs ein hohes Maß an Datensicherheit, vor allem in Form der Datenverschlüsselung, gewährleisten. Für WSNs ist dies in der Regel (außer im militärischen Sektor) nicht so wichtig. Hier besteht selten die Notwenigkeit einfache Messwerte mit einer Ende-zu-Ende-Verschlüsselung zu schützen, zumal dadurch eine Aggregation der Daten zur Reduktion der Netzwerklast unmöglich wird. Für spezielle WBSN-Anwendungsszenarien (z.B. Alarmsignalübertragung) kann der Verlust von Datenpaketen ein Problem sein, dem durch geeignete Maßnahmen entgegengewirkt werden muss. Für die meisten WSN-Anwendungen ist ein gelegentlicher Datenverlust problemlos zu verkraften. Dies ist bereits durch die sehr dynamische Netzwerkstruktur und die Routingverfahren bedingt.

Aufgrund der Vielzahl der Knoten und der speziellen Einsatzszenarien ist bei WSN-Anwendungen eine direkte Adressierung mühsam und unpraktisch. Notwendig sind intuitive Abfragesysteme, welche die Komplexität vor dem Anwender versteckt. Daher werden für WSNs oft spezielle Adressierungsarten eingesetzt. Diese bezeichnet man auch als *datenzentrierte Adressierung* (vgl. [125, S. 194]). Von Interesse sind die konkreten Daten, nicht die einzelnen Netzwerkadressen. Eine Option stellt die geographische Adressierung [164] dar. Diese ermöglicht beispielsweise Anfragen der Form »Ermittle den gegenwärtigen Temperaturverlauf im Bereich zwischen den Koordinaten A und B«. Jeder Sensorknoten benötigt dafür Wissen über seine geographische Position. Lokalisierungsverfahren können also eine entscheidende Rolle spielen. Von dem Wissen über die Position profitieren auch energieeffiziente Routingalgorithmen wie *Directed Diffusion* [115]. Für WBSNs spielten alternative Adressierungs- und Lokalisierungsmöglichkeiten eine eher untergeordnete Rolle. Hier existieren nur wenige Sensoren, deren Position aufgrund der Sensorfunktionalität und händischen Applikation in der Regel a priori bekannt ist.

2.3.2. Technische Betrachtungen

2.3.2.1. Drahtlose Kommunikation in Körpernähe

Im Vergleich zu rein technischen Sensornetzwerken (WSNs) stellt die drahtlose Vernetzung von Biosensoren am menschlichen Körper besondere Herausforderungen an die Technik. Die unmittelbare Nähe zum Körper beeinflusst vor allem die Ausbreitungseigenschaften der elektromagnetischen Wellen.

Der Wasseranteil des menschlichen Körpers liegt bei Erwachsenen bei etwa 60 Prozent [99, S. 171]. Aus diesem hohen Wasseranteil resultiert eine hohe Dämpfung für elektromagnetische Wellen. Ursache ist der Dipolcharakter der Wassermoleküle, die sich in einem hochfrequenten Wechselfeld ständig neu ausrichten und so zu Schwingungen angeregt werden (vgl. [136, S. 125]). Somit wird ein Großteil der Energie absorbiert und in Wärme umgesetzt. Aufgrund dieser Eigenschaften werden Mikrowellen mit einer Frequenz von 2.45 GHz zur Wärmetherapie in der Medizin und zum Erwärmen von Lebensmitteln eingesetzt.

Die Endringtiefe der elektromagnetischen Wellen nimmt mit zunehmender Frequenz stark ab und ist zusätzlich abhängig von der Dielektrizitätskonstante ε des Gewebes. Fettgewebe hat beispielsweise eine größere Eindringtiefe als Muskelgewebe, weil der Wasseranteil im Fettgewebe geringer ist [99, S. 171]. Die Eindringtiefe bei einer Frequenz von 2.45 GHz liegt für Fett bei ca. 120 mm und für Muskeln bei ca. 25 mm [94].

Um während der Entwurfsphase eine Abschätzungen über Linkqualität oder Reichweite treffen zu können, ist die Nutzung eines Kanalmodells sinnvoll. Die meisten Kanalmodelle existieren für die Mobilfunkkommunikation und für WLANs, sind also für WBSNs wenig geeignet. Für deren Entwurf existieren vergleichsweise wenige Modelle. Diese wurden mehrheitlich durch Simulationen und durch Messungen an Phantomen aufgestellt. Phantome für Dämpfungsmessungen sind künstliche Nachbildungen von Gewebeschichten, Organen oder Körperteilen, die in ihren elektrischen Eigenschaften mit ihren Vorbildern übereinstimmen. Problematisch ist, dass der menschliche Körper sehr komplex aufgebaut ist und aus vielen verschiedenen Gewebeschichten mit unterschiedlichen Eigenschaften besteht. Weiterhin gibt es auch zwischen verschiedenen Individuen starke anatomische Unterschiede. Dies macht die Modellbildung und spätere Verallgemeinerung schwierig.

Roelens et al. beschreiben in [184] ein empirisches Pfadverlustmodell für die Kommunikation in Körpernähe. Das Modell basiert auf Simulationen und Messungen an flachen Phantomen die in ihren elektrischen Eigenschaften mit Muskel- und Gehirngewebe übereinstimmen. Das Modell zeigt, dass der Pfadverlust mit zunehmendem Abstand der Antenne vom Gewebe deutlich sinkt. Eine signifikante Verschlechterung der Reichweite für Sensoren in Körpernähe zeigen auch die Versuche in [137] und [94]. Untersuchungen zum Einfluss von verschiedenen Körperstellungen auf die Wellenausbreitung bei medizinischen Implantaten finden sich in [122].

Ryckaert et al. verwenden in [188] ein sehr aufwendiges, anatomisch exaktes Körpermodell für Ausbreitungssimulationen. Untersucht wurden u. a. Sensoren, die sich auf gegenüberliegenden Seiten des Körpers befinden. Für diesen Fall kommen sie zu dem Ergebnis, dass die direkte Durchdringung des Körpers aufgrund der hohen Dämpfung vernachlässigt werden kann. Eine Kommunikation ist einzig über sogenannte Kriechwellen möglich. Kriechwellen sind elektromagnetische Wellen, die durch Beugung am Körper in eigentlich abgeschattete Bereiche gelangen. Beschrieben wurde dieses Phänomen durch Walter Franz in [81]. Die Energie der empfangenen Kriechwellen liegt etwa in der Größenordnung der Multipfad-Anteile des Signals, die zeitliche Verzögerung ist jedoch deutlich geringer. Auch [45] kommt bei Simulationsuntersuchung von Sensoren auf Vorder- und Rückseite des Körpers zu dem Ergebnis, dass die Kopplung vorrangig über Kriechwellen geschieht.

Reusens et al. untersuchen in [183] den Pfadverlust für direkte Sichtverbindungen (*Line-of-Sight*, LOS) für verschiedene Positionen am Körper (Beine, Brust, Rücken, Arme) mit Hilfe von Simulationen und Messungen. Ergebnis ist ein LOS-Pfadverlustmodell für WBANs.

Problematisch für die praktische Anwendbarkeit der Kanalmodelle ist, dass wegen der hohen Komplexität die Bewegung der Patienten nicht berücksichtigt werden kann. Bedingt durch Positionsveränderungen kann sich der Kanal jedoch sehr schnell verändern.

In verschiedenen praktischen Experimenten konnte in [160] gezeigt werden, dass die Mehrwegeausbreitung (*Non-Line-of-Sight*, NLOS) signifikant zur Zuverlässigkeit der Datenübertragung von WBSNs im Innenraumbereich beiträgt.

Abschließend lässt sich sagen, dass die Funkkommunikation in Körpernähe, bedingt durch die hohe Körperdämpfung, in einer funktechnisch schwierigen Umgebung stattfindet. Es hat sich jedoch gezeigt, dass diese Probleme im Innenraumbereich weniger gravierend sind. Weiterhin kann durch geeignete Entwurfsentscheidungen bei der Systemplanung sichergestellt werden, dass ein Körpernetzwerk sicher funktioniert. Durch geeignete Platzierung von Sensoren und Basisstation kann dafür gesorgt werden, dass die LOS durch den Körper möglichst wenig gestört wird. Eventuell ist für eine zuverlässige Kommunikation jedoch eine höhere Sendeleistung notwendig.

2.3.2.2. Gebrauchstauglichkeit

Die Akzeptanz durch den Anwender wird als eine der größten Herausforderungen beim Einsatz von Körpernetzwerken im Medizinbereich gesehen [187]. Nur eine breite Akzeptanz stellt auch die dauerhafte Nutzung sicher, die schließlich zu dem gewünschten Behandlungserfolg führen kann.

Einer der Kernaspekte zur Sicherstellung der Akzeptanz ist die Gebrauchstauglichkeit (»Usability«) der Kombination aus Medizingerät und Anwendungssoftware. Neben der reinen Funktionalität wird die Gebrauchstauglichkeit maßgebend von der Bedienbarkeit durch den Anwender bestimmt. Beide Aspekte sollten in einem ausgewogenen Verhältnis zueinander stehen [21, S. 17].

Eine der wichtigsten Voraussetzungen für eine gute Bedienbarkeit ist Einfachheit. Diese kann beispielsweise durch die Konzentration auf wenige wichtige Funktionen erreicht werden. Ein Mehr an Funktionalität birgt immer die Gefahr einer komplexen Bedienerführung und schwierigen Erlernbarkeit mit sich. Sinnvoll ist, sofern möglich, der Verzicht auf Bedien- und Anzeigeelemente. Vorhandene Bedienelemente sollten selbsterklärend sein, um den Schulungsaufwand für den Nutzer gering zu halten. Des Weiteren müssen die Geräte vom Patienten oder von Pflegepersonal einfach applizierbar sein. Speziell für den Anwendungsbereich von BSNs wird es sich bei den Nutzern vermehrt um ältere Patienten ohne medizinisches Vorwissen handeln, die diese Geräte aber dauerhaft nutzen sollen. Bei Einsatz von Multi-Sensor-Systemen schließt dies die Nutzung komplexer Verkabelungen daher praktisch aus.

Aus den zuvor genannte Gründen ist die Tragbarkeit[1] der verschieden Hardwarekomponenten eine wichtige Voraussetzung für die weitere Verbreitung von WBSNs. Die diversen Aktoren und Sensorbaugruppen müssen daher so leicht und klein gestaltet werden, dass sie vom Anwender auch bei sehr langer Nutzungsdauer nicht als Behinderung empfunden werden und gegebenenfalls direkt in die Kleidung integriert werden können.

Diverse Forschungsprojekte arbeiten an der Integration von Sensoren und Elektronik in die Kleidung. [187] und [42] geben einen Überblick über tragbare Technologien und demonstrieren verschiedene Konzepte. Besonders komfortabel sind T-Shirts mit integrierten Elektroden. Neben diversen Forschungsarbeiten (senSAVE [82], SMASH [96], Smart Shirt [89], TecInTex [159]) sind auch erste Shirts kommerziell verfügbar: Textronics *Cardio Shirt* [221], WearTech *Sensor Shirt* [238]. Über entsprechende Elektronik können z.B. EKGs oder Herzraten aufgezeichnet werden.

2.3.2.3. Netzwerktopologien

Abbildung 2.5 zeigt zwei unterschiedliche Möglichkeiten für die Topologie eines drahtlosen Körpernetzwerkes: *Single-Hop-Netzwerk* und *Multi-Hop-Netzwerk*. Ein Single-Hop-Netzwerk ist dadurch gekennzeichnet, dass die Daten mit einer einzigen Übertragung direkt an das Ziel gelangen. Mehrere Knoten bilden einen Stern-Topologie (*Star*). In einem Multi-Hop-Netzwerke werden die Daten jeweils zu einem Nachbarknoten in der Nähe übertragen und so durch das Netzwerk bis zum Ziel geleitet. Als konkrete Topologie sind hier Baumstrukturen (*Tree*) oder vermaschte Netze (*Mesh*) möglich.

Körpernetzwerke weisen typischerweise eine stark asymmetrische Verteilung der Datenraten auf. Die Sensoren zeichnen physiologische Parameter auf und übertragen diese nach einer

---

[1]Tragbarkeit im Sinne von »Kleidung tragen«.

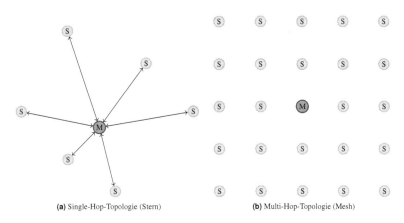

(a) Single-Hop-Topologie (Stern)   **(b)** Multi-Hop-Topologie (Mesh)

Abbildung 2.5.: Dargestellt sind zwei mögliche Netzwerktopologien für Körpernetzwerke. M steht für den zentralen Auswerteknoten, S für die einzelnen Sensoren.

eventuellen Vorauswertung an einen zentralen Sensorknoten zur Speicherung und Korrelation mit anderen Parametern (*Upstream*). In Gegenrichtung (*Downstream*) sind nur relativ geringe Datenraten notwendig, weil hier nur Steuer- und Konfigurationsdaten zu übertragen sind. Eine direkte Kommunikation der Sensoren untereinander ist nur in seltenen Fällen notwendig. Dies lässt sich bei Bedarf sehr einfach durch Nutzung des Koordinators als Zwischenstation realisieren.

Für ein solches Nutzungsszenario eignet sich die Stern-Topologie besonders. Für sie existiert ein zentraler Steuerknoten (Master, Koordinator) und verschiedene Sensorknoten (Slaves), die direkt mit dem Master kommunizieren. Diese Topologie lässt sich nur verwenden, solange alle Sensoren im Kommunikationsbereich des Koordinators befinden. Es ist also sicherzustellen, dass unter typischen Bedingungen die maximale Entfernung zwischen Sensor und Koordinator mit der zur Verfügung stehenden Sendeleistung überbrückt werden kann. Reine WBSNs sind von relativ geringen Sensorabständen gekennzeichnet.

Single-Hop-Übertragungen bieten außerdem die kürzest mögliche Verzögerung weil nur die reine Übertragungszeit eingeht. Im Fall einer Multi-Hop-Übertragung kommt zusätzlich zu den Übertragungszeiten die Verarbeitungszeit in den Knoten hinzu.

Die Stern-Topologie ist sehr einfach und statisch. Komplexe Routingmechanismen müssen nicht ausgeführt werden. Dies führt aber auch dazu, dass diese Topologie bei einer großen Knotenanzahl schnell an ihre Grenzen stößt. Typische WBSNs bestehen jedoch überwiegend aus wenigen Knoten.

Wegen ihrer Flexibilität und Robustheit haben sich Ad-Hoc- bzw. Multi-Hop-Netzwerke in vielen Anwendungsgebieten als vorteilhaft erwiesen. Beispielsweise lassen sich Interferenzen für das Gesamtnetzwerk minimieren, weil die einzelnen Knoten nur mit ihren Nachbarn kommunizieren müssen und so die Sendeleistung entsprechend reduziert werden kann. In verschiedenen Veröffentlichungen [180, 160, 16] wird davon ausgegangen, dass Multi-Hop-Netzwerke generell weniger Energie benötigen als Single-Hop-Netze. Dies ist aber nicht für alle Szenarien richtig.

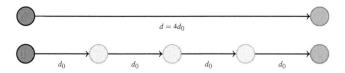

Abbildung 2.6.: Diese Abbildung zeigt ein Beispiel für Single-Hop-Kommunikation (oben) und Multi-Hop-Kommunikation (unten).

[180] zeigt dabei stellvertretend für verschiedene ähnliche Veröffentlichungen folgendes Beispiel: Im Single-Hop-Fall wird ein Datenpaket direkt von einer Quelle zur Senke transportiert. Im Multi-Hop-Fall erfolgt der Transport über mehrere Zwischenstationen. Ein solches Beispiel ist schematisch in Abbildung 2.6 dargestellt.

Ausgangspunkt der energetischen Betrachtungen ist Frii's Freiraumausbreitungsformel [87]:

$$P_R = P_T \cdot G_T \cdot G_R \cdot \left(\frac{\lambda}{4\pi r} \right)^2 \tag{2.1}$$

Dabei ist P_R die Leistung am Eingang des Empfängers, P_T die Sendeleistung, G_R, G_T der Gewinn von Empfangs- und Sendeantenne, λ die Wellenlänge und r der Abstand zwischen Sender und Empfänger. Für die notwendige Sendeleistung, um am Empfänger die minimal notwendige Empfangsleistung zur Verfügung zu stellen, ergibt sich somit:

$$P_T = \frac{P_R}{G_T \cdot G_R} \cdot \left(\frac{4\pi r}{\lambda} \right)^2 = k \cdot r^2 \tag{2.2}$$

Für das obige Beispiel, bei dem eine Einzelübertragung durch n äquidistante Hops ersetzt wird, ergeben sich die folgenden notwendigen Sendeleistungen:

$$
\begin{aligned}
P_{T_{SH}} &= k \cdot d^2 = k \cdot (n \cdot d_0)^2 \\
P_{T_{MH}} &= n \cdot k \cdot d_0^2 \\
\frac{P_{T_{SH}}}{P_{T_{MH}}} &= \frac{k \cdot (n \cdot d_0)^2}{n \cdot k \cdot d_0^2} = n
\end{aligned} \tag{2.3}
$$

Die Sendeleistung für den Single-Hop $P_{T_{SH}}$ ist also n mal größer als die Sendeleistung $P_{T_{SH}}$ für den Multi-Hop-Fall.

Dabei wird jedoch nicht beachtet, dass im Falle der Multi-Hop-Übertragung die Empfänger aller Knoten dauerhaft aktiviert sein müssen, um empfangene Daten weiterzuleiten. Weiterhin geht man bei dieser Berechnung davon aus, dass die Positionen aller Nachbarknoten bekannt sind. Diese Entfernungsangabe ist notwendig, um die Übertragungsleistung genau so einzustellen, dass sie gerade noch beim Empfänger ankommt. Die meisten realen Transceiver bieten zudem nur einige wenige Stufen der Übertragungsleistung und lassen sich nicht kontinuierlich einstellen. Diese häufig eingesetzte Berechnung hat also wenig mit den realen Verhältnissen eines Körpernetzwerkes zu tun.

Auch Natarajan et al. empfehlen in [160] die Nutzung des Multi-Hop-Ansatzes. Sie gehen als Entwurfsgrundlage davon aus, dass sich der Energiebedarf der Funkübertragungen des Netzwerkes gleichmäßig auf alle Netzwerkknoten verteilt. Für ein BSN mit zentraler Auswertung und Datenspeicher ist das aber nicht notwendigerweise vorteilhaft. Die Sensoren, getragen an den Extremitäten und am Kopf, müssen besonders leicht sein und haben somit besonders geringe Energiereserven. Die Zentraleinheit kann mit einem Gurt oder in einer Tasche getragen werden. Das höhere Gewicht durch größere Batterien ist hier selten ein Problem. Auch der Energieumsatz kann also asymmetrisch verteilt sein, was wiederum für ein Stern-Netzwerk steht.

Als wesentlicher Vorteil von Multi-Hop-Netzen wird deren Robustheit gegenüber Knotenausfällen angesehen. Fällt ein einzelner Netzwerkknoten aus, werden alle Datenpakete die früher über diesen transportiert wurden auf eine alternative Route umgeleitet. Diese Fähigkeit bezeichnet man als Selbstheilung (*Self-Healing*). Die Selbstheilung betrachtet aber nur den Aspekt der Kommunikation, nicht den der Funktionalität. Fällt in einem Körpernetzwerk ein Knoten aus, so entfällt seine komplette Sensorinformation, weil die einzelnen Sensoren in der Regel nicht redundant ausgelegt sind. Wenn also beispielsweise der EKG-Sensor aus Energiemangel ausfällt, wird das Körpernetzwerk sehr wahrscheinlich seine Aufgabe aus Mangel an EKG-Daten nicht mehr erfüllen können. Selbstheilung auf Kommunikationsebene ist also für Körpernetzwerke weniger essentiell als für WSNs.

In einem BSN-Szenario, in welchem viele Datenquellen an eine einzige Datensenke übertragen, zeigt sich ein weiterer Nachteil von Multi-Hop-Netzwerken: Netzwerkknoten in der Nähe der Senke müssen übermäßig viele Daten weiterleiten und haben einen entsprechend hohen Energieumsatz.

Des Weiteren steigert die Nutzung von Multi-Hop-Topologien die Komplexität der Netzwerkverwaltung merklich. So müssen zum Beispiel Routinginformationen erzeugt und aktuell gehalten werden. Das steigert die Anzahl der Nachrichten, die allein zu Verwaltungszwecken ausgetauscht werden müssen und zusätzliche Energie benötigen. In Bezug auf die Energieeffizienz sind jedoch einfache Konzepte vorteilhaft. Der Verzicht auf Flexibilität kann somit zu deutlichen Energieeinsparungen führen. Mit einem zentral kontrollieren Netzwerk ist es z.B. möglich, den Duty Cicle des Netzwerks vorzugeben und so signifikant Energie zu sparen [245]. Der Multi-Hop-Ansatz bringt nur bei einer signifikant großen Sensorknotenanzahl und geringen Abständen deutliche Vorteile hinsichtlich des Energieumsatzes.

Aus den oben dargelegten Gründen wurde für die Umsetzung des WBSN in dieser Arbeit eine Stern-Topologie verwendet.

2.3.2.4. Energetischer Vergleich von Instruktionsausführung und Datenübertragungen

Der Mikrocontroller und das Funkmodul sind die Komponenten eines Sensorknotens mit dem höchsten Energieumsatz. Die notwendige Energie zum Betrieb der anderen Komponenten ist in vielen Fällen vergleichsweise gering.

Tabelle 2.1 enthält eine Auflistung verschiedener Mikrocontroller die in WSN-Hardware gebräuchlich sind. Angegeben sind jeweils die elektrischen Betriebsparameter (Versorgungsspannung V_{Supply}, Taktfrequenz f_{CLK}, Betriebsstrom I_{Active}) des Prozessors im aktiven Modus beim Betrieb mit einem externen Quarz und die daraus berechnete Energie pro Instruktion (EPI, *Energy Per Instruction*).

Tabelle 2.1.: Typische EPI-Werte verschiedener Mikrocontroller bei unterschiedlichen Betriebsparametern

Prozessor	elektrische Parameter			EPI
	V_{Supply} [V]	f_{CLK} [MHz]	I_{Active} [mA]	E_i [nJ]
TI MSP430F149 [215, S. 25]	2.2	1	0.28	0.616
TI MSP430F149 [215, S. 25]	3.0	1	0.42	1.260
TI MSP430F1611 [216, S. 25]	2.2	1	0.33	0.726
TI MSP430F1611 [216, S. 25]	3.0	1	0.50	1.500
Atmel Atmega128L [17, S. 319]	3.0	4	5.00	3.750
SiLabs C8051F340 [198, S. 33]	3.3	1	0.69	2.280
SiLabs C8051F340 [198, S. 33]	3.3	24	13.90	1.910
SiLabs C8051F340 [198, S. 33]	3.3	48	25.90	1.780
SiLabs C8051F350 [197, S. 30]	2.7	25	9.90	1.070
SiLabs C8051F350 [197, S. 30]	3.3	25	13.60	1.800
Microchip PIC12F683 [150, S. 118]	3.0	1	0.22	0.660
Microchip PIC12F683 [150, S. 118]	3.0	4	0.42	0.315
ST ST71xF [204, S. 37]	3.3	32	49.30	5.080
ST ST71xF [204, S. 37]	3.3	66	73.60	3.680

EPI ist ein gebräuchliches Maß zur Charakterisierung der Energieeffizienz von Prozessoren. Die Anzahl der Instruktionen, die pro Systemtakt abgearbeitet werden, hängt von der Architektur ab und kann zusätzlich von Befehl zu Befehl unterschiedlich sein. Superskalare Prozessoren haben beispielsweise die Fähigkeit, unter Ausnutzung parallel arbeitender Hardwarekomponenten, mehrere Befehle innerhalb eines Taktzykluses ausführen zu können. Einen Einfluss hat auch die allgemein Registerbreite (8-, 16-, 32-Bit) der Prozessoren. Bei den relativ einfachen Prozessoren, wie sie typischerweise für WSNs eingesetzt werden, kann man davon ausgehen, dass etwa eine Instruktion pro Taktzyklus ausgeführt wird.

Die in Tabelle 2.1 angegebenen elektrischen Parameter wurden den Datenblättern der MCUs (*Microcontroller Unit*) entnommen. Der EPI-Wert ergibt sich somit aus

$$E_i = \frac{V_{Supply} \cdot I_{Active}}{f_{CLK}} \tag{2.4}$$

unter der Annahme, dass pro Takt eine Instruktion ausgeführt wird. Die Ergebnisse sind in Abbildung 2.7a in Abhängigkeit von der Taktfrequenz dargestellt.

Die resultierenden EPI-Werte der einzelnen Prozessoren sollten jedoch nicht direkt miteinander verglichen werden. Ein solcher Vergleich ist nur sinnvoll wenn der EPI-Wert eines Prozessors bei gleicher Versorgungsspannung und gleicher Taktfrequenz bekannt ist. Weiterhin wird der Energieverbrauch von den Herstellern meist für eine while(1)-Schleife und bei Deaktivierung jeglicher Peripherie angegeben und muss somit nicht dem realen Verbrauch im Betrieb entsprechen. Auch der Energiebedarf der externen Beschaltung wird komplett vernachlässigt. Die für einen direkten Vergleich notwendigen Angaben fehlen jedoch in vielen Datenblättern und sind ggf. messtechnisch zu bestimmen.

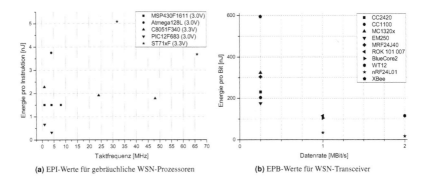

(a) EPI-Werte für gebräuchliche WSN-Prozessoren (b) EPB-Werte für WSN-Transceiver

Abbildung 2.7.: Vergleich zwischen *Energie pro Instruktion* für Mikrocontroller und *Energie pro Bit* für Transceiver.

Die energetischen Betrachtungen müssen auch mit dem Wissen über das gewünschte Anwendungsgebiet kritisch beurteilt werden. Für mathematische Berechnungen können Prozessoren mit größerer Registerbreite energetische Vorteile aufweisen. Die trifft zum Beispiel zu, wenn Operationen mit 16-Bit- oder 32-Bit-Zahlen in einem Takt durchgeführt werden können, anstatt sie durch viele Operationen auf einem 8-Bit-Prozessor auszuführen. Für die Abarbeitung vorwiegend byteorientierter Protokolle können hingegen 8-Bit-Prozessoren günstiger sein, da für den Zugriff und die Bearbeitung der Datenstrukturen weniger Maskierungs- und Verschiebeoperationen notwendig sind. Ein geringer EPI-Wert ist vor allem dann essentiell, wenn es darum geht viele Berechnungen mit hohem Durchsatz energetisch effizient durchzuführen. Die angegebenen Kennzahlen sollen lediglich zeigen, dass die Energie pro Instruktion für WBSN-Prozessoren typischerweise im Bereich von 0.5-5 nJ liegt.

Zum Vergleich mit den Prozessoren sind in Tabelle 2.2 die Energie-pro-Bit-Werte (*Energy per Bit*, EPB) verschiedener Transceivermodule angegeben. In dieser Übersicht sind vorrangig Zigbee/IEEE802.15.4 und Bluetoothmodule enthalten, weil diese die größte Verbreitung in WBSNs aufweisen.

Die hier angegebenen Werte wurden ebenfalls den Datenblättern der Hersteller entnommen. Wenn möglich wurde dabei die Stromaufnahme bei einer Sendeleistung (P_{Out}) von 1 mW (0 dBm) im 2.4-GHz-Bereich ausgewählt um die Vergleichbarkeit der Angaben zu ermöglichen. Die Energie pro Bit E_b berechnet sich nach

$$E_b = \frac{V_{Supply} \cdot I_{TX}}{R} \tag{2.5}$$

aus der Versorgungsspannung V_{Supply}, dem durchschnittlichen Strom im Sendezustand I_{TX} und der Bruttodatenrate R.

In der Tabelle wird also die Energie betrachtet, die notwendig ist, um mit einem konkreten Transceivermodul ein einzelnes Bit zu senden. Die angegebene Energie ist nicht nur für Nutzdatenbits notwendig sondern für jegliche Datenübertragung im Netzwerk. Dazu zählen beispielsweise Bits zur Rahmendetektion (Präambel), Knotenadressierung und Fehlerschutzkodierung

Tabelle 2.2.: Übersicht über EPB-Werte verschiedener Transceiverschaltkreise für das Senden von Daten

Transceiver	elektrische Parameter					EPB
	V_{Supply} [V]	P_{Out} [dBm]	R [MBit/s]	I_{TX} [mA]	P_{TX} [mW]	E_b [nJ]
CC1100[a] [219, S. 9]	3.0	0	0.25	16.9	50.7	203
nRF24L01 [170, S. 14]	3.0	0	2.00	11.3	33.9	17
nRF24L01 [170, S. 14]	3.0	0	1.00	11.3	33.9	34
CC2420[b] [218, S. 14]	3.3	0	0.25	17.4	57.4	230
MC1320x[b] [86, S. 9]	2.7	0	0.25	30.0	81.0	324
EM250[b] [61, S. 13]	1.8	0	0.25	24.3	43.7	175
MRF24J40[b] [149, S. 136]	3.3	0	0.25	23.0	75.9	304
XBee[b] [146, S. 5]	3.3	0	0.25	45.0	148.0	594
ROK 101 007[c] [63, S. 3]	3.3	0	1.00	45.0	148.5	149
BlueCore 2[c] [48, S. 13]	1.8	0	1.00	57.0	104.0	104
WT12[c] (EDR) [28, S. 8]	3.3	1.5	2.00	70.0	231.0	115

[a]915 MHz
[b]802.15.4/ZigBee
[c]Bluetooth

sowie Datenpakete zur Netzwerkverwaltung (Verbindungsaufbau, Paketbestätigungen, Pfadsuche von Routingalgorithmen, etc.).

Die errechneten Energiewerte sind in Abbildung 2.7b in Relation zu der zur Verfügung gestellten Bruttodatenrate dargestellt. Es zeigt sich, dass sich die Werte auch innerhalb einer Technologieklasse (Bluetooth/ZigBee) deutlich unterscheiden. Neben der verwendeten Funktechnologie ist bei dieser Betrachtung vor allem die Implementierung durch den Hersteller von Bedeutung. In der angegebenen Stromaufnahme ist beispielsweise auch die Stromaufnahme des Basisbandprozessors von Bluetooth enthalten. Alle in der Tabelle betrachteten Bluetoothmodule weisen einen geringeren EPB-Wert auf als die betrachteten IEEE-802.15.4-Module. Dies entspricht jedoch nicht den praktischen Erfahrungen, nach denen Bluetooth bei geringen Datenmengen deutlich mehr Energie benötigt als IEEE 802.15.4.

Ein interessantes Detail zeigt der Vergleich der Ergebnisse des nRF24L01 bei Datenraten von 1 MBit/s und 2 MBit/s. Die Stromaufnahme ist in beiden Fällen nahezu identisch. Durch die längere Übertragungsdauer eines Bits bei der niedrigeren Datenrate ergibt sich jedoch ein doppelt so großer Energiebedarf pro übertragenes Bit. Verschiedene analoge Hardwarebaugruppen wie Frequenzgeneratoren, Filter und Verstärker sind beim Senden in Betrieb und benötigen ihre Betriebsenergie unabhängig von der eingestellten Datenrate. Ein solches Verhalten lässt sich bei vielen aktuellen Transceivern beobachten.

Wichtigstes Ergebnis der vorangegangenen Berechnungen ist die Erkenntnis, dass die Energie zur Übertragung eines Bits um ein Vielfaches größer ist als die Energie zur Abarbeitung einer Instruktion der MCU. Statt der Übertragung eines einzelnen Bits könnten in verschiedenen Konfigurationen mehrere hundert Instruktionen auf dem Prozessor des Sensorknotens ausgeführt werden. Vergleichbare Relationen zwischen Berechnungsenergie und Übertragungsenergie

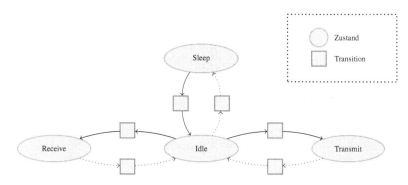

Abbildung 2.8.: Vereinfachtes Zustandsdiagramm eines WBSN-Transceivers.

finden beispielsweise auch [125], [97] und [129]. Oberstes Ziel bei der Entwicklung eines energieeffizienten Kommunikationsprotokolls für WBSNs muss also die Reduktion der übertragenen Datenmenge sein. Mögliche Maßnahmen sind hier die Kompression und Aggregation der Nutzdaten, die Reduktion des Protokolloverheads oder der Verzicht auf Routingalgorithmen.

2.3.2.5. Betriebszustände von Transceivern

Ein Transceiver kann sich im Betrieb in einem von vielen diskreten Zuständen befinden. Diese lassen sich vereinfacht zu folgenden Betriebszuständen zusammenfassen, die jeder typische WSN-Transceiver aufweist: *Sleep, Idle, Receive, Transmit*. Abbildung 2.8 zeigt das vereinfachte Zustandsdiagramm eines entsprechenden Transceivers mit den genannten Zuständen und möglichen Zustandsübergängen (Transitionen).

Sleep (auch PowerDown oder ShutDown) ist der Schlafzustand in welchem das Transceivermodul weder Daten empfängt noch Befehle entgegennimmt. In diesem Zustand ist der Energiebedarf minimal, die Transitionsdauer (Aufwachzeit) ist aber im Vergleich zu den anderen Transitionen sehr groß. Im *Idle*-Zustand (auch Standby) sind weder Sende- noch Empfangsbaugruppen aktiviert. Der Transceiver wartet mit einem vergleichsweise geringen Leistungsumsatz auf weitere Befehle. Ausgehend von diesem Zustand lässt sich relativ schnell in einen der aktive Zustände *Receive* (RX) oder *Transmit* (TX) wechseln. In den aktiven Zuständen *RX* und *TX* werden Daten gesendet oder empfangen. Die notwendige Energie ist in diesen Zuständen am größten.

Die Leistungsaufnahme in den verschiedenen Zuständen ist in Abbildung 2.9 am Beispiel des CC2420 dargestellt. Dabei ist zu erkennen, dass die Stromaufnahme beim Empfangen größer ist als beim Senden. Dieses Phänomen ist typisch für Nahbereichsfunktechniken, die mit einer relativ geringen Sendeleistung, dafür aber mit aufwendigen Signalverarbeitungsalgorithmen beim Empfangen arbeiten.

Im Schlafzustand ist nur sehr wenig Energie notwendig. Trotzdem kann der Energieverbrauch in diesem Zustand dominant sein, vor allem für WSN-Systeme die sehr lange inaktiv sind und periodisch aufwachen, um kurze Datenpakete zu versenden. Das zeitliche Verhältnis zwischen Aktiv- und Schlafphasen bezeichnet man mit *Duty Cycle*. Für WSN-Systeme mit einem beson-

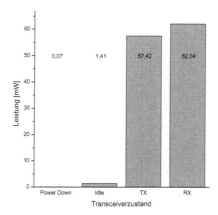

Abbildung 2.9.: Leistungsaufnahme des CC2420 in verschiedenen Betriebszuständen.

ders langen Duty Cycle ist daher ein minimaler Energieverbrauch im Schlafzustand ein bedeutendes Entwicklungsziel. Für die Vitalparameterübertragung in BSNs ist der Duty Cycle in der Regel größer, vor allem wenn die Daten quasi »Live« angezeigt werden müssen. Für solche Systeme spielen kurze Umschaltzeiten und geringe Leistungsaufnahme beim Senden, Empfangen und im Idle-Zustand eine größere Rolle.

Für den Energieverbrauch im Empfangszustand ist es nahezu unerheblich, ob konkrete Daten empfangen werden, oder ob mit aktiviertem Empfangsmodul auf Daten gewartet wird. Dieses *Idle Listening* ist einer der größten Ursache von Energieverschwendung in drahtlosen Netzwerken [249].

Das Diagramm 2.10 demonstriert die zeitlichen Abläufe und den Energieverbrauch am Beispiel eines Empfängers. Dabei wird zum Zeitpunkt t_{SD} von Empfangsmodus in den Idle-Zustand umgeschaltet, um Energie zu sparen. Die Umschaltdauer ist mit τ_{down} bezeichnet. Der Zeitpunkt t_{RX} ist der Moment, zu welchem der Empfänger wieder bereit sein muss, um neue Daten zu empfangen. Diese Stromsparmaßnahme lässt sich nur nutzen, wenn bekannt ist, wann mit neuen Daten zu rechen ist. Ein solches Netzwerk benötigt demnach eine hinreichend genaue Möglichkeit der zeitlichen Synchronisierung der einzelnen Netzwerkknoten. Die Aktivierung des Empfängers muss also mindestens um die Aufwachzeit τ_{up} vor dem Datenempfang zum Zeitpunkt t_{WU} erfolgen. Die Umschaltzeiten τ_{down} und τ_{up} sind abhängig vom verwendeten Transceivermodul. P_{RX} und P_{Idle} stehen für die elektrische Leistung im Empfangs- respektive Wartezustand. Ausgehend von der vereinfachten Annahme, dass die durchschnittliche Leistung während der Transitionen

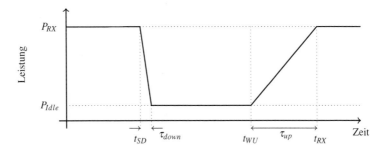

Abbildung 2.10.: Energieaufnahme und zeitliche Abfolge beim Zustandswechsel von *RX* nach *Idle* und zurück.

$(P_{RX} - P_{Idle})/2$ beträgt ergeben sich die Energie ohne Abschaltung E_{RX}, die Energie mit Abschaltung E_{Wait} und die eingesparte Energie E_{Saved} zu:

$$E_{RX} = (t_{RX} - t_{SD}) P_{RX} \qquad (2.6)$$

$$E_{Wait} = \frac{P_{RX} + P_{Idle}}{2} (\tau_{down} + \tau_{up}) + P_{Idle} (t_{RX} - t_{SD} - \tau_{down} - \tau_{up}) \qquad (2.7)$$

$$E_{Saved} = \frac{P_{RX} - P_{Idle}}{2} (\tau_{down} + \tau_{up}) + (P_{RX} - P_{Idle})(t_{RX} - t_{SD} - \tau_{down} - \tau_{up}) \qquad (2.8)$$

$$(2.9)$$

Für das Beispiel eines CC2420, der alle 500 Millisekunden einen Messwert empfängt ergibt sich mit $\tau_{down} = 0, \tau_{up} = 192\mu s, PRX = 62.04mW, P_{Idle} = 1.41mW, t_{RX} = 500ms$ für die Energie ohne Abschalten $E_{RX} = 31mJ$ und mit Abschalten $E_{Wait} = 0.71mJ$ pro Zyklus.

Das Abschalten des Empfängers ist energetisch immer dann sinnvoll, wenn der genaue Zeitpunkt einer Datenübertragung bekannt ist, der zeitliche Abstand zum nächsten Datenpaket größer ist als die Umschaltzeiten $(t_{RX} - t_{SD} > \tau_{down} + \tau_{up})$ und der energetische Aufwand für die Zeitsynchronisierung im Netzwerk vernachlässigbar ist. Diese Bedingungen sind für jeden Anwendungsfall individuell zu prüfen.

2.3.3. WBSN-Konzepte in der Literatur

In diesem Abschnitt soll exemplarisch auf einige interessante Konzepte und Beispielanwendungen für drahtlose Körpernetzwerke eingegangen werden. Anhand dieser Beispiele lässt sich der gegenwärtige Stand der Technik gut abschätzen.

Wang et al. beschreiben in [236] ein *System-on-Chip* (SoC) für BSNs. Der ASIC besteht aus einer Schnittstelle für Temperatur- und pH-Sensoren, einer einfachen 8-Bit-MCU, einem 10-Bit-ADC und einem FSK-Transceiver der mit DSSS auf einer sehr niedrigen Trägerfrequenz (<30 MHz) arbeitet. Aufgrund der geringen Datenrate von lediglich 115 Byte/s eignet sich das System nur für Anwendungen mit geringem Datenaufkommen.

Einen weiteren ASIC für die Anwendung in BSNs stellen Zhang et al. in [251] vor. Der Schaltkreis besteht aus einer 8051-kompatiblen MCU, einer Power Management Unit zur Generierung der notwendigen Spannungen und Steuerung der Schlafzustände, einem internen Taktgenerator, Hardware-Timern, einem passiven OOK-Empfänger mit einer Datenrate von 25 kbit/s sowie diversen anderen digitalen Baugruppen. Das System kennt einen aktiven und einen passiven Schlafzustand. Im aktiven Schlafzustand arbeitet nur die Timerbaugruppe. Das System wird in regelmäßigen Zeitabständen aufgeweckt und kann entsprechend periodisch Messungen vornehmen und die gewonnenen Daten übertragen. Im passiven Zustand ist nur der interne Empfänger aktiviert, der das System bei Bedarf aufwecken kann. Dieser Aufweckempfänger bezieht jedoch keine Energie aus der Batterie des Systems. Die Betriebsenergie wird über einen Energy-Harvesting-Block direkt aus dem anliegenden Trägersignal bezogen. Dieses Konzept eignet sich besonders für Sensorknoten mit ereignisbasierter Aktivierung. Es lässt sich aufgrund des passiven Empfängers theoretisch unbegrenzt[2] lange mit einer Batterie betreiben und wird nur aktiviert, wenn eine Aktion notwendig ist. Ein schneller unidirektionaler Transceiver muss extern angeschlossen werden und lässt sich über digitale Schnittstellen von der internen MCU ansprechen.

Wong et al. zeigen in [245] einen WBSN-SoC für die Vitalparameterüberwachung, der bei einer Spannung von nur 1 V arbeitet. Vorgesehen ist der Einsatz des Systems mit einem Wegwerfbatteriepflaster, das für vier bis sieben Tage Energie liefern kann. Das System integriert Sensoranpassung, ADC, 8051-MCU, Transceiver und MAC in einen Baustein. Der MAC arbeitet nach dem Master-Slave-Prinzip mit fest zugewiesenen Zeitschlitzen für die Datenübertragung.

In [16] wird die Vitalparameterübertragung als ein mögliches Anwendungsgebiet des WINS-Konzept (*Wireless Integrated Network Sensors*) genannt. WINS kombiniert Sensoren, ADC, Auswertelogik, Steuerlogik und HF-Teil in einen ASIC. Das System ist auf geringe Reichweiten und Datenraten ausgelegt, so dass sich sehr viele Sensorknoten in unmittelbarer Nähe befinden und durch Multi-Hop-Übertragungen miteinander kommunizieren. Ein Großteil der Signalauswertung soll bereits durch die Hardwarealgorithmen der Plattform vorgenommen werden. Damit kann die Übertragung der Rohdaten entfallen. Es wird mit einer durchschnittlichen Datenrate von weniger als 1 kBit/s gerechnet. Problematisch an diesem Konzept ist, dass für jede zu messende Größe ein Sensor mit der notwendigen Auswertelogik in Hardware implementiert werden muss.

McIlwraith und Yang geben in [147] einen Überblick über den erfolgreichen Einsatz von WBSN-Konzepten im Medizin-, Sport- und Wellnessbereich. Unter anderem wird ein Sensorknoten vorgestellt, der einen 2.4-GHz-Transceiver (nRF24E1, Nordic Semiconductor) mit integrierter 8051-MCU verwendet. In ihrem Artikel kritisieren sie aber auch den Einsatz von Stern-Netzwerken, weil der zentrale Knoten einen erhöhten Energiebedarf hat und gleichzeitig der zentrale Schwachpunkt (*single point of failure*) des Systems ist. Fällt dieser Knoten aus, verliert das Netzwerk seine Funktionalität. Vorgeschlagen wird die Verwendung intelligenter Mesh-Netzwerke, ohne jedoch auf konkrete Lösungen oder den gesteigerten Kommunikations- und Verwaltungsaufwand einzugehen, der letztlich auch den Energiebedarf erhöht. Ihre Vision ist die Verlagerung der Intelligenz weg von einem zentralen Knoten in das Netzwerk selbst.

In [141] wird ein WBSN auf Basis der Mica2 Mote der Universität Berkeley vorgestellt. Als Sensorwerte wurden lediglich Helligkeitswerte erfasst und an einem PDA, der per Kabel mit der Basisstation verbunden ist, in Echtzeit angezeigt. Auf Aspekte der Energieeffizienz der Funklösung wird nicht eingegangen.

---

[2]Begrenzt wird die Betriebsdauer des Sensorknotens im Schlafzustand einzig durch die Selbstentladung der Batterie.

35

Fletcher et al. beschreiben in [78] iCalm, eine Hardwareplattform für WBSNs. Ziel war die Entwicklung eines kostengünstigen Systems, welches bequem zu tragen ist, einen geringen Stromverbrauch hat und sich für Langzeitmessungen einsetzen lässt. Für die drahtlose Datenübertragung wird der IEEE 802.15.4 Standard in einem Stern-Netzwerk bei 2.4 GHz verwendet.

Das BASUMA Projekt [69] schlägt eine energieeffiziente SoC-Plattform für das Langzeitmonitoring von chronisch kranken Patienten im Heimbereich vor. Für die Kommunikation der Sensoren untereinander und mit dem Gateway soll ein Peer-To-Peer-Protokoll verwendet werden. Auf physikalischer Ebene wurde dafür die UWB-Technik mit Datenraten von bis zu 20 MBit/s eingesetzt. Eine Middleware übernimmt die Verwaltung der verschiedenen Dienste und Sensoren des Netzwerks. Über die Energieeffizienz der Lösung existieren keine Angaben.

Varshney und Sneha beschreiben in [232] und [233] die Vorteile von drahtlosen Ad-Hoc-Netzwerken für die Patientenüberwachung. Mit ihrem Ansatz wollen sie Abdeckungsprobleme von Infrastrukturnetzwerken entgegenwirkten. Als besondere Probleme wurden das komplexe Routing, die Zuverlässigkeit der Übertragung, die Skalierbarkeit, Datenschutzaspekte und die begrenzten Energieressourcen der einzelnen Geräte identifiziert. Es werden verschiedene Strategien vorgeschlagen um die jeweilige Sendeleistung und den Routingalgorithmus entsprechend der verfügbaren Ressourcen und Zustände (normaler Betrieb, Alarm) geeignet einzustellen. Auf konkrete Funktechniken oder praktische Umsetzungen wurde auch hier nicht eingegangen.

2.4. Komerzielle Funktechnologien für Body Sensor Networks

In diversen Produkten und Forschungsprojekten finden bereits heute verschiedene kommerzielle Funklösungen für die Übertragung medizinischer Daten Anwendung. Die folgenden Abschnitte beschreiben die drei wichtigsten Funktechniken, die für die Realisierung von drahtlosen Körpernetzwerken geeignet sind: Bluetooth, IEEE 802.15.4 und ZigBee. Anhand dieses Überblicks soll deutlich werden, inwieweit sich existierende Lösungen für besonders energieeffiziente Sensoranwendungen am Körper eignen.

2.4.1. Bluetooth

Bluetooth (BT) ist eine Kommunikationstechnologie zur drahtlosen Überbrückung kurzer Distanzen (*Wireless Private Area Network*, WPAN). Seinen Ausgangspunkt hat die Technologie in einer Marktstudie durch die Firma Ericsson im Jahr 1994 [90, S.189]. Ziel war die Entwicklung einer ressourcenschonenden Funktechnologie als Ersatz für Kabelverbindungen und als Alternative zur IrDA-Technologie, welche für die Kommunikation eine Sichtverbindung benötigt. Die 1998 zur Entwicklung und Vermarktung von Bluetooth gegründete Bluetooth *Special Interest Group* (SIG) ist, ausgehend von den Gründungsmitgliedern Ericsson, Nokia, Intel, IBM und Toshiba, mittlerweile auf über 13000 Mitglieder [29] angewachsen.

Die erste Spezifikation (Version 1.0a) [37] wurde 1999 veröffentlicht. Ein nennenswerter Markterfolg war jedoch erst mit Geräten auf Basis der 2001 veröffentlichten Version 1.1 [36] zu erkennen. Darin wurden einige Fehler beseitigte und die Interoperabilität unterschiedlicher Module verbesserte. Bis heute wird Bluetooth beständig weiterentwickelt und zusätzliche Anwendungsbereiche werden erschlossen: In Version 1.2 [33] wurde *Adaptive Frequency Hopping* (AHF) eingeführt und damit die Robustheit gegenüber statischen Störern (z.B. WLAN) erhöht. Die wichtigste Neuerung der im Jahr 2004 verabschiedeten Version 2.0 [32] ist *Enhanced Data Rate*

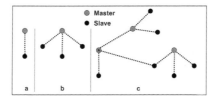

Abbildung 2.11.: Piconets mit einem Slave (a) oder mehreren Slaves (b), Scatternet (c) (Quelle: [35, S. 255])

(EDR), womit die maximalen Datenraten deutlich gesteigert werden konnten. BT 3.0 + HS [35] brachte eine höhere Nettodatenrate von 24 MBit/s. Erreicht werden diese hohen Datenraten durch den Einsatz einer alternativen PHY/MAC-Kombination auf Basis von IEEE 802.11. Für die normale Kommunikation und den Verbindungsaufbau werden weiterhin die üblichen BT-Techniken eingesetzt. Lediglich die Hochgeschwindigkeitsdatenübertragung wird über einen dedizierten 802.11-Link abgewickelt. In Version 4.0 [41] wird Bluetooth Low Energy, eine Alternativtechnologie mit reduziertem Energieverbrauch, eingeführt.

2.4.1.1. Grundlegende Eigenschaften

Bluetooth arbeitet im global lizenzfreien ISM-Band bei 2400 - 2483.5 MHz. Es existieren 79 dedizierte Kanäle mit einer Bandbreite von je 1 MHz. Als Modulationsart wird *Gaussian Frequency Shift Keying* (GFSK) mit einer Datenrate von 1 MBit/s verwendet. Für den in Version 2.0 [32] eingeführten EDR-Modus wird hingegen PSK mit einer Datenrate von 2 MBit/s oder 3 MBit/s eingesetzt. Um die Kompatibilität mit Geräten nach älteren Spezifikationen zu gewährleisten, werden auch dabei der Access Code und der Header immer mit der Basis-GFSK moduliert. Erst danach findet ein Wechsel der Modulationsart zur Übertragung der nachfolgenden Nutzdaten auf PSK statt.

Die Spezifikation definiert drei Leistungsklassen [32, S.31]: Klasse-1-Geräte haben eine maximale Ausgangsleistung von 100 mW. Man geht von einer Freiraumreichweite von etwa 100 m aus. Module der Klasse 2 haben eine Ausgangsleistung von 2.5 mW, Module der Klasse 3 von maximal 1 mW. Bei Geräten der letzteren Klasse kann eine Reichweite von einigen wenigen Metern erwartet werden. Sie eignen sich besonders für batteriebetriebene Systeme. Der Energiebedarf von Klasse-1-Geräten ist dagegen vergleichsweise hoch. Derartige Module sollten daher nur für Geräte mit permanenter Stromversorgung eingesetzt werden.

Der von Bluetooth verwendete Frequenzbereich wird auch von anderen Funktechnologien (WiFi, ZigBee, etc.) stark frequentiert. Aus diesem Grund setzt man bei Bluetooth als Frequenzspreizverfahren *Frequency Hopping Spread Spectrum* (FHSS) ein, um die Störanfälligkeit gegenüber schmalbandigen Störern zu reduzieren. Das bedeutet, dass alle Geräte eines Netzwerks nach einer bestimmten Zeit synchron den physikalischen Kanal wechseln und die Kommunikation auf einer neuen Frequenz fortsetzen. Die Abfolge der Kanalwechsel, die Hopping-Sequenz, ist pseudo-zufällig und wird anhand der Geräteadresse des Masters bestimmt. Alle Geräte, die einer identischen Hopping-Sequenz folgen, bilden ein sogenanntes Piconet, dargestellt in Abbildung 2.11a und 2.11b. Ein solches Netz besteht aus einem Master und bis zu sieben aktiven Slaves.

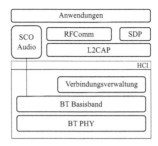

Abbildung 2.12.: Überblick über den Bluetooth-Stack.

Eine weitere Netzwerktopologie ist das in Abbildung 2.11c dargestellte Scatternet. Ein solches entsteht durch die Verbindung mehrerer Piconets mit Hilfe gemeinsam genutzter Knoten. Dafür kann ein Slave ein Teil verschiedener Netze sein oder ein Master eines Netzes in einem anderen die Funktion eines Slaves übernehmen. Die verschiedenen Piconets sind durch ihre unterschiedlichen Sprungsequenzen eindeutig voneinander getrennt. Die Nutzung von Scatternets ist in der Praxis nur selten notwendig. Aus diesem Grund wird diese Funktion von den Herstellern recht stiefmütterlich behandelt, was häufig zu Problemen bei deren Verwendung führt [135, S. 77].

2.4.1.2. Bluetooth-Stack

Die konzeptionelle Architektur des Bluetoothprotokolls wird durch den BT-Protokollstapel (BT-Stack) beschrieben. Sein Aufbau ist schematisch in Abbildung 2.12 dargestellt. Die unterste Schicht bildet der Bluetooth-PHY, der die eigentliche Datenübertragung auf physikalischer Ebene zur Verfügung stellt. Darüber befindet sich die Basisbandschicht, welche die Möglichkeit bietet, verschiedene physikalische Verbindungen (Links) zu anderen BT Geräten herzustellen [32]. Dabei existieren drei verschiedene Linktypen [192]: *Asynchronous Connection-Oriented*[3] Links (ACL), *Synchronous Connection-Oriented* Links (SCO) und *extended SCO* Links (eSCO). Eine ACL-Verbindung wird standardmäßig zwischen dem Master und jedem aktiven Slave im Netz aufgebaut. Diese Links nutzen Übertragungsbestätigungen (ACKs) und Übertragungswiederholungen (Retransmissions) zur sicheren Übermittlung von Datenpaketen. Eine feste Bandbreite ist dabei nicht garantiert. SCO-Pakete werden hingegen in reservierten Zeitschlitzen übertragen und garantieren eine feste Bandbreite von 64 kBit/s. Dabei wird auf Sicherungsmaßnahmen (ACK, Übertragungswiederholungen) verzichtet. Solche Verbindungen dienen vorrangig der Übertragung von Audiosignalen, bei denen eine geringe Latenz wichtiger ist als die Vollständigkeit der Daten. Schließlich bieten eSCO Verbindungen mehr Flexibilität als SCO Links. Mit ihnen sind beispielsweise Übertragungsbestätigungen und höhere konstante Datenraten möglich.

Auf die Basisbandschicht folgt die Verbindungsverwaltung, bestehend aus *Link Manager* und *Link Controller*. Sie ist zuständig für Konfiguration, Aufbau, Erhalt und Abbau von Verbindungen.

---

[3] In BT-Version 1.1 wurden ACL-Links noch als Asynchronous Connection-Less [36, S. 45] bezeichnet. Dieses Akronym wurde später beibehalten.

Tabelle 2.3.: Übersicht der wichtigsten Bluetooth Profile.

Profil	Name	Beschreibung
A2DP	Advanced Audio Distribution Profile	drahtlose Übertragung von Stereo-Audiodaten in hoher Qualität
SPP	Serial Port Profile	Emulation einer seriellen Schnittstelle inklusive aller Steuersignale (RTS, CTS, etc.)
HDP	Health Device Profile	Vernetzung medizinischer Geräte
DUN	Dial-Up Networking	Interneteinwahl für Notebook/PC über ein BT-fähiges Mobiltelefon als Modem
HFP	Hands Free Profile	Verbindung zwischen Mobiltelefon und Freisprecheinrichtung speziell für den Einsatz im Auto
HID	Human Interface Device	Anschluss von Eingabegeräte (z.b. Maus, Tastatur, Joystick)
OPP	Object Push Profile	Dateiübertragung (z.b. Visitenkarten, Bilder) an andere BT-Geräte ohne Authentifizierung
SAP	SIM Access Profile	Remotezugriff auf die SIM-Karte des Telefons
SYNCH	Synchronisation Profile	Synchronisierung von Kontaktdaten

Auf alle diese unteren Schichten wird über das *Host Controller Interface* (HCI) zugegriffen. An dieser Stelle findet eine logische Trennung zwischen Endgerät (Host) und Bluetooth-Chipsatz (Controller) statt. Physikalisch kann diese Schnittstelle z.b. als USB oder UART ausgeführt sein.

Das zentrale Protokoll zur Verwaltung von BT-Verbindungen ist das *Logical Link Control and Adaptation Protocol* (L2CAP). Das L2CAP hat beispielsweise die Aufgabe, mehrere logische Verbindungen über eine physikalische ACL-Verbindung zu multiplexen [192, S. 372] oder die Aufteilung der Nutzdatenpakete höherer Schichte in kleinere ACL-Pakete vorzunehmen.

BT-Geräte können viele verschiedene Dienste zur Verfügung stellen, die auf Anwenderebene als Profile bezeichnet werden. Profile werden von der Bluetooth SIG definiert und spezifizieren die konkrete Kommunikation zwischen den Geräten. Dadurch wird die Interoperabilität von Geräten verschiedener Hersteller sichergestellt. Tabelle 2.3 enthält eine Übersicht der wichtigsten Bluetooth-Profile. Eine vollständige Auflistung aller aktiven Profile findet sich unter [31].

Neben den SCO-Audio-Diensten nutzen die meisten Anwendungen RFCOMM, eine virtuelle serielle Schnittstelle zu einem anderen BT-Gerät. Diese emuliert die Signale (RX, TX, CTS, RTS, DSR, DTD, RI) einer physikalischen RS-232-Hardwareschnittstelle vollständig. Eine wichtige Rolle spielt auch das *Service Discovery Protocol* (SDP). Durch dieses wird es für ein Gerät möglich, die zur Verfügung gestellten Dienste (Profile) eines anderen BT-Gerätes zu erkennen und automatisch entsprechend zu konfigurieren. Derartige Autokonfigurationsmechanismen tragen zur einfachen Handhabbarkeit bei und sind ein wichtiger Grund für die weite Verbreitung von Bluetooth im Massenmarkt.

Von besonderem Interesse für medizinische Anwendungen ist das Health Device Profile.

2.4.1.3. Health Device Profile (HDP)

Bluetooth wird bereits in einem signifikanten Umfang für die Vernetzung medizinischer Geräte verwendet. Bedingt durch die gestiegene Verbreitung derartiger Geräte und den allgegenwärtigen Zwang zur Kostenreduktion im Gesundheitssektor, steht zunehmend die Frage der Interoperabilität von Geräten verschiedener Hersteller im Zentrum des Interesses.

Ein herstellerübergreifender, einheitlicher Standard war bisher nicht verfügbar. Die meisten Hersteller verwenden für ihre Geräte Bluetooth als weit verbreitete, verlässliche und sichere drahtlose Übertragungstechnologie. Häufig wird dafür einfach das Profil für serielle Datenübertragung (SPP) eingesetzt. Die über Bluetooth übertragenen Protokolle und Datenformate sind jedoch zumeist proprietär und verhindern somit eine gemeinsame Nutzung von Geräten verschiedener Hersteller.

Einen Ausweg aus dieser Situation bietet das Anwendungsprofil *Health Device Profile* (HDP) [39]. Es wurde von der *Medical Devices Working Group* (MED WG) eigens für die speziellen Anforderungen von Anwendungen im Medizinbereich geschaffen. Eine wichtiger Vorteil von HDP gegenüber proprietären Lösungen ist, dass sowohl die drahtlose Übertragung als auch die konkreten Nutzdatenprotokolle spezifiziert sind. Damit wird ein hoher Grad der herstellerübergreifenden Interoperabilität auf Anwendungsebene erreicht.

Die Spezifikation nennt als wichtigsten Alleinstellungsmerkmale von HDP gegenüber anderen Profilen folgende Funktionen [39, S.8]:

- Definition eines standardisierten Kontrollkanals, über welchen Datenkanäle aufgebaut und verwaltet werden. Aktuelle Zustände bleiben zwischen aufeinander folgenden Verbindungen erhalten.

- Definition eines Protokolls zur zeitlichen Synchronisation mehrere Geräte mit hoher Genauigkeit.

- Definition von effizienteren Methoden zum Wiederherstellen von Verbindungen (Reconnect) um dadurch Energie zu sparen.

- Bei allen Verbindungen wird eine Authentifizierung und Verschlüsselung verlangt.

Die Spezifikation spricht von Quellen (Sources) als Sender von Anwendungsdaten und von Senken (Sinks) als Konsumenten von Anwendungsdaten. Als Quellen kommen beispielsweise Blutdruckmessgeräte, tragbare EKG-Geräte, Blutzuckermessgeräte, Waagen oder Thermometer in Frage. Als Senken (Zielgeräte) sind PCs, PDAs, stationäre Überwachungsmonitore und sogar Mobiltelefone denkbar. Ein Rollentausch während des Betriebs ist ebenfalls möglich. So kann eine Quelle zeitweise zur Senke werde, um beispielsweise empfangene Daten an eine Basisstation weiterzuleiten.

Aus technischer Sicht verwendet HDP das *Multi-Channel Adaptation Protocol* (MCAP) [40] und die in Version 3.0+HS [35] definierten erweiterten L2CAP-Funktionalitäten *Enhanced Retransmission Mode* und *Streaming Mode*[4]. Abbildung 2.13 zeigt schematischen den erweiterten BT-Stack eines Medizingerätes auf Basis von HDP.

Eine Verbindung kann sowohl durch die Quelle als auch durch die Senke hergestellt werden. Dies geschieht dadurch, dass im ersten Schritt ein verlässlicher Kontrollkanal geöffnet wird. Sobald dieser Kanal besteht, werden im zweiten Schritt ein oder mehrere Datenkanäle aufgebaut.

---

[4]Enhanced Retransmission Mode und Streaming Mode wurden bereits im Bluetooth Core Specification Addendum 1 [38] definiert, sind aber erst seit Version 3.0+HS Teil der Core-Spezifikation.

Abbildung 2.13.: Überblick über die zusätzlichen Schichten des HDP-Stacks

Die Konfiguration der Datenkanäle geschieht mit Hilfe von MCAP-Befehlen auf dem Kontrollkanal. Dabei sind zwei unterschiedliche Arten von Datenkanälen definiert: *Reliable Data Channels* und *Streaming Data Channels*. Reliable Data Channels eignen sich für die Übertragung von Alarmsignalen oder Messwerten, bei denen es auf die Zuverlässigkeit der Übertragung ankommt und die Latenz eine untergeordnete Rolle spielt. Streaming Data Channels werden dagegen für Messwerte eingesetzt, bei denen es eher um eine geringe Latenzzeit als um eine 100-prozentige Übertragungssicherheit geht, z.B. bei der Live-Übertragung von EKG-Daten.

Eine der wichtigsten Neuerungen von HDP ist die (optionale) Möglichkeit einer präzisen Zeitsynchronisation zwischen verschiedenen HDP-Geräten mit Hilfe des *Clock Synchronistion Protocols* (CSP). Für die zeitliche Synchronisierung wird ausgenutzt, dass Bluetooth mit Zeitschlitzen arbeitet die in Abhängigkeit vom Bluetooth-Takt (BT Clock) des Masters nummeriert sind. Mit Hilfe des CSP kann somit der Zeitstempeltakt (Time Stamp Clock) aller Slaves eines Piconets synchronisiert werden. Dieser Takt ist ein 64-Bit Zähler mit einer Auflösung von 1 μs. Die Übertragung der Zeitstempel erfolgt gemeinsam mit den Messwerten. Die praktisch erreichbare Synchronisationsgenauigkeit liegt im Bereich von etwa 10 μs [34, S. 38].

Erst eine derart genaue Zeitsynchronisation macht die Anwendung neuartiger Methoden möglich. Beispielsweise lässt sich aus der Laufzeit der Pulswelle vom Herzen zu den Fingerspitzen kontinuierlich die *Pulse Transit Time* (PTT) berechnen. Für die PTT wird in verschiedenen Veröffentlichungen von einer linearen Korrelation mit dem Blutdruck ausgegangen [59]. Vorteilhaft ist, dass mit diesem Verfahren eine nichtinvasive und kontinuierliche Bestimmung des Blutdrucks möglich wird. Bei konventionellen nichtinvasiven Langzeituntersuchungen mit Blutdruckmanschetten werden Messungen hingegen üblicherweise tagsüber nur alle 15 Minuten und nachts nur alle 30 Minuten durchgeführt [193]. Voraussetzung für die Nutzung des PTT-Verfahrens, mit je einem Sensor an Finger und in der Herzgegend, ist jedoch eine zeitliche Synchronisation beider Geräte im Bereich von ±1 ms [55].

Die neuen Funktionen in HDP für ein schnelles Wiederherstellen einer Verbindung (Reconnect) dienen vor allem der Reduktion des Energiebedarfs. Bestehende Verbindungen lassen sich einfach deaktivieren, wenn keine Daten zu übertragen sind. Damit kann auch der Bluetooth-Transceiver abgeschaltet werden. Es handelt sich dabei nicht um einen richtigen Verbindungsabbau (Disconnect), der einen komplett neuen Verbindungsaufbau benötigt, sondern um ein Pausieren der Übertragung. Mit diesem Ansatz lassen sich diverse redundante Protokollschritte einsparen und somit die Verbindungszeit und die notwendige Energie reduzieren.

Um die bereits erwähnte Interoperabilität auf Applikationsebene zu gewährleisten, verwendet HDP das Datenaustauschprotokoll IEEE 11073-20601 [108] in Kombination mit den Spezifikationen zur Gerätespezialisierung IEEE 11073-104xx (Device Data Specializations). Andere Datenaustauschprotokolle sind zwar technisch möglich, ihre Verwendung ist jedoch derzeit nicht vorgesehen, um eine Fragmentierung des HDP-Marktes zu verhindern [34].

IEEE 11073-20601 spezifiziert Dienste auf Anwendungsebene, welche die Protokolle für das Verbindungsmanagement und die zuverlässige Übermittlung von Steuersignalen und Daten zwischen Agenten und Managern[5] beschreiben. Des Weiteren werden die konkreten Befehle, Gerätebeschreibungen, Datenformate und Abläufe des Protokolls zum Austausch medizinischer Daten definiert.

Die Gerätedatenspezialisierungen IEEE 11073-104xx definieren das konkrete Datenformat jeweils für eine Klasse von Geräten. Beispiele für bereits verbindliche Definitionen sind: Thermometer (10408 [102]), Blutsauerstoffmessgeräte (10404 [101]), Waagen (10415 [103]) und Blutzuckermessgeräte (10417 [104]). Spezifikationen für verschiedene andere Geräteklassen sind derzeit lediglich als Entwurf verfügbar.

Die *Continua Health Alliance* spezifiziert in ihren Entwurfsrichtlinien [51] die Nutzung von Bluetooth HDP als drahtlose Übertragungstechnik für Medizin- und Fitnessgeräte. Mittlerweile werden auch erste HDP-konforme Bluetooth-Module angeboten [27, 208].

2.4.1.4. Bluetooth Low Energy

Bluetooth Low Energy (BLE) [30] ist eine Nahbereichsfunktechnik, die seit 2001 von Nokia entwickelt wird. Nach der Vorstellung unter dem Namen Wibree im Jahr 2006 wird die Technik seit Juni 2007 als Mitglied der Bluetooth Familie weiterentwickelt [166]. Die endgültige Veröffentlichung erfolgte im Dezember 2009 als Teil der Bluetooth 4.0 Spezifikation [41].

Die neue Technik wurde speziell mit Blick auf kleine, mobile Geräte mit geringer Batteriekapazität entworfen - ein Bereich der bisher von Bluetooth nicht ideal abgedeckt werden konnte. Sie benötigt nur einen Bruchteil der Energie, die ein Standard-Bluetooth-Gerät für eine Übertragung benötigt. Damit BLE-Geräte sinnvoll mit Knopfzellen betrieben werden können, soll der Spitzenstrom auf weniger als 15 mA [165] begrenzt werden. Der durchschnittliche Strom soll im Bereich weniger μA liegen.

Einige der wichtigsten Merkmale sind eine Datenrate von 1 MBit/s, kurze Paketlängen (8 - 27 Byte), 128-Bit AES-Verschlüsselung, eine erhöhte Reichweite von über 100 m im Freiraum, ein sehr schneller Verbindungsaufbau und die Adressierbarkeit sehr vieler Knoten in einer einfachen Stern-Topologie. BLE nutzt das ursprüngliche Bluetooth-Frequenzspektrum, jedoch mit 40 Kanälen mit einer Bandbreite von je 2 MHz.

Wesentlich zu den Energieeinsparungen im Gegensatz zu BT trägt der extrem schnelle Verbindungsaufbau bei. Die vollständige Übermittlung eines Datagramms ist in etwa 3 ms möglich [130]. Die restliche Zeit kann sich der Sensor in einem Schlafzustand befinden. Mit klassischer BT-Technik können für die gleiche Aufgabe mehrere hundert Millisekunden vergehen.

Bei der Umsetzung in Hardware werden Single-Mode- und Dual-Mode-Implementierungen unterschieden [130]. Single-Mode-Chips unterstützen nur den Bluetooth-Low-Energy-Modus und eignen sich somit für die Integration in einfache Geräte wie Sportuhren, Atemsensoren oder EKG-Sensoren, die mit einer kleinen Knopfzelle über längere Zeit zuverlässig Daten übertragen müssen. Dual-Mode-Chips besitzen hingegen sowohl die Funktionalität der klassischen Bluetooth-Technik als auch der neuen BLE-Technik. Dabei lassen sich große Teile der vorhandenen Hard-

---

[5]IEEE11073-20601 verwendet die Begriffe Agent und Manager, während HDP von Quellen und Senken spricht.

ware verwenden, so dass die Mehrkosten im Vergleich zu klassischen Chips marginal sein dürften. Ein wichtiges Ziel ist die Integration der Dual-Mode-Chips in alle neuen Mobiltelefone und Smartphones. Damit lassen sich dann die gewohnten Bluetooth-Dienste wie Dateitransfers oder Audioweiterleitung an Kopfhörer nutzen, aber auch BLE-Sensoren anbinden. Diese werden in der Regel mit einem Single-Mode-Chip ausgerüstet sein, da sie die volle Bluetooth Funktionalität nicht benötigen.

BLE hebt die meisten Nachteile der klassischen Bluetooth-Technik für den Bereich der Sensordatenübertragung auf und eignet sich somit hervorragend für die den Einsatz in mobilen Systemen. Erste BLE-Chips (TI CC2540 [220], Nordic Semiconductor nRF8001 [169]) sind Ende 2010 verfügbar. Texas Instruments bietet einen Software-Stack für BLE kostenlos an [217].

Auch bei BLE stellen öffentliche Profile die herstellerübergreifende Interoperabilität der Geräte sicher. Bisher wurden aber noch keine Profilspezifikationen veröffentlicht [235]. Jeder Hersteller hat jedoch die Möglichkeit, private Profile einzusetzen wenn Interoperabilität eine untergeordnete Rolle spielt. Für die einfache Sensordatenübertragung wird IEEE 11073 derzeit nicht verwendet, weil das Protokoll zu umfangreich und komplex ist [142] und damit dem Grundgedanken von BLE entgegensteht. BLE fähige Mobiltelefone sind bisher nicht bekannt. Mit einer nennenswerten Verbreitung im Markt ist demnach erst in einigen Jahren zu rechnen.

Die *Continua Health Alliance* hat BLE als eine der Funktechniken ausgewählt [52], die zukünftig in ihren Entwurfsrichtlinien empfohlen und zertifiziert werden.

2.4.2. IEEE 802.15.4

Das *Institute of Electrical and Electronics Engineers* (IEEE) veröffentlichte 2003 die erste Version des Standards IEEE 802.15.4. Die Spezifikation IEEE 802.15.4-2003 [106] wurde speziell für die Belange der drahtlosen Vernetzung batteriebetriebener Geräte geschaffen. Eines der Hauptziele war es, eine neuartige Geräteklasse zu schaffen, deren Betriebsdauer ohne Batteriewechsel im Bereich von Monaten oder sogar Jahren liegen kann. Erreicht wurde dieses Ziel durch die Fokussierung auf geringe Datenraten, geringe Komplexität, niedrige Hardwarekosten, geringe Reichweiten und hohe Energieeffizienz. IEEE-802.15.4-Netzwerke lassen sich daher in die Klasse der *Low-Rate Wireless Personal Area Networks* (LR-WPAN) einordnen. Als mögliche Einsatzgebiete gelten batteriebetriebene Geräte aus den Bereichen drahtlose Sensornetzwerke (WSNs), Heimautomatisierung und Patientenmonitoring [93, S. 14].

IEEE 802.15.4 spezifiziert lediglich die beiden unteren Schichten (PHY-Layer, MAC-Layer) des OSI-Referenzmodells. Alle höheren Schichten müssen durch geeignete Protokolle abgedeckt werden. Dies geschieht beispielsweise durch ZigBee (vgl. Abschnitt 2.4.3). Zusätzlich existiert eine größere Anzahl proprietärer Lösungen, die auf IEEE 802.15.4 aufsetzten.

2.4.2.1. Eigenschaften der physikalischen Schicht

Die physikalische Schicht (Physical Layer) definiert drei verschiedene Frequenzbänder für den Betrieb von 802.15.4-Netzwerken: 868 MHz, 915 MHz und 2.4 GHz. Ursache für die Nutzung verschiedener Frequenzbereich ist vor allem die limitierte Verfügbarkeit freier Frequenzbereiche. Die Vergabe von Nutzungsrechten (Frequenzzuweisung) obliegt zudem in verschiedenen Teilen der Welt unterschiedlichen Regulationsgremien (ETSI, FCC). Einzig das 2.4 GHz-Band kann weltweit ohne Zahlung von Lizenzgebühren im Rahmen der Vorgaben für ISM-Bereiche genutzt werden. Daher sind Module mehrheitlich für diesen Frequenzbereich vorhanden.

Tabelle 2.4.: Übersicht über die verschiedenen Optionen des PHY-Layers in IEEE802.15.4

	686 MHz		915 MHz		2.4 GHz
	(2003)	(2006)	(2003)	(2006)	
Frequenz [MHz]	868.0 - 868.6		902 - 928		2400 - 2483.5
Region	Europa		Nordamerika		Weltweit
Kanalanzahl	1	3	10	30	16
Datenraten [kbit/s]	20	100/250	40	250/250	250
Modulationsart	BPSK	O-QPSK/ASK	BPSK	O-QPSK/ASK	O-QPSK

Die wichtigsten Charakteristika der Nutzung in den unterschiedlichen Frequenzbändern sind in Tabelle 2.4 zusammengefasst. Für die Frequenzbereiche 868/915 MHz wird das Frequenzspreizverfahren *Direct Sequence Spread Spectrum* (DSSS) und als Modulationsart BPSK eingesetzt. Daraus resultieren die relativ niedrigen Datenraten von 20 kbit/s und 40 kbit/s [154]. Für den Bereich von 2.4 GHz sind bei einer Kombination aus DSSS und *Offset Quadrature Phase Shift Keying* (O-QPSK) Datenraten von 250 kbit/s vorgesehen.

Die aktualisierte Version der Spezifikation - IEEE 802.15.4-2006 [107] - aus dem Jahr 2006, ermöglicht den Einsatz alternativer PHY-Optionen (High-Data-Rate-PHY) mit signifikant gesteigerten Datenraten und beseitigt damit eines der größten Mankos von 802.15.4 in den Sub-1-GHz-Bereichen. Abgesehen von den zusätzlichen PHYs sind beide Spezifikationen kompatibel zueinander.

Nach neuer Spezifikation können durch Nutzung der O-QPSK-Modulation für die Bereiche 868/915 MHz Datenraten von 100 kbit/s bzw. 250 kbit/s erreicht werden. Eine letzte Option ist die Verwendung von ASK in den Bereichen 868/915 MHz, was in Datenraten von 250 kbit/s resultiert. Dabei wird ein kleiner Teil des Frames mit BPSK moduliert, der Rest mit ASK [107, S.27]. Die gesteigerten Datenraten gehen jedoch auf Kosten einer erhöhten Komplexität der Transceiver-Hardware falls alle Modulationsarten unterstützt werden sollen. Es besteht aber auch die Möglichkeit, günstige Kombitransceiver für 868 MHz / 915 MHz / 2.4 GHz zu entwickeln, wenn für alle Frequenzbereiche O-QPSK eingesetzt werden kann. Dadurch können zumindest die digitalen Signalverarbeitungsblöcke für alle Bereiche wiederverwendet werden.

2.4.2.2. Knotentypen und Netzwerktopologie

IEEE 802.15.4 beschreibt zwei verschiedene Gerätetypen, die sich hinsichtlich ihres Funktionsumfangs unterscheiden: *Full Function Devices* (FFDs) und *Reduced Function Devices* (RFDs). FFDs können die Rolle eines PAN-Koordinators, eines Routers[6] oder eines einfachen Gerätes (Slave) annehmen. RFDs können lediglich die Rolle eines einfachen Gerätes übernehmen. FFDs haben dabei die Möglichkeit sowohl mit RFDs als auch mit anderen FFDs zu kommunizieren. RFDs können hingegen nur mit einem einzelnen FFD kommunizieren. Sinn dieser Einteilung ist die Reduktion der Komplexität unter Berücksichtigung der begrenzten Soft- und Hardwareressourcen einfacher Geräte. Durch einen reduzierten Funktionsumfang kann der Software-Stack schlanker ausfallen, der Prozessor muss nicht so leistungsfähig sein, es ist weniger Arbeitsspe-

---

[6]Ein Router ist ein FFD, dass Datenpakete weiterleiten kann.

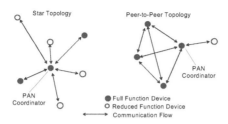

Abbildung 2.14.: Topologien für IEEE-802.15.4-Netzwerke (Quelle: [107, S.14]).

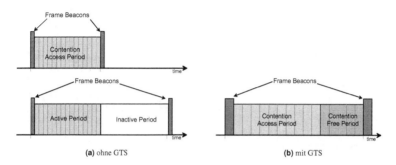

(a) ohne GTS   (b) mit GTS

Abbildung 2.15.: Superframe-Struktur von IEEE 802.15.4 (Quelle: [107, S.18]).

icher notwendig und das System kann länger im Schlafzustand verbleiben. RFDs eignen sich daher besonders für einfache Sensoren, die mit einer Batterie betrieben werden und möglichst kostengünstig sein sollen.

Entsprechend Abbildung 2.14 lassen sich mit IEEE-802.15.4-Geräten zwei verschiedene Netzwerktopologien realisieren: *Stern-Topologie* oder *Peer-to-Peer-Topologie*. Ein Stern-Netzwerk besteht aus einem zentralen Knoten (Master), der gleichzeitig als PAN-Koordinator fungiert, und mehreren einfachen Geräten (Slaves). Jegliche Kommunikation läuft also immer über den Master. Im Unterschied dazu kann in einem Peer-to-Peer-Netzwerk jeder Knoten mit jedem anderen, sich in Reichweite befindlichen, Knoten kommunizieren. Auch hier gibt es exakt einen PAN-Koordinator.

2.4.2.3. Operationsmodi und Superframe-Struktur

Ein IEEE-802.15.4-Netzwerk lässt sich in einem von zwei unterschiedlichen Operationsmodi betreiben: *Non-Beacon-Mode* oder *Beacon-Mode*. Die Entscheidung über den verwendeten Modus wird durch den PAN-Koordinator vorgeschrieben. Der Beacon-Modus ist durch die periodische Aussendung von Beacon-Frames gekennzeichnet. Sie begrenzen die in Abbildung 2.15 dargestellte Superframe-Struktur. Diese lässt sich, wie in Abb. 2.15a angedeutet, in einen aktiven und einen (optionalen) inaktiven Teil einteilen. Während des inaktiven Teils können alle Knoten in einen Schlafzustand versetzt werden um die Batterie zu schonen. Eine Datenübertragung ist in diesem Zeitabschnitt nicht möglich. Der aktive Teil ist in 16 gleich lange Zeitschlitze unterteilt, von denen der erste immer vom Beacon-Frame beansprucht wird. Dieses beinhaltet Informationen zur Identifizierung des PANs und beschreibt den Aufbau des Superframes. Es wird somit zur Synchronisierung des Netzwerkes eingesetzt.

Abbildung 2.15b zeigt die Einteilung des aktiven Teils in eine *Contention Access Period* (CAP) und eine *Contention Free Period* (CFP). In der CAP konkurrieren alle Geräte des Netzwerks um den Zugriff auf den Kanal innerhalb der Zeitschlitze. Dafür wird ein *Carrier Sense Multiple Access with Collision Avoidance* (CSMA-CA) Algorithmus angewendet. Die Zeitschlitze in der CFP werden *Guaranteed Time Slots* (GTS) genannt. Sie werden vom Koordinator exklusiv für ein einzelnes Gerät reserviert. Durch diese Möglichkeit eignen sich derartige Netzwerke auch für Anwendungen, die exakt definiert Bandbreiten oder Latenzzeiten benötigen. Dies kann besonders für Medizinprodukte von Interesse sein, wenn beispielsweise Alarmsignale sicher und mit geringer Latenz übertragen werden müssen.

Im Non-Beacon-Modus verwenden alle Netzwerkgeräte eine Version des CSMA-CA-Verfahrens ohne Zeitschlitze zur Koordinierung des Medienzugriffs.

2.4.2.4. Praktische Anwendung

Es existiert eine Anzahl an Transceiverschaltkreisen, die IEEE 802.15.4 in Hardware umsetzt. Häufig eingesetzte Module sind der CC2420 [218] von Texas Instruments, der MC13202 [86] von Freescale, der MRF24J40 [149] von Microchip und der AT86RF231 [18] von Atmel.

Alle genannten Firmen bieten Software-Stacks an, die zumeist ohne Lizenzgebühren für die eigenen Transceiver verwendbar sind und im Quellcode oder als Bibliothek vorliegen. Dabei sind Stacks zu unterscheiden, die den vollen 802.15.4-Funktionsumfang unterstützen und solche, die nur ein kleineres Subset der Funktionalität bieten. Die volle IEEE-802.15.4-Kompatibilität muss dabei mit einem deutlich gestiegenen Ressourcenbedarf (RAM, Flash, Rechenleistung) der verwendeten Mikrocontroller erkauft werden. Umfangreiche Implementierungen bieten zum Beispiel TIMAC [225] (Texas Instruments), der IEEE802.15.4-MAC [83] (Freescale) und der IEEE802.15.4-MAC [19] (Atmel). Einfachere Implementierungen sind beispielsweise der SMAC [84] (Freescale) und der Small IEEE802.15.4-Stack [182] (Renesas).

MiWi [151] (Microchip) nutzt die 802.15.4-Funktionalität für einen proprietären Protokollstack der als eine Alternative zu ZigBee eingesetzt werden kann. Für die genannten Stacks zeigt Tabelle 2.5 den Vergleich einiger wichtiger Parameter, soweit diese bekannt sind.

Die Interoperabilität der Stacks verschiedener Hersteller untereinander ist in den meisten Fällen nicht gewährleistet.

2.4.3. ZigBee

2.4.3.1. Allgemeines

ZigBee ist ein Standard zur drahtlosen Vernetzung von Geräten mit geringen Datenraten und geringen Reichweiten (LR-WPAN). Er wird von der ZigBee-Allianz [253], einem Zusammenschluss von ca. 400 [252] Unternehmen, spezifiziert und weiterentwickelt. Ziel des Zusammenschlusses war ursprünglich die Entwicklung eines Funkstandards zur herstellerübergreifenden Vernetzung batteriebetriebener Endgeräte, hauptsächlich im Bereich der Heimautomatisierung

Tabelle 2.5.: Übersicht der wichtigsten IEEE-802.15.4-Stacks für Mikrocontroller.

	ROM [kByte]	RAM [kByte]	eff. Datenrate [kBit/s]	Distribution
Freescale 802.15.4 MAC [85]	24-27	2	90-120	Objektcode
TIMAC [225]	26-27	2.3	∼100	Objektcode
Atmel 802.15.4 MAC	27-40	1.3-2.6	?	Quellcode
MiWi [151]	3.6-15	0.135 - 1	?	Quellcode
SMAC [85]	2-4	0.15	50-120	Quellcode
Renesas small 802.15.4 Stack [182]	?	?	?	Objektcode

(Lichtschalter, Temperatursensoren, Lichtsensoren, Heizungssteuerungen, etc.). Die neue Technik sollte dabei einfacher, billiger und energieeffizienter als die Konkurrenztechnik Bluetooth sein. Damit sollte es möglich werden, drahtlose Systeme zu entwickeln, die mit einer kleinen Knopfzelle über mehrere Jahre ohne Batteriewechsel arbeiten können. Auch die, als wesentlicher Vorteil angesehenen, geringen Hardwarekosten sind inzwischen Realität: Entsprechende dedizierte Transceiver sind auch in geringen Stückzahlen für durchschnittlich 3-8 Dollar erhältlich. Dies wurde auch dadurch erreicht, dass konsequent auf bereits vorhandene oder patentfreie Technologien gesetzt wurde. So wird beispielsweise IEEE 802.15.4 im ISM-Spektrum als Funktechnologie, *Ad-hoc On-demand Distance Vector* (AODV) als Routingalgorithmus und AES als symmetrisches Verschlüsselungsverfahren eingesetzt.

ZigBee und IEEE 802.15.4 werden oft fälschlicherweise als identisch angesehen. ZigBee basiert auf IEEE 802.15.4, erweitert das Protokoll jedoch um zuverlässige Multi-Hop-Kommunikation, Adressverwaltung, fortschrittliche Sicherheitsfunktionen und Interoperabilität auf Applikationsebene.

Die erste Version der Spezifikation, ZigBee 1.0 [260] (auch als ZigBee-2004 bezeichnet), wurde am 14. Dezember 2004 ratifiziert. In der darauf folgenden Version, ZigBee-2006 [258], wurden größere Veränderungen bzw. Optimierungen vorgenommen. Dabei hat sich beispielsweise die Adressierungsart verändert [49] und die *ZigBee Cluster Library* (ZCL) ist hinzugekommen [53]. Implementierungen nach ZigBee-2006 sind nicht rückwärtskompatibel mit Implementierungen nach ZigBee-2004, d.h. Geräte, die sich in diesen beiden Versionen unterscheiden, können in der Regel kein Netzwerk miteinander aufbauen. Diese Inkompatibilitäten haben sich zum Teil negativ auf die Akzeptanz von ZigBee ausgewirkt. Die aktuelle Version der Spezifikation, ZigBee-2007 [259], definiert sogenannte *Feature Sets*. Das *ZigBee Feature Set* entspricht den Funktionen von ZigBee-2006. Das neue *ZigBee-PRO Feature Set* bietet eine Vielzahl erweiterter Funktionen [252] wie Optimierungen für größere Netzwerke und Frequenzagilität und ist auch rückwärtskompatibel (interoperabel) zu ZigBee-2006.

Die ZigBee-Allianz betrachtet den Spezifikationsprozess mittlerweile als weitestgehend abgeschlossen [252]. Weitere Versionen des Standards sind für die nähere Zukunft nicht geplant. Fortan steht somit die Entwicklung von Anwendungsprofilen im Vordergrund.

Wegen geringer Datenraten und fehlender Hardwareunterstützung war die Verwendung von ZigBee lange Zeit nicht in den Sub-1-GHz-Frequenzbereichen möglich [91]. IEEE 802.15.4-2006 definiert jedoch inzwischen PHY-Layer mit höherer Datenrate für diese Frequenzbereiche.

47

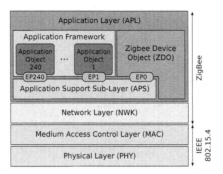

Abbildung 2.16.: Schematischer Aufbau des ZigBee-Stacks.

Entsprechende Transceiver sind inzwischen kommerziell verfügbar. Die ZigBee-Allianz führt daher seit 2010 auch Zertifizierungen für derartige Systeme durch [262].

Abbildung 2.16 zeigt den Protokollstapel (Stack) der durch ZigBee definiert wird. Die eigentliche ZigBee-Spezifikation deckt dabei die Ebenen oberhalb der Schicht zwei des OSI-Referenzmodells ab. Für die unteren beiden Schichten werden die Physikalische Schicht (PHY) und die Medienzugriffsschicht (MAC) von IEEE 802.15.4 verwendet.

Darauf aufbauend spezifiziert die ZiBbee-Allianz eine Netzwerkschicht (NWK) und die Anwendungsschicht (APL). Der Großteil der Funktionen der OSI-Schichten vier bis sechs (Transport, Sitzung, Darstellung) wird nicht benötigt und entfallen für ZigBee. Der Rest wird zur Anwendungsschicht hinzugezählt.

2.4.3.2. Netzwerk und Routing

Der Standard definiert drei Typen von Netzwerkgeräten: Koordinator (*ZigBee Coordinator*, ZC), Router (*ZigBee Router*, ZR) und Endgerät (*Zigbee End Device*, ZED). Der Koordinator ist das Gerät, welches des Netzwerk originär aufbaut und verwaltet. Nur Router und Endgeräte können sich diesem anschließen. Somit existiert für jedes ZigBee-Netz genau ein Koordinator. Router leiten Datenpakete an andere Netzwerkknoten weiter und dienen der Reichweitenvergrößerung und Steigerung der Zuverlässigkeit. Bei ZEDs handelt es sich um sehr einfache Netzwerkgeräte, die sich nur mit dem Koordinator oder Routern verbinden können. Eine Weiterleitung von Paketen an andere Knoten ist durch sie nicht möglich. Sie haben einen stark reduziertem Funktionsumfang, senken dadurch aber die Anforderungen an die Hardwareressourcen und den Energieumsatz deutlich. Ein typisches Beispiel für ein ZED ist ein Lichtschalter, der lediglich bei Betätigung ein Datenpaket aussendet und sonst keinerlei Funktionalität aufweist. Für Koordinatoren und Router sind zwingend 802.15.4-FFDs notwendig, für Endgeräte ist hingegen ein RFD ausreichend.

Die Netzwerkschicht unterstützt Stern-, Baum- und Mesh-Topologien [258, S. 30]. In einem Stern-Netzwerk existiert ein PAN-Koordinator, der das Netz aufbaut und verwaltet. Alle weiteren Geräte kommunizieren mit dem Koordinator, jedoch nicht untereinander (vgl. Abb. 2.14). Bei den anderen Netzwerktopologien startet ebenfalls der Koordinator das Netz und gibt wichtige Parameter vor. Die geographische Abdeckung eines ZigBee-Netzes lässt sich durch ZigBee-Router vergrößern.

In der Baum-Topologie werden Datenpakete entlang der Hierarchie von der Quelle zur Senke transportiert (*Tree Routing*). Dazu müssen beim Aufbau des Netzwerkes die Netzwerkadressen nach einem speziellen Algorithmus vergeben werden. Ist nun ein Datenpaket an ein unbekanntes Gerät zu übertragen, so ist bereits anhand dessen Netzwerkadresse bekannt, an welchen Tochterknoten das Paket im nächsten Schritt weitergeleitet werden muss, um es endgültig zustellen zu können. Dieses Verfahren lässt sich sehr einfach und ressourcenschonend umsetzten, ist jedoch unter Umständen nicht sehr energieeffizient. Quelle und Senke können sich beispielsweise in unmittelbarer Nähe befinden, jedoch auf anderen Hierarchieebenen. Ein Datenpaket wird dann immer entlang der Hierarchie über mehrere Sprünge übertragen, anstatt es direkt zu übermitteln. Für Baumtopologien ist Beaconing erlaubt, erfordert jedoch spezielle Maßnahmen (Beacon Scheduling [258, S. 398]) um zu verhindern, dass Beaconframes oder Datenpakete benachbarter Netwerkknoten kollidieren.

Die Mesh-Topologie (vermaschtes Netzwerk) erlaubt eine vollständige Peer-To-Peer-Kommunikation zwischen allen Geräten des Netzwerkes. Die Pakete werden von einem Knoten zum nächsten weitergereicht, bis das Zielgerät erreicht ist (Multi-Hop-Kommunikation). Das Routing geschieht anhand der Routing-Tabellen der ZigBee-Router. Diese werden automatisch durch den *Route-Discovery*-Mechanismus erzeugt und bei Bedarf aktualisiert.

Zum Finden einer Route wird das komplette Netzwerk mit *Route-Request*-Paketen geflutet. Für jeden Hop (Link) werden die Kosten entlang des Pfades entsprechend der Linkqualität summiert. Am Empfängerknoten wird das Paket mit den geringsten Kosten ausgewählt und dem Sender die zugehörige Route mitgeteilt.

Fallen Netzwerkgeräte aus, so wird erneut ein Route Discovery durchgeführt, um die weggefallenen Routen zu ersetzen. Aufgrund dieser Eigenschaften wird ein Mesh-Netz als selbstheilend bezeichnet. Sie sind dadurch sehr zuverlässig, aber auch sehr komplex. Für Baum-Topologien kann der Ausfall eines einzelnen Routers zur Abtrennung eines kompletten Netzwerkteils führen

Der Betrieb eines ZigBee-Mesh-Netzwerkes unter Nutzung des IEEE802.14.5-Beaconing-Mechanismus ist laut Spezifikation [258, S. 398]) nicht erlaubt. Damit entfällt auch die Möglichkeit Dienstgütegarantien, beispielsweise für Alarmsignale, mit Hilfe der GTS elegant umzusetzen. In einem solchen Netz dürfen alle ZigBee-Knoten zu jeder Zeit auf das Medium zugreifen. Paketkollisionen werden durch den CSMA-CA-Algorithmus des MAC-Layers aufgelöst.

2.4.3.3. Anwendungsschicht und Profile

Die Anwendungsschicht umfasst die drei Teilkomponenten *Application Framework* (AF), *ZigBee Device Object* (ZDO) und *Application Support Sublayer* (APS).

Das Application Framework bietet einen Rahmen für Umsetzung von ZigBee-Anwendungen. Es besteht aus der ZCL und den ZigBee-Anwendungen in Form der *Application Objects* (APO). Diese stellen die eigentliche Funktionalität zur Verfügung [134] und werden vom Anwender oder Modulhersteller implementiert. Jedes APO ist fest einem Endpunkt (*End Point, EP*) mit den Nummern 1 bis 240 zugeordnet. Ein ZigBee-Gerät kann daher bis zu 240 APOs enthalten, die sich einen ZigBee-Transceiver teilen. Endpunkte unterscheiden eine Anwendung von einer anderen und werden verwendet, um eine spezielle Anwendung in einem Gerät zu adressieren. Der Endpunkt 255 (0xFF) wird für Broadcasts an alle APOs eines Gerätes verwendet.

2. Drahtlose Datenübertragung in der Medizintechnik

Tabelle 2.6.: Liste der aktuellen öffentlichen ZB-Profile [254].

Öffentliches Profil	Status	Einsatzszenario
Building Automation	in Entwicklung	Überwachung (Monitoring) und Steuerung in kommerziellen Gebäuden (Bürogebäude, Fabriken)
Health Care	aktiv [263]	Kommunikation zwischen Medizingeräten zur Vitalparametermessung
Home Automation	aktiv [257]	Heimautomatisierung zur Erhöhung des Wohnkomforts und Reduktion von Energiekosten (Lichtsteuerung, Temperatursteuerung, Zugangssysteme)
Input Device	in Entwicklung	Eingabegeräte (Tastatur, Maus, Touchpad, Controller) für Computer und Heimelektronik
Remote Control	aktiv [261]	Funkfernbedienungen für den Heimelektronik-Sektor als Ersatz für die Infrarottechnik
Smart Energy 1.0	aktiv [256]	Messung, Steuerung und Überwachung von Energieflüssen und Wasser im Haushalt; intelligente Verbrauchszähler und Reduktion des Energieverbrauchs
Smart Energy 2.0	in Entwicklung	vgl. Smart Energy 1.0
Telecom Services	aktiv [255]	Mehrwertdienste (z.B. Bezahlsysteme, Informationsdienste, Zugangskontrolle) für Mobilfunkgeräte
3D Sync	in Entwicklung	Synchronisation und Kommunikation mit 3D-Brillen

Das ZDO realisiert Funktionen, die in jedem ZigBee-Gerät vorhanden sein müssen (Basisfunktionalität) und ist über den fixen Endpunkt 0 adressierbar. Es stellt eine einheitliche Schnittstelle für die APOs zu APS und zum NWK bereit, wodurch sich die Entwickler eher auf die Umsetzung anwendungsspezifischer Algorithmen konzentrieren können, anstatt ZigBee-relevanten Code zu schreiben. Zu den Aufgaben des ZDO gehört die Konfiguration des Gerätetyps (ZC, ZR, ZED) und die Initialisierung von NWK, APS und *Security Service Provider* (SSP) [72]. Weiterhin stellt es grundlegende Dienste für die Verwaltung des ZigBee-Netzwerks zur Verfügung. Dazu zählt die Erkennung von Geräten (*Device Discovery*) und Diensten (*Service Discovery*) sowie die Verwaltung von Netzwerk (*Network Management*) und Zuordnungen (*Binding Management*).

Der APS stellt verschiedene Dienste für AF und ZDO zur Verfügung. Hier werden Paket für nicht registrierte Endpunkte, nicht vorhandene Anwendungsprofile und Duplikate verworfen. Weiterhin werden verschiedene lokale Tabellen (Binding-Table, Groups-Table, Address-Map) in dieser Sub-Schicht verwaltet. Auch die Durchführung von Übertragungswiederholungen und Generierung von Ende-zu-Ende-Bestätigungen gehören zum Aufgabenbereich des APS.

Zur Gewährleistung einer herstellerübergreifenden Interoperabilität definiert die ZigBee-Allianz verschiedene öffentliche Anwendungsprofile (*Public Application Profile*). Profile definieren dabei die konkreten Nachrichten, Nachrichtenformate und Aktionen, die eine ZigBee-Anwendung für verteilte Netzwerkgeräte ausmacht. Tabelle 2.6 zeigt eine Übersicht der aktuell verfügbaren öffentlichen Anwendungsprofile der ZigBee-Allianz.

Durch diverse Tests wird bei der ZigBee-Zertifizierung eines Gerätes (oder Stacks) sichergestellt, dass alle Anforderungen an ein bestimmtes Anwendungsprofil erfüllt werden. Dadurch kann davon ausgegangen werden, dass Geräte unterschiedlicher Hersteller, die das gleiche Profil unterstützen, problemlos miteinander funktionieren.

Die Hersteller von ZigBee-Geräten haben auch die Möglichkeit, private Anwendungsprofile (*Manufacturer Specific Profiles*, MSP) zu definieren. Diese müssen nicht veröffentlicht werden, bieten dann jedoch auch keinerlei Interoperabilität mit Geräten anderer Hersteller.

2.4.3.4. ZigBee Health Care Profile

Für den Einsatz im medizinischen Bereich ist das *ZigBee Health Care* (ZHC) Profil von besonderem Interesse. Die endgültige Fassung der Profilspezifikation [263] wurde erst 2010 veröffentlicht. Zu den anvisierten Anwendungsszenarien zählen beispielsweise die episodische und permanente Vitalparameterüberwachung, die Steuerung von medizinischen Geräten sowie der Einsatz im Wellness- und Fitnessbereich. Grundlage zur Umsetzung dieser Szenarien ist die einfache, sichere und herstellerunabhängige Übertragung von Vitalparametern und Steuersignalen zwischen verschiedenen Medizingeräten.

Basis für den Datenaustausch ist dabei die Normenfamilie ISO/IEEE 11073 (*Health Informatics - Point-of-Care Medical Device Communication*), welche die Kommunikation zwischen Medizingeräten beschreibt. Speziell wird auf die in IEEE 11073-20601 [108] *Optimized Exchange Protokoll* beschriebenen Mechanismen und Formate zurückgegriffen. Somit können mit ZHC beliebige Geräte nach den Gerätespezifikationen IEEE 11073-104xx umgesetzt werden. Dazu zählen unter anderem Blutzuckermessgeräte [104], Waagen [103] oder Puls-Oximeter [101]. Die bestehenden Gerätespezifikationen werden beständig erweitert und um neue Geräteklassen ergänzt.

Die Continua Allianz hat in ihren Entwurfsrichtlinien *Continua 2010 Design Guidelines* [51] ZigBee Health Care als Übertragungstechnik für die drahtlose Schnittstelle vom Sensor zum LAN ausgewählt.

3. Entwicklung eines Experimentalsystems

3.1. System-Konzept

Die theoretischen Grundlagen und wesentlichen Konzepte eines drahtlosen Körpernetzwerkes wurde bereits im Kapitel 2.3 ausführlich vorgestellt. Dieses Kapitel widmet sich nun der Anwendung dieser Konzepte bei der Entwicklung eines Experimentalsystems für die energieeffiziente Vitalparameterübertragung am Patienten.

Die Herausforderungen bei der Realisierung eines solchen Systems liegen darin, trotz der Nutzung von Funktechnologien einen minimalen Energieumsatz zu erreichen. Dies ist notwendig, weil es sich im Allgemeinen um mobile Geräte handelt, die sich durch ein geringes Gewicht und eine geringe Größe auszeichnen und daher nur über begrenzte Energieressourcen in Form von Batterien verfügen.

Die Lösungsansätze bestehen im Einsatz von Funkkomponenten mit besonders geringem Energiebedarf und der konsequenten Optimierung der Funkprotokolle. Die Kernaspekte sind dabei eine einfache Netzwerktopologie, der Verzicht auf Routingalgorithmen, Vermeidung eines komplexen Netzwerkmanagements, geringe Sendeleistungen, die Nutzung von Datagrammen statt aufwendigem Verbindungsmanagement und der Verzicht auf jegliche unnötige drahtlose Kommunikation durch Einsatz einfacher Protokolle.

Abbildung 3.1 zeigt den konzeptionellen Aufbau des geplanten Systems. Das Körpernetz besteht aus mehreren Netzwerkknoten, die am Körper verteilt sind und über Sensoren Vitalparameter aufzeichnen. Die gewonnen Daten werden drahtlos an eine zentrale Körpereinheit oder an eine Basisstation übertragen. Die Umsetzung des Systems benötigt dafür eine *Hardware*, die jeweils von einer speziellen *Firmware* gesteuert wird. Diese Firmware bestimmt auch das *Protokoll* für die drahtlose Kommunikation. Diese Kommunikation wird mit Hilfe von *Simulationen* analysiert und optimiert. Des Weiteren wurde ein *Testsystem* geschaffen, um die Firmwareentwicklung zu unterstützen.

Im ersten Schritt war also eine Sensorknoten-Hardware zu entwickeln. Notwendig sind dabei Geräte, die am Körper getragen werden und solche, die als Basisstation an einen PC angeschlossen werden um auch dort Vitalparameter empfangen und auswerten zu können. Die Entwicklung dieser Geräte wird im Abschnitt 3.2 beschrieben.

Einer der wesentlichsten Aspekte bei der Umsetzung des Experimentalsystems ist die Firmware, die auf den Mikroprozessoren der Sensorknoten ausgeführt wird. Die Firmware ist die zentrale Stelle, die durch die Umsetzung der verschieden Konzepte und Protokolle dafür sorgt, dass das System wenig Energie benötigt und somit für die Anwendung als drahtloses Körpernetzwerk überhaupt geeignet ist. Ein Teil der Funktionalität kann für alle Hardwarevarianten verwendet werden. Dazu zählen die Ansteuerung der Transceiver, das Energiemanagement, die Konfigurationsspeicher und die Ablaufsteuerung. Andere Teile wie die Sensoransteuerung, Datenauswertung und Protokollmaschine hängen vom Anwendungsszenario ab und müssen jeweils spezifisch angepasst und umgesetzt werden. Auf diesen Themenkomplex wird in Abschnitt 3.3 eingegangen.

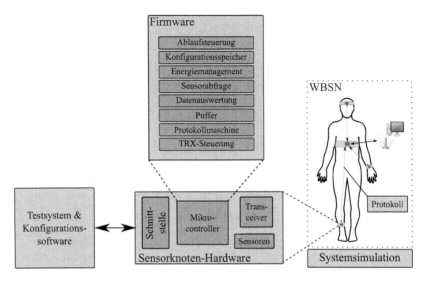

Abbildung 3.1.: Systemkonzept für die Umsetzung eines energieeffizienten Körpernetzwerkes.

Im Rahmen dieser Arbeit wurde weiterhin eine Reihe von Softwarewerkzeugen geschaffen, die den Entwickler eines drahtlosen Körpernetzwerkes bei seiner Arbeit unterstützen. Diese Anwendungen für Nutzung, Programmierung und Test der Knotenhardware werden im Abschnitt 3.4 vorgestellt.

Schließlich muss das drahtlose Netzwerk simuliert werden, um so verschiedene Protokollentwürfe hinsichtlich ihrer Funktionalität und Energieeffizienz vergleichen zu können. Erkenntnisse aus diesen Untersuchungen können dann in einem iterativen Entwurfsprozess wieder auf Entwurfsentscheidungen angewendet werden, um das System so immer weiter zu verbessern. Auf die entsprechenden Arbeiten wird im Kapitel 4 eingegangen.

Ergebnis dieser Entwurfs- und Optimierungsprozesse ist schließlich ein System, dass in wichtigen Anwendungsszenarien deutlich weniger Energie benötigt als konkurrierende Funktechnologien. Es eignet sich somit sehr gut für die Realisierung von drahtlosen Körpernetzwerken zur Vitalparameterübertragung. Das umgesetzte System wird für verschiedene Messungen und Untersuchungen verwendet.

3.2. Hardwareentwurf

3.2.1. Überblick

Behält man die späteren Nutzungsszenarien im Auge, muss bei der Konzipierung eines Sensorknotens zur mobilen Vitalparameterübertragung besonderer Wert auf die Parameter Größe und Gewicht gelegt werden, weil diese einen entscheidenden Einfluss auf den Tragekomfort und somit letztendlich auf die Akzeptanz durch den Patienten haben. Der Einsatz schwerer und klobiger Hardwarebaugruppen wird bei einem System, das auf eine permanente Anwendung im Langzeitmonitoring ausgelegt ist, keine dauerhafte Akzeptanz finden.

Resultat der Beschränkungen hinsichtlich Größe und Gewicht ist eine signifikante Einschränkung der verfügbaren Energieressourcen. Üblicherweise müssen Sensorknoten mit Batterien oder Akkumulatoren betrieben werden, die regelmäßig zu ersetzen bzw. aufzuladen sind. Wichtigstes Kriterium bei der Konzipierung der Hardware war daher die Minimierung des Energiebedarfs während des Betriebs. Einen wesentlichen Anteil an der Energieminimierung hat bereits die geeignete Auswahl der einzelnen Hardwarekomponenten. Auf diese Aspekte wird in den folgenden Abschnitten eingegangen.

Gängige Optionen für die Größenreduktion eines solchen Sensorsystems sind beispielsweise die Verwendung von Miniaturbauteilen (z.b. BGA-Bauformen) und mehrlagigen Platinen, die Entwicklung spezialisierter ASICs (vgl. [245, 16, 251]) und die 3D-Integration einzelner Komponenten (vgl. [44, 58]). Durch eine solch extreme Miniaturisierung kann aber besonders die Suche nach Fehlern in der Schaltung sehr schwierig bis unmöglich werden. Auch die zur energetischen Optimierung notwendigen Messungen der Betriebsströme einzelner Komponenten gestalten sich so unnötig schwierig. Aus diesem Grund wurde für den Hardwareentwurf ein iterativer Ansatz gewählt. Der erste Schritt bestand im Aufbau einer relativ großen Entwicklungshardware mit vielen Hardwarealternativen, Messpunkten und Schnittstellen. Diese Baugruppe wird im Abschnitt 3.2.5.1 ausführlich beschrieben.

Diese Hardware wurde anschließend für die Softwareentwicklung und zur Durchführung erster Experimente eingesetzt. Erst im Anschluss daran erfolgte eine weitere Miniaturisierung der Baugruppe unter Berücksichtigung der gewonnenen Erkenntnisse.

3.2.2. Entwurfsentscheidungen

Wie bereits im Abschnitt 2.3.2.4 dargelegt, muss für die drahtlose Übertragung von Daten ein sehr großer Anteil im Energiebudget des Systems veranschlagt werden. Es ist also besonders vielversprechend, einen großen Aufwand in die Auswahl einer geeigneten Funklösung und deren Optimierung zu investieren.

Ein gangbarer Weg bei der Realisierung von Körpernetzwerken ist die Entwicklung eines Spezialschaltkreises (ASIC). Dabei integriert man häufig einen ISM-Transceiver, MAC-Logik, Protokollmaschinen, ADCs, Signalverarbeitung und diverse analoge und digitale Schnittstellen in einen Schaltkreis. Derartige Konzepte werden beispielsweise in [16], [245] und [196] vorgeschlagen. Ein Vorteil besteht darin, dass beim Entwurf auf jeden Parameter (z.B. Modulationsart, Fehlerkorrektur, Taktfrequenz, Abtastraten, etc.) Einfluss genommen werden kann und so eine globale Optimierung möglich ist.

Diese starke Spezialisierung kann aber auch problematisch sein. Eine Anpassung an neue Sensorkonzepte oder andere Anwendungsszenarien ist in der Regel schwierig, weil Änderungen am ASIC im Nachhinein nur sehr zeit- und kostenintensiv zu realisieren sind. Daher wurde hier ein universellerer Ansatz gewählt. Durch die Verwendung frei verfügbarer Bauteile und Schaltkreise soll ein energieeffizientes Körpernetzwerk umgesetzt werden, das sich flexibel und kostengünstig für verschiedenste Anwendungsfälle und Sensoren einsetzen lässt.

In Abschnitt 2.4 wurden mit Bluetooth, ZigBee und IEEE 802.15.4 die Funktechniken beschrieben, die gegenwärtig hauptsächlich für die drahtlose Kurzstreckenübertragung im Medizinbereich eingesetzt werden. Dies geschieht vorrangig durch die Integration von kompletten Bluetooth-

Tabelle 3.1.: Übersicht der energetischen Eigenschaften einiger kommerzieller Funkmodule.

Modul	elektrische Betriebsparameter					Sensitivität
	V_{Sup} [V]	I_{Sleep}	I_{Idle}	I_{TX} [mA]	I_{RX} [mA]	[dBm]
XBee [146, S. 5]	3.0	<10 μA	50 mA	45	50	-92
JN5121-MO [121, S. 6]	3.0	<1 μA/<7 μA	12 mA	50	60	-90
Zebra [189][a]	2.7	<2 μA	6 mA	36	42	-92
RC2200 [181, S. 15]	3.0	1.3 μA	23 μA	27	30	-94
BlueMod P25 [210, S. 21]	3.3	700 μA	19 mA	44	44	-85

[a]Direkte Angaben zur Stromaufnahme des Moduls sind nicht angegeben. Die hier gemachten Angaben wurden anhand der Datenblätter der Einzelkomponenten abgeschätzt.

oder ZigBee-Modulen in das Medizingerät. Solch ein Funkmodul kombiniert üblicherweise einen Transceiver mit externer Beschaltung, einen Mikrocontroller und die interne Betriebsfirmware in einer einzelnen Baugruppe. Das so gekapselte Funksystem kann anschließend vom Anwendungsprozessor des Medizingerätes angesteuert werden.

Tabelle 3.1 gibt einen Überblick über die Stromaufnahme einiger gebräuchlicher Bluetooth-, ZigBee- und IEEE802.15.4-Module in unterschiedlichen Betriebszuständen. Die Stromaufnahme beim Senden und Empfangen, aber auch in den inaktiven Zuständen ist vergleichsweise hoch. Anhand dieser Angaben und durch Erfahrungen aus verschiedenen Experimenten mit diesen Modulen wird deutlich, dass diese für das Einsatzgebiet der mobilen, drahtlosen Körpernetzwerke mit geringem Datendurchsatz wenig geeignet sind.

Der Einsatz kommerziell verfügbarer Funkmodule ist sicherlich die günstigste und komfortabelste Möglichkeit, bestehende Gerät um drahtlose Verbindungsmöglichkeiten zu ergänzen. Sie bestechen vor allem durch ihren großen Funktionsumfang, sind aber aufgrund dessen nicht besonders für einen energieeffizienten Betrieb ausgelegt. Erschwerend kommt hinzu, dass die mitgelieferte Firmware in den allermeisten Fällen als Betriebsgeheimnis gilt und somit nicht verändert werden kann. Somit gibt es kaum Potential für energetische Optimierungen.

Aufgrund der mangelnden Eignung kommerzieller Funkmodule wurde auf deren Verwendung zur Umsetzung des Systemkonzepts verzichtet. Stattdessen wird ein Funksystem aus Einzelkomponenten aufgebaut. Von besonderem Vorteil sind dabei die gezielte Auswahlmöglichkeit energieeffizienter Komponenten und die Sicherheit, vollen Zugriff auf die Firmware und alle Funktionen zu haben. Bei genügend freien Ressourcen besteht sogar die Möglichkeit der direkten Integration der Sensoren sowie die Aufnahme von Analysealgorithmen direkt in die Firmware des Funkmoduls. Dadurch kann bei einfachen Geräten unter Umständen auf die Nutzung eines zusätzlichen Anwendungsprozessors verzichtet werden kann.

3.2.3. Transceiverschaltkreise

Nachdem sich kommerzielle Komplettlösungen als wenig geeignet für den gewünschten Anwendungsfall erwiesen hatten, wurde ein eigenes Funksystem aus Einzelkomponenten aufgebaut. Dafür sind neben dem Transceiverschaltkreis noch diverse externe Bauelemente wie Antenne, Anpassnetzwerk, Spannungsstabilisierung und Takterzeugung in die Schaltung zu integrieren.

Weiterhin ist in den meisten Fällen ein externer Mikrocontroller notwendig, der die Ansteuerung des Transceiverbausteins und Ausführung der Protokollimplementierung übernimmt.

Als Rahmenbedingung ist gegeben, dass für den Betrieb des Funksystems das ISM-Band bei 2.4 GHz zu verwenden ist. Dieser Bereich wurde ausgewählt, weil es dafür eine große Anzahl kommerziell verfügbarer Transceiver gibt, der Frequenzbereich weltweit nutzbar ist und die Datenraten hoch sind. Auch die Übertragungsreichweiten sind für den Einsatz in Körpernähe ausreichend hoch. Andere Frequenzbereiche wurden nur am Rande betrachtet.

Wie bereits im Abschnitt 2.3.2.5 dargelegt, ist das wichtigste Kriterium bei der Auswahl eines geeigneten Transceiverschaltkreises der Energiebedarf in den einzelnen Betriebszuständen. Aber auch die Transitionszeiten zwischen den Zuständen, besonders vom Schlafzustand in einen aktiven Zustand, dürfen nicht vernachlässigt werden, weil deren Energieumsatz vor allem bei sehr kurzen Paketen das Energiebudget unter Umständen dominieren kann (vgl. [124, 195]). Bei der Nutzung von Frequenzsprungverfahren spielt auch die Kanalwechselzeit eine Rolle.

Ein weiteres Auswahlkriterium ist die Datenrate der Übertragung. Der Zusammenhang zwischen der Datenrate und der notwendigen Energie ist komplex und lässt sich nicht immer verallgemeinern. Höhere Datenraten stellen in der Regel auch höhere Anforderungen an die interne Signalverarbeitung, was in einer gesteigerten Stromaufnahme und geringeren Empfängersensitivitäten (und damit geringeren Reichweiten) resultieren kann. Andererseits bietet die Wahl höherer Datenraten bei sonst gleichen technischen Voraussetzungen aus energetischer Sicht einen doppelten Vorteil: Eine Datenübertragung ist bei gleicher Datenmenge schneller beendet. Der Sensorknoten kann somit schneller in einen Zustand mit geringerem Energiebedarf wechseln. Durch die kürzere Übertragungszeit kommt es weiterhin seltener zu Kollisionen zwischen Datenpaketen verschiedener Netzwerkknoten. Die Wahrscheinlichkeit einer erfolgreichen Übertragung wird so allgemein erhöht und die Anzahl der notwendigen Übertragungswiederholungen reduziert.

Entscheidend ist auch, welche Funktionen bereits in der Transceiver-Hardware integriert sind, um den Betrieb und die Verwaltung des drahtlosen Netzwerkes zu unterstützen. Zu diesen Funktionen gehören z.B. das Erzeugen und Prüfen von Fehlererkennungs- bzw. Fehlerkorrekturdaten (CRC), die Verschlüsselung der Nutzdaten, der Adressauswertung, die Umsetzung von Kanalzugriffsalgorithmen, das Erzeugen von Bestätigungspaketen, die wiederholte Übertragung von verlorenen Paketen (*Automatic Retransmission*, ART) und vieles mehr. Alle benötigten, aber nicht als Hardware vorhandenen Funktionen müssen durch die Software des steuernden Mikrocontrollers umgesetzt werden. Dies ist hinsichtlich Latenz und Energieeffizient immer ungünstiger als eine dedizierte Hardwareunterstützung.

Die Tabellen 3.2 und 3.3 geben einen Überblick über die charakteristischen Parameter und Besonderheiten einiger Transceiverschaltkreise. Viele der Schaltkreise wurden speziell für IEEE 802.15.4 entwickelt und haben daher eine Nettodatenrate von nur 250 kBit/s. Einige Schaltkreise (z.B. nRF24E1 oder MC1321x) verfügen über eine integrierte MCU. Dies hat den Vorteil, dass sich unter Umständen die externe MCU für die Protokollimplementierung erübrigt und auf weitere externe Bauelemente verzichtet werden kann. Auch ist die interne Kommunikation mit dem Transceiverbaugruppe dann häufig schneller und effizienter als eine externe Ansteuerung.

Für die weitere Bearbeitung wurde der Transceiver nRF24L01 [168] von Nordic Semiconductors ausgewählt. Dabei handelt es sich um einen 4x4 mm kleinen Transceiverschaltkreis für das 2.4 GHz-ISM-Band. Dieser zeichnet sich sowohl beim Senden und Empfangen als auch in den Schlafzuständen durch einen besonders geringen Energieumsatz aus. Beim Senden mit maximaler Ausgangsleistung wird eine Leistung von 33.9 mW umgesetzt. Die Energie für die Übertra-

Tabelle 3.2.: Überblick über die Eigenschaften verschiedener Transceiverschaltkreise - Teil I

| Hersteller | Bezeichnung | Elektrische Parameter | | | | | Umschaltzeiten | Datenrate |
		I_{Sleep}/I_{Idle}	I_{RX} [mA]	$I_{TX_{Xdbm}}$ [mA]	V_{Supply} [V]	$P_{TX_{max}}$ [dBm]	Sleep⇒TX/RX	(maximal) [MBit/s]
Nordic	nRF24L01	900 nA/32 μA/320 μA	12.3	11.3	1.9-3.6	0	1.5 ms + 130 μs	2.000
Nordic	nRF2401A	900 nA/12 μA	19	13	1.9-3.6	0	3 ms[b]	1.000
Nordic	nRF24AP1	-[b]/2 μA	22	16	1.9-3.6	0		1.000
Nordic	nRF24E1	2 μA/12 μA + I_{CPU}[c]	19	13	1.9-3.6	0	1.2 ms	1.000
Nordic	nRF903	1 μA/600 μA	22	18	2.7-3.3	10	9 ms	0.077
Nordic	nRF905	2.5 μA/12 μA/100 μA	12.5	16	1.9-3.6	10	3 ms + 650 μs	0.050
TI	CC2400	5 μA/1.2 mA	24	19	1.6-3.6	0	1.13 ms + 100 μs	1.000
TI	CC2420	25 μA/426 μA	18.8	17.4	2.1-3.6	0	1 ms	0.250
TI	CC2430	0.3 μA/0.5 μA/190 μA	26.7	26.9	2.0-3.6	0	525 μs + 90 μs	0.250
TI	CC2431	0.3 μA/0.5 μA/190 μA	26.7	26.9	2.0-3.6	0	525 μs + 90 μs	0.250
TI	CC2500	400 nA/1.5 mA	19.6	21.2	1.8-3.6	1	240 μs[a]/960 μs	0.500
Freescale	MC13201	0.2 μA/1 μA/35 μA/500 μA	37	30	2.0-3.4	3	(10-25) ms + 144 μs	0.250
Freescale	MC13202	0.2 μA/1 μA/35 μA/500 μA	37	30	2.0-3.4	2	(10-25) ms + 144 μs	0.250
Freescale	MC13203	0.2 μA/1 μA/35 μA/500 μA	37	30	2.0-3.4	2	(10-25) ms + 144 μs	0.250
Freescale	MC13191	0.2 μA/2.3 μA/35 μA/500 μA	37	30	2.0-3.4	4	(10-25) ms + 144 μs	0.250
Freescale	MC13192	0.2 μA/1 μA/35 μA/500 μA	37	30	2.0-3.4	3	(10-25) ms + 144 μs	0.250
Freescale	MC13193	0.2 μA/1 μA/35 μA/500 μA	37	30	2.0-3.4	3	(10-25) ms + 144 μs	0.250
Freescale	MC1321x	0.2 μA/1 μA/35 μA/500 μA + I_{CPU}[c]	37+6[c]	30+6[c]	2.0-3.4	2	(10-25) ms + 144 μs	0.250
MicroLinear	ML2724	10 μA	55	50	2.7-4.5	3	240 μs + 60 μs	1.500
Microchip	MRF24J40	2 μA	18	22	2.4-3.6	0	-[d]	0.250
Ember	EM250	1 μA	36	24	2.1-3.6	5	-[d]	0.250
RadioPulse	MG2400-F48	9 μA/42 μA	26	27	1.7-3.6	5	-[d]	0.250

[a] ohne Kalibrierung
[b] immer aktiv
[c] Betriebsstrom interne CPU
[d] keine Angaben vorhanden

Tabelle 3.3.: Überblick über die Eigenschaften verschiedener Transceiverschaltkreise - Teil 2

Hersteller	Bezeichnung	Frequenz [MHz]	Modulationsart	Protokoll	Besonderheiten
Nordic	nRF241.01	2400	GFSK	-	Auto-ACK, ART, Protokollmaschine
Nordic	nRF2401A	2400	GFSK	-	Direktmodus, Protokollmaschine
Nordic	nRF24AP1	2400	GFSK	ANT (TDMA)	Dediziertes PAN-Protokoll, 20 kBit/s Nettodatenrate (Bursts)
Nordic	nRF24E1	2400	GFSK	-	nRF2401 mit 8051-MCU, ADC, CRC
Nordic	nRF903	433/868/915	GFSK	-	Direkte Übertragung, wenig Hardwareunterstützung
Nordic	nRF905	433/868/915	GFSK	-	ART, Protokollmaschine
TI	CC2400	2400	BFSK/GFSK	-	RSSI, Protokollmaschine, AGC, Carrier Sense
TI	CC2420	2400	O-QPSK	802.15.4; ZigBee-ready	MAC, Verschlüsselung, Authentifizierung, RSSI, LQI
TI	CC2430	2400	O-QPSK	802.15.4; ZigBee	8051-CPU, CSMA/CA, MAC, RSSI, LQI, AES, CRC
TI	CC2431	2400	O-QPSK	802.15.4; ZigBee	CC2430 mit Lokalisierungshardware
TI	CC2500	2400	FSK/GFSK/MSK/OOK	-	RSSI, Wake-On-Radio, Protokollmaschine, CCA
Freescale	MC13201	2400	O-QPSK	802.15.4-PHY	SMAC verfügbar
Freescale	MC13202	2400	O-QPSK	802.15.4-PHY/MAC	SMAC/802.15.4-MAC/Zigbee-Stack verfügbar
Freescale	MC13203	2400	O-QPSK	802.15.4; Zigbee	MC13202 mit 802.15.4-MAC und Zigbee-Stack
Freescale	MC13191	2400	O-QPSK	802.15.4-PHY	SMAC verfügbar
Freescale	MC13192	2400	O-QPSK	802.15.4-PHY/MAC	SMAC/802.15.4-MAC/Zigbee-Stack verfügbar
Freescale	MC13193	2400	O-QPSK	802.15.4; Zigbee	MC13192 mit 802.15.4-MAC und Zigbee-Stack
Freescale	MC1321x	2400	O-QPSK	802.15.4	8-Bit-MCU, SMAC/802.15.4-MAC verfügbar
MicroLinear	ML2724	2400	FSK	-	RSSI
Microchip	MRF24J40	2400	O-QPSK	802.15.4-PHY/MAC; Zigbee	MiWi Stack, CSMA/CA, Auto-ACK, RSSI, LQI, AES
Ember	EM250	2400	O-QPSK	802.15.4-PHY/MAC	16-bit-MCU; AES; ZStack, CCA, ART, Auto-ACK
RadioPulse	MG2400-F48	2400	O-QPSK	802.15.4-PHY/MAC	8051-MCU, RSSI, Zigbee-MAC, AES, CRC

Tabelle 3.4.: Leistungsaufnahme im Schlafzustand und Aufwachzeit verschiedener Mikrocontroller bei aktiver Zeitbasis.

Prozessor	Strom [μA]	Spannung [V]	Leistung [μW]	Aufwachzeit [μs]
TI MSP430F149, LPM3 [215, S. 25]	1.6	3.0	4.8	6
TI MSP430F1611, LPM3 [216, S. 25]	2.0	3.0	6.0	6
Microchip PIC12F683 [150, S. 118]	18.0	3.0	54.0	7
Atmel Atmega128L [17, S. 342]	8.4	3.0	25.2	2000
SiLabs C8051F340 [198, S. 33][a]	14.4	3.3	47.5	-[b]
ST ST71xF [204, S. 37]	12.0	3.3	39.6	256

[a] Approximation für 32kHz
[b] keine Angaben vorhanden

gung eines einzelnen Bits liegt bei nur 17 nJ (siehe Tabelle 2.2 auf Seite 31). Für das Empfangen bei 2 MBit/s sind 36.9 mW und im Schlafzustand 2.7 μW nötig.

Der häufig für WSNs eingesetzte CC2420 hat im Vergleich dazu eine Leistungsaufnahme von 57.4 mW, 62 mW und 66 μW in den entsprechenden Zuständen. Dabei wird bei diesem lediglich mit einer Datenrate von 250 kBit/s übertragen. Viele der notwendigen Funktionen können auf Wunsch durch die Hardware umgesetzt werden. Im Gegensatz zum nRF24AP1 [167], der bereits eine fertige Protokollimplementierung integriert, die dann zwangsläufig genutzt werden muss, hat der Nutzer hier viele Freiheiten für weitere energetische Optimierungen.

Der nRF24L01 eignet sich hervorragend für einfache Stern-Netzwerke und ist relativ kostengünstig. Die Nutzung dieser Baugruppe legt also den Grundstein, um durch die Implementierung individueller Protokolle besonders energieeffiziente drahtlose Körpernetzwerke zu realisieren.

3.2.4. Mikrocontroller

Neben dem Transceiver ist der Mikrocontroller (MCU) die zweite Komponente, die den Energiehaushalt des Gesamtsystems entscheidend beeinflusst. Auch hier soll auf kommerzielle Standardbausteine zurückgegriffen werden, um die Kosten gering zu halten.

Das wichtigste Kriterium bei der Auswahl einer MCU für den Aufbau eines WBSN-Sensors ist erneut der Energiebedarf. Auf den energetischen Vergleich verschiedener MCUs anhand ihrer EPI-Werte wurde bereits im Abschnitt 2.3.2.4 auf Seite 28 ausführliche eingegangen. Anhand der dort dargestellten Tabelle 2.1 wird ersichtlich, dass sich die EPI-Werte der geeigneten Prozessoren bei gleicher Taktfrequenz und Systemspannung in ähnlichen Größenordnungen bewegen. Die Auswahl des Prozessors ausschließlich anhand des EPI-Wertes ist nur sinnvoll, wenn von dauerhaften Berechnungen ausgegangen wird. Dies ist jedoch für die Vitalparameterübertragung in Körpernetzwerken gerade nicht der Fall. Hier soll sich der Prozessor die längste Zeit im Schlafzustand befinden und nur aufwachen, wenn bestimmte Ereignisse auftreten oder Vitalparametermessungen durchzuführen sind. Daher ist es sinnvoll, auch den Energiebedarf im Schlafzustand und die Transitionszeiten zwischen Wach- und Schlafzuständen in die Betrachtungen einzubeziehen.

Die Tabelle 3.4 zeigt die Leistungsaufnahme verschiedener Mikrocontroller im Schlafzustand. Dabei wurde jeweils der Zustand verwendet, bei dem der Prozessorkern angehalten, jedoch noch ein Takterzeuger zur Bereitstellung einer Zeitbasis aktiv ist. Als Taktfrequenz wurde 32,6789 kHz angenommen und die Werte entsprechend approximiert, wenn entsprechende Angaben im Datenblatt fehlten. Weiterhin sollte in diesem Zustand das Aufwecken des Controllers durch einen Interrupt (z.B. bei Empfang von Daten) noch möglich sein.

Für einige der Prozessoren existieren weitere Zustände mit noch geringerem Energieverbrauch. Dabei wird die Takterzeugung vollständig abgeschaltet und das Aufwecken ist nur noch durch ein Reset-Signal möglich. Diese Zustände wurden jedoch nicht in die Betrachtung einbezogen, da sie für den vorliegenden Anwendungsfall nicht relevant sind.

Ein weiteres wichtiges Kriterium bei der Auswahl einer geeigneten MCU ist der verfügbare Speicher. Die notwendige Größe des Programmspeichers (Flash) wurde zu Beginn mit etwa 10 kB abgeschätzt. Kritisch ist aber vor allem die Größe des verfügbaren Arbeitsspeichers. Davon wird der Großteil für Pufferspeicher benötigt, um ankommende oder abgehende Datenpakete vor einer Weiterverarbeitung zwischenzuspeichern. Zur Umsetzung einer Firmware auf Basis eines Echtzeitbetriebssystems, welche komplexe Protokolleigenschaften, große Paketlänge und hohe Datenraten ermöglicht, wird davon ausgegangen, dass mindestens 4 kByte als Arbeitsspeicher zur Verfügung stehen sollten. Durch diese relativ hohen Anforderungen an den Arbeitsspeicher fallen viele der besonders preiswerten und kleinen MCUs aus der Auswahl heraus.

Um die Funktion eines Funkmoduls zu realisieren wird jeweils eine UART- und eine SPI-Schnittstelle benötigt. Die SPI-Schnittstelle dient der Ansteuerung des Transceiverschaltkreises, die UART-Schnittstelle der Kommunikation mit dem externen Gerät (Anwendungsprozessor oder PC). Weiterhin muss die MCU über mindestens ein interruptfähiges Portpin verfügen, welches die MCU aus dem Schlafzustand aufwecken kann, sobald neue Daten eintreffen.

Die Mikroprozessorserie MSP430 von Texas Instruments erfüllt alle gewünschten Anforderungen an die MCU eines Funkmoduls. Der Vergleich anhand der Tabellen 2.1 und 3.4 zeigt, dass diese sowohl im aktiven Modus, als auch im Schlafzustand sehr energieeffizient arbeiten und sehr schnell zwischen beiden Zuständen wechseln können. Aufbauend auf dieser Analyse wurde der MSP430F1611 [213] für die weitere Entwicklung des energieeffizienten Funksystems ausgewählt.

3.2.5. Ergebnisse

3.2.5.1. Entwicklungshardware »BSN-Develboard«

Die erste Hardwareplattform »BSN-Develboard« ist bewusst als universelles Test- und Entwicklungssystem gedacht. Sie entstand aus der Notwendigkeit heraus, verschiedene Transceiverschaltkreise zu evaluieren, ohne für jeden eine eigene Testhardware entwerfen und aufbauen zu müssen. Weiterhin sollte ein direkter Anschluss an PC möglich sein, um das entstehende Funksystem einfach ansprechen und testen zu können. Der konzeptionelle Aufbau der Entwicklungshardware ist in Abbildung 3.2a als Blockdiagramm dargestellt. Die Steuerung wird durch den Mikrocontroller MSP430F1611 realisiert.

Der Stromversorgungsteil stellt stabilisierte Spannungen zum Betrieb von Prozessor, Peripherie und Transceiver zur Verfügung. Speisen lässt sich dieser Block alternativ aus Batterie, Akku, Netzteil oder direkt aus der USB-Schnittstelle eines angeschlossenen Computers. Damit lassen sich sowohl Konzepte für Basisstationen als auch für batteriebetriebene Systeme mit einer einzigen Hardware untersuchen. Eine weitere Besonderheit ist die Möglichkeit, die Versorgungsspan-

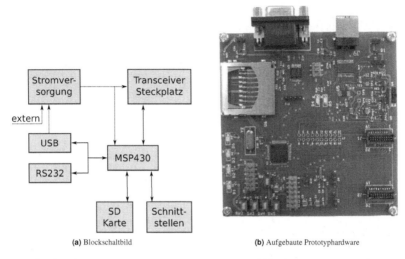

(a) Blockschaltbild   (b) Aufgebaute Prototyphardware

Abbildung 3.2.: Hardware-Konzept und Umsetzung der Entwicklungshardware *»BSN-Develboard«*.

nung des Transceiverschaltkreises dynamisch anpassen zu können. Dadurch lassen sich Energiesparmechanismen mit Spannungsskalierung testen.

Die Kommunikation zwischen Mikrocontroller und PC erfolgt wahlweise über eine serielle RS-232-Schnittstelle oder über USB. Dafür sind jeweils ein Pegelwandler- und ein Seriell-Zu-USB-Wandler-Schaltkreis vorhanden, welche die UART-Signale des Prozessors entsprechend anpassen. Datenspeichermöglichkeiten existieren in Form eines Steckplatzes für SD-Karten. Weiterhin sind verschiedenste Eingabe- und Anzeigeelemente sowie diverse externe Schnittstellen vorgesehen.

Abbildung 3.2b zeigt die aufgebaute Entwicklungshardware. Die zugehörigen Schaltpläne und Platinenlayouts können Anhang B.1 entnommen werden. Ausführlich ist die Hardware in [239] beschrieben.

Um verschiedene Funksysteme aufzubauen, verfügt die Entwicklungshardware über eine offene Schnittstelle zum Anschluss von Erweiterungskarten. Unterschiedliche Transceiver können somit in Form einer kleinen Platine einfach auf die Entwicklungsplattform gesteckt werden. Die Schnittstelle wurde dabei so ausgelegt, dass sie kompatibel mit der Entwicklungshardware MSP430FG4618 [214] von Texas Instruments ist. Dadurch ist sichergestellt, dass sich verschiedene kommerzielle Testkarten mit Transceivern von TI einfach mit der Entwicklungshardware verwenden lassen. Weitere Versuche wurden dabei mit den Erweiterungskarten mit CC1100- und CC2420-Transceivern durchgeführt.

Für weitere Experimente zur Entwicklung eines besonders energieeffizienten Funkmoduls wurde zusätzlich die Erweiterungskarte *»nRF24L01-Daughter-Card«* mit dem im Abschnitt 3.2.3

(a) Vorderseite   (b) Rückseite

Abbildung 3.3.: Erweiterungskarte »nRF24L01-Daughter-Card« zum Aufstecken auf die Entwicklungshardware.

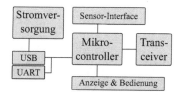

Abbildung 3.4.: Blockdiagramm der universellen BSN-Hardware »BSN-UniNode«.

ausgewählten nRF24L01 entworfen und aufgebaut. Diese enthält neben den Transceiver nur wenige Bauteile zur Spannungsstabilisierung, Takterzeugung und Antennenanpassung. Die fertige Hardware ist in Abbildung 3.3 dargestellt. Schaltung und Platinenlayout sind im Anhang B.2 dokumentiert.

Die Entwicklungshardware war ein wichtiges Werkzeug im Entscheidungsprozess, als die endgültige Entscheidung über den Transceiver noch nicht gefallen war. Anschließend wurde auch ein Großteil der Firmwareentwicklung, Experimente und Messungen mit dieser Plattform durchgeführt.

3.2.5.2. Universelle BSN-Hardware »BSN-UniNode«

Ziel des weiteren Vorgehens war die Entwicklung einer miniaturisierten und besonders energieeffizienten Hardwarekomponente zur Durchführung von Experimenten am Körper. Diese basiert auf den Erfahrungen mit der Entwicklungsplatine und ist universell für alle Knoten eines drahtlosen Körpernetzwerkes einsetzbar. Abbildung 3.4 zeigt das entsprechende Konzept der universellen WBSN-Hardware »BSN-UniNode«.

Nachdem Messungen an der Daughter-Card die besonders niedrige Stromaufnahme des Transceivers nRF24L01 bestätigt haben, findet der Funkchip auch für diese Baugruppe Verwendung. Auch der Anwendungsprozessor (MSP430F1611) bleibt unverändert, weil sich dieser auf der Entwicklungsplatine gut bewährt hat. Er übernimmt die Ansteuerung des Funkchips und aller

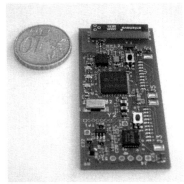

(a) Konfiguration als Sensorknoten im Größenvergleich.   (b) Konfiguration als Basisstation mit Anschlusskabel.

Abbildung 3.5.: Aufgebaute Platine des Prototyps der universellen BSN-Hardware »*BSN-UniNode*«.

anderen Hardwarebaugruppen sowie die Kommunikation mit externen Geräten. Auf die dafür notwendige Firmware zur Steuerung des Sensorknotens wird im Abschnitt 3.3.1 gesondert eingegangen.

Für die Kommunikation stehen USB- und UART-Schnittstellen zur Verfügung. Dadurch besteht die Möglichkeit, die Baugruppe via USB direkt an den PC anzuschließen und mit entsprechender Software (s. Abschnitt 3.4) anzusteuern. Andererseits ist auch ein Anschluss an einen weiteren Mikrocontroller über UART möglich. Die Baugruppe funktioniert dann als autarkes Funkmodul und erweitert beispielsweise ein Medizingerät um die Fähigkeit der Teilname an einem Körpernetzwerk.

Eine Interaktion mit dem Anwender ist bei Bedarf über Taster und die Anzeige interne Zustände über LEDs möglich. Die Stromversorgung wird wahlweise über USB oder durch Anschluss eines Lithium-Polymer-Akkumulators sichergestellt.

Über die beiden Schnittstellen des Sensor-Interfaces lassen sich diverse externe Sensoren mit der Hardware verbinden, um so einfach einen Sensorknoten aufzubauen. Über diese Sensorschnittstellen lassen sich so beispielsweise Körpertemperatur, EKG, Bewegung oder Atmung erfassen.

Vorteil dieses universellen Ansatzes ist, dass sich die Baugruppen sowohl als Master, z. B. in Form einer Basisstation zum Anschluss an den PC, als auch als Slave durch Anschluss von externen Sensoren konfigurieren lassen. Je nach gewünschter Funktionalität ist lediglich der Mikrocontroller mit der entsprechenden Firmware zu programmieren. Diese Hardwareplattform lässt sich damit sehr gut für Experimente mit energieeffizienten Körpernetzwerken verwenden.

Abbildung 3.5 zeigt aufgebaute Prototypen der BSN-UniNode-Baugruppe. Trotz der vielfältigen Anwendungsmöglichkeiten ist die Platine mit einer Größe von nur 55x26 mm relativ klein und kann somit ohne signifikante Einschränkung der Bewegungsfreiheit am Körper getragen werden. In Abbildung 3.5b ist speziell die Basisstationsvariante mit USB-Anschluss dargestellt. Deren Aufgabe besteht im Empfang und der Weiterleitung der Daten der einzelnen Sensoren an eine PC-Software sowie in der Steuerung des Netzwerkes.

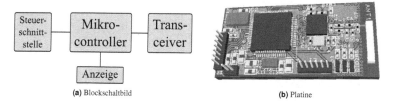

(a) Blockschaltbild **(b)** Platine

Abbildung 3.6.: Funkmodulhardware *»BSN-Modem«*.

Die Schaltungen und Platinenlayouts der universellen BSN-Baugruppen sind im Anhang B.3 zu finden.

3.2.5.3. Spezialisierte Hardwarebaugruppen

Neben der universellen Baugruppe *BSN-UniNode* wurden auch eine Reihe spezialisierter Hardwarebaugruppen entwickelt. Durch die Konzentration auf eine konkrete Aufgabe, die Verwendung alternativer Bauteile, doppelseitige Bestückung und mehrlagige Platinen konnte die Größe der Hardware nochmals signifikant verringert werden. Alle drei vorgestellten Baugruppen finden nun auf einer Platine mit einer Größe von 42x20 mm Platz. Verglichen mit *BSN-UniNode* entspricht dies einer Größenreduktion um 41 Prozent.

Die erste spezialisierte Baugruppe ist die Funkmodulhardware *»BSN-Modem«*. Diese wurde so konzipiert, dass sie sich einfach als autarkes Modul in Form einer kompakten Baugruppe zur Erweiterung existierender Geräte einsetzen lässt. Das Konzept ist in Abbildung 3.6a schematisch dargestellt. Das Modul arbeitet völlig autark und benötigt lediglich eine Stromversorgung. Die Kommunikation mit einem externen Mikrocontroller erfolgt über eine serielle Schnittstelle (UART). Abbildung 3.6b zeigt die Platine der fertigen Baugruppe. Durch die einseitige Bestückung lässt sich *»BSN-Modem«* einfach auf die Platinen anderer Baugruppen aufbringen.

Das Modul ähnelt also in Funktion und Größe externen Bluetooth-Modulen, die sonst häufig in medizinischen Geräten eingesetzt werden. Durch die speziellen Optimierungen an Hardware, Konzept und Firmware eignet sich *»BSN-Modem«* aber wesentlich besser für die Verwendung in mobilen Körpernetzwerken mit begrenzten Energieressourcen als Bluetooth-Module[1].

Bei der nächsten Spezialbaugruppe (*»BSN-USBBaseStation«*) handelt es sich um eine optimierte Version der Basisstationshardware. Ihr Aufbau ist in Abbildung 3.7a schematisch dargestellt. Einziger Unterschied zum Funkmodul sind die zusätzlichen Bauteile zur Anbindung einer USB-Schnittstelle. Auch die Firmware ist nahezu identisch. Das Basisstationsmodul wird über die USB-Schnittstelle direkt an den PC angeschlossen und darüber auch mit Energie versorgt.

Die in Abbildung 3.8 dargestellten Platinen der Basisstation entsprechen in Größe und Anwendungsmöglichkeiten einfachen USB-Sticks. Mit ihrer Hilfe lassen sich Standard-PC-Systeme ohne größeren Aufwand um eine drahtlose Schnittstelle zum Körpernetzwerk erweitern. Die Hardware ist dann in der Regel als Netzwerk-Master (Empfänger) konfiguriert und setzt somit den Anwendungsfall *WBSN mit stationärer Basisstation* (vgl. Abb. 2.4b) um.

---

[1]Dies wird anhand der Strommessungen im Abschnitt 3.6 nochmals verdeutlicht.

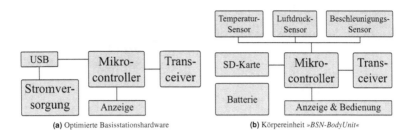

(a) Optimierte Basisstationshardware   (b) Körpereinheit »*BSN-BodyUnit*«

Abbildung 3.7.: Blockdiagramm für weitere spezialisierte Hardwarebaugruppen.

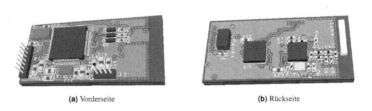

(a) Vorderseite   (b) Rückseite

Abbildung 3.8.: Platine der optimierten Basisstation »*BSN-USBBaseStation*«.

(a) Vorderseite   (b) Rückseite

Abbildung 3.9.: Platine der Körpereinheit »*BSN-BodyUnit*«.

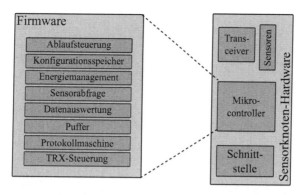

Abbildung 3.10.: Überblick über die wichtigsten Aufgaben der Sensorknoten-Firmware.

Als letzte spezielle Hardware wurde ein Sensorknoten für die Anwendung am Körper entwickelt. Der prinzipielle Aufbau dieser Körpereinheit (»*BSN-BodyUnit*«) ist in Abbildung 3.7b zu sehen. Die Baugruppe enthält neben Mikrocontroller und Transceiver eine Massenspeicher und verschiedene Sensoren. Die Energieversorgung wird durch eine Batterie bzw. durch einen Akkumulator sichergestellt.

Die Baugruppe wird direkt am Körper getragen und empfängt als zentraler Netzwerkknoten Vitalparameter weiterer Sensoren. Dieses Konzept setzt also den Anwendungsfall *autarkes Körpernetzwerk* (vgl. Abb. 2.4a) um.

Abbildung 3.9 zeigt die Platinen der Körpereinheit. Sensoren für Luftdruck, Temperatur und Beschleunigung sind bereits auf dieser zentralen Hardware vorhanden. Als Datenspeicher werden handelsübliche MicroSD-Karten mit einer Größe von bis zu 2 GByte verwendet. Die Aufzeichnungsdauer des Netzwerkknotens ist dadurch nahezu unbegrenzt.

Durch zusätzliche Berechnungen im Mikrocontroller lassen sich aus den Messwerten der vorhandenen Sensoren weitere Informationen gewinnen. Dazu zählen beispielsweise die barometrische Höhe, die Körperlage des Patienten oder Aktivitätsindices. Mit dieser kleinen Baugruppe lassen sich somit bereits wichtige Funktionen wie Sturzdetektion bei älteren Menschen umsetzen.

Die Schaltungen und Platinenlayouts der zuvor beschriebenen Baugruppen sind in den Anhängen B.4, B.5 und B.6 zu finden. Die Liste der spezialisierten Baugruppen ließe sich an dieser Stelle beliebig fortsetzten. Hier sollten aber nur die wichtigsten Beispiele demonstriert werden. Für weitere Körpernetzwerke müssen die Sensorknoten dann entsprechend der Anforderungen des Anwendungsfalls entworfen werden. In einfachen Szenarien ist auch die Nutzung der Universalhardware *»BSN-UniNode«* denkbar.

3.3. Firmware

Die Firmware ist die Software die auf dem Mikrocontroller eines eingebetteten Gerätes ausgeführt wird. Sie kommuniziert mit allen Komponenten der Knotenhardware, steuert jegliche Abläufe und ist somit der zentrale Bestandteil eines Sensorknotens. Bei der Realisierung des Experimentalsystems für energieeffiziente Körpernetzwerke zur Vitalparameterübertragung war die Entwicklung der Firmware daher eins der größten Arbeitspakete.

Abbildung 3.10 zeigt die wichtigsten Aufgabenkomplexe der Firmware. Dabei sind Hardware und Firmware so konzipiert, dass der Großteil der Softwarekomponenten (z.b. Transceiver-Ansteuerung, Konfigurationsverwaltung und Energiemanagement) auf allen Hardwarevarianten eingesetzt werden kann. Lediglich die Adressierung unterschiedlicher Anwendungsszenarien mit speziellen Übertragungsprotokollen macht eine Anpassungen der Protokollmaschinen und der Ablaufsteuerung notwendig. Zusätzliche Änderungen müssen natürlich auch durchgeführt werden, um weitere Sensoren anzusprechen oder zusätzliche Algorithmen zur Datenauswertung zu integrieren.

Nach der Auswahl von Komponenten mit geringer Stromaufnahme (siehe Abschnitte 3.2.3 und 3.2.4) bestimmen die in der Firmware angewendeten Konzepte und Algorithmen darüber, ob ein besonders energieeffizientes Gerät entsteht oder nicht. Der Energiebedarf steht weiterhin in direktem Zusammenhang mit dem Protokoll auf der Lustschnittstelle, welches ebenfalls durch die Firmware umgesetzt wird. Durch ein geeignetes Firmwarekonzept werden dabei Protokoll, Energiemanagement von Prozessor und Transceiver sowie Funktionalität der Baugruppe ideal aufeinander abgestimmt.

Alle Firmwarevarianten für die unterschiedlichen Geräte wurden jeweils in der Programmiersprache ANSI-C in den integrierten Entwicklungsumgebungen (IDE) *Eclipse* [222] und *IAR Embedded Workbench für MSP430* [100] geschrieben und mit dem zu IAR gehörenden Compiler ICC430 übersetzt. Die Entwicklung und Optimierung der diversen Firmwarevarianten wurde wesentlich durch die im Rahmen dieser Arbeit entwickelten und im Abschnitt 3.4 vorgestellten Softwarewerkzeuge unterstützt bzw. vereinfacht.

In den ersten Versionen der Firmware wurde das kommerzielle Echtzeitbetriebssystem SalvoOS [179] eingesetzt, um die Softwareentwicklung zu vereinfachen. Aufgrund von relative schlechten Performance-Ergebnissen bei ersten Tests wurde dieses Konzept jedoch verworfen und das System ohne Betriebssystemunterstützung umgesetzt. Dadurch gestaltet sich zwar der Entwicklungs- und Testprozess komplexer, der Datendurchsatz ist aber schließlich wesentlich höher. Weiterhin wird durch den Verzicht auf ein Echtzeitbetriebssystem auch signifikant weniger Programm- und Arbeitsspeicher auf dem Mikrocontroller in Anspruch genommen.

Im Folgenden werden zwei Beispiele für typische Szenarien exemplarisch vorgestellt: eine Funkmodulfirmware für die Vitalparameterübertragung und eine Variante für die gesicherte Übertragung von Dateien.

3.3.1. BSN-Modem-Firmware

Die Vitalparameterübertragung an ein externes Anzeigegerät ist ein typischer Anwendungsfall für drahtlose Körpernetzwerke (vgl. Abb. 2.4b). In der Regel handelt es sich um periodische Messwertübertragungen mit geringen Datenmengen. So wird also beispielsweise jede Sekunde ein Messwert für die Körpertemperatur übertragen. Abbildung 3.11 zeigt exemplarisch, wie ein solches Netzwerk aussehen könnte. In diesem übertragen ein dedizierter Sensor und ein Medizingerät mit Funkmodulerweiterung Daten drahtlos an die Basisstation und den daran angeschlossenen PC. Die hier vorgestellte Firmware macht den Aufbau eines solchen energieeffizienten Netzwerkes möglich.

Die Aufgabe der Firmware besteht auf Sensorseite im energieeffizienten Übertragen von Messwerten und auf Master-Seite im Empfangen und Weiterleiten der Daten. Sie wurde dabei so

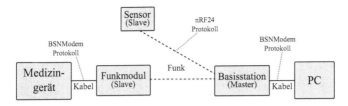

Abbildung 3.11.: Beispiel eines Netzwerkes zur Vitalparameterüberwachung mit Hilfe der Sensorknoten und der BSN-Modem-Firmware.

konzipiert, dass sie sowohl als Funkmodul, als auch als Basisstation arbeiten kann. Die Firmware lässt sich daher mit der Universalhardware *BSN-UniNode*, der Funkmodulhardware *BSN-Modem* und der Basisstationshardware *BSN-USBBaseStation* einsetzen. Prinzipiell ist die Firmware auch für den Einsatz als dedizierter Sensor und für die Körpereinheit *BSN-BodyUnit* geeignet. Die Funktionen zur Kommunikation mit externen Geräten sind dann nicht notwendig und können entfallen. Die Firmware enthält in diesem Fall nur die Netzwerkfunktionalität und dient somit vorrangig der Teilnahme am Netzwerk.

Um den Energieverbrauch dieser Geräte für den mobile Einsatz zu minimieren, fanden die verschiedenen im Kapitel 2 vorgestellten Konzepte Anwendung. Dabei wurden im Wesentlichen die folgenden Grundideen in der Firmware umgesetzt: einfache Netzwerktopologie, Vermeidung von Übertragungen, Verzicht auf Verbindungsmanagement, Konzentration auf Kernfunktionalitäten, Minimierung des Protokolloverheads und Verhindern von Idle-Listening auf Seite der Sensoren. Wie die einzelnen Konzepte konkret umgesetzt sind, wird im Folgenden betrachtet.

Der wichtigste Aspekt ist die Nutzung einer einfachen Netzwerktopologie. Statt eines komplexen Mesh-Netzwerkes wird durch die Firmware ein einfaches Sternnetzwerk aufgebaut. Es besteht aus einem zentralen Master-Netzwerkknoten[2] und mehreren Slaves (Sensoren) die ihre Daten in regelmäßigen Zeitabständen an den Master übertragen. Die Übertragung von Datenpaketen zwischen Sensoren untereinander ist auf Netzwerkebene nicht vorgesehen. Bei Bedarf lässt sich dies durch spezielle Firmwarevarianten, die den Master als Zwischenstation nutzen, jedoch einfach nachrüsten. Durch den Verzicht auf Routingalgorithmen müssen auch keine Datenpakete für die Netzwerkverwaltung übertragen werden.

Die verbindungslose Arbeitsweise zeichnet sich dadurch aus, dass auf ein dediziertes Aufbauen, Abbauen oder Managen von Verbindungen verzichtet wird. Jedes Datenpaket kann als Datagramm direkt und ohne Vorbereitung an den Master übertragen werden. Dadurch entfällt die sonst notwendige Übertragung von Verbindungsmanagementpaketen. Damit lassen sich auch Systeme realisieren, die beispielsweise jede Sekunde einen Messwert für eine sofortige Anzeige übertragen und trotzdem einen Großteil der Zeit im Schlafzustand verbleiben können. Ein solches System lässt sich mit Bluetooth nicht realisieren, weil hier schon das Auf- und Abbauen der Verbindung mehrere Sekunden in Anspruch nimmt.

Um die Komplexität gering zu halten, bietet die Funkmodulfirmware dem Nutzer nur die essentiellen Funktionen – das Senden und Empfangen von Daten. Zusätzlich lassen sich noch interne Parameter konfigurieren, die die Funktionsweise des Moduls steuern. Die aktuellen Einstellun-

---

[2]Im obigen Beispiel die Basisstation.

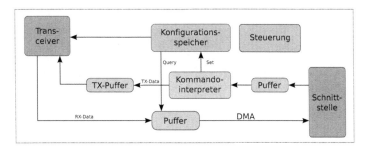

Abbildung 3.12.: Datenfluss in der BSN-Modem-Firmware.

gen werden dabei in einem nicht flüchtigen Konfigurationsspeicher der MPU abgelegt. Sie stehen somit auch nach dem Neustart oder bei einer Unterbrechung der Spannungsversorgung zur Verfügung.

Der Datenfluss innerhalb der Firmware zur Realisierung dieser Funktionalität ist in Abbildung 3.12 dargestellt. Das Funkmodul speichert alle von der externen Schnittstelle eintreffenden Protokollpakete in einem Puffer. Der Kommandointerpreter liest die Daten aus dem Puffer und prüft alle Befehle auf formale Korrektheit. Anschließend wird die Abarbeitung der Befehle angestoßen. Zu sendende Daten werden nach dem Verpacken in interne Datenstrukturen an den Transceiver übermittelt und dort an den Zielempfänger übertragen. Empfangene Daten anderer Geräte werden kurzzeitig zwischengespeichert und anschließend direkt per DMA über die Schnittstelle an den Host übertragen.

Weil das Funkmodul als vollständig autarke Entität betrachtet wird, musste ein Protokoll (*BSN-Modem-Protokoll*) für die Kommunikation mit dem externen Steuer-Gerät (PC, Mikrocontroller, Medizingerät) entwickelt werden. Gewählt wurde dafür ein kommandobasierter Ansatz, bei dem jeweils ein Kommando an das Modul gesendet wird und anschließend auf die Antwort gewartet wird. Die Mehrzahl der Bluetooth-Module verwendet dafür ein anderes Prinzip. Dort wird zwischen einem Befehlsmodus und einem Datenmodus umgeschaltet. Im Befehlsmodus wird das Modul mit Hilfe von AT-Befehlen konfiguriert. Diese Befehle sind menschenlesbare Zeichenketten, die als Text an das Modul gesendet werden. Im Datenmodus werden alle an das Modul gesendeten Zeichen direkt an die Gegenstelle übertragen.

Bei diesem Umschaltprinzip kann es aber vorkommen, dass das Funkmodul bei Fehlern (z.B. Verbindungsabbruch, Pufferüberlauf, etc.) in den Befehlsmodus wechselt und dies von der Protokollmaschine nicht rechtzeitig bemerkt wird. Dann werden unter Umständen Daten als Befehle interpretiert. Auch der umgekehrt Fall ist möglich, wenn sich die Protokollmaschine im Befehlsmodus wähnt, das Funkmodul jedoch weiterhin im Datenmodus arbeitet. Die eigentlichen Konfigurationsbefehle werden dann als Daten an die Gegenstelle übertragen. Das Umschaltkonzept wurde daher in dieser Firmware nicht eingesetzt, weil die Protokollmaschine zur Ansteuerung eines solchen Moduls sehr komplex werden kann. Komplexität resultiert dabei immer in längerer Programmlaufzeit und somit einem höheren Energieverbrauch.

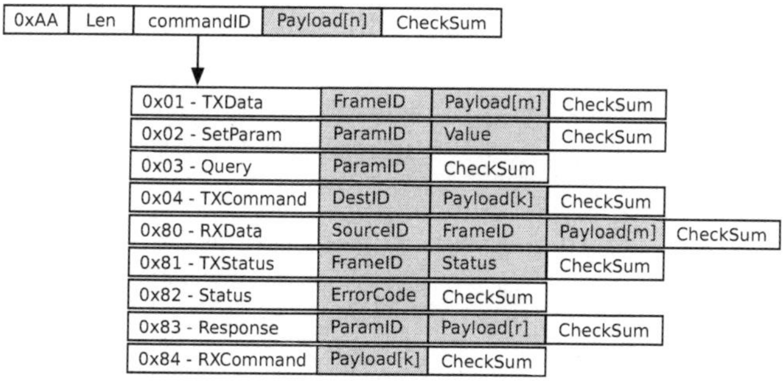

| 0xAA | Len | commandID | Payload[n] | CheckSum |

0x01 - TXData	FrameID	Payload[m]	CheckSum	
0x02 - SetParam	ParamID	Value	CheckSum	
0x03 - Query	ParamID	CheckSum		
0x04 - TXCommand	DestID	Payload[k]	CheckSum	
0x80 - RXData	SourceID	FrameID	Payload[m]	CheckSum
0x81 - TXStatus	FrameID	Status	CheckSum	
0x82 - Status	ErrorCode	CheckSum		
0x83 - Response	ParamID	Payload[r]	CheckSum	
0x84 - RXCommand	Payload[k]	CheckSum		

Abbildung 3.13.: BSN-Modem-Protokoll zur Kommunikation mit dem Funkmodul.

Die zu übertragenden Daten sind beim gewählten Ansatz Teil eines Befehls. Befehle sind bei diesem Protokoll grundsätzlich durch eine Prüfsumme gesichert. Dadurch wird sichergestellt, dass nicht schon bei der kabelgebundenen der Übertragung an das Funkmodul Fehler auftreten. Zusätzlich ist auch die interne Pufferverwaltung einfacher weil die Länge der zu übertragenden Daten a priori bekannt ist und somit nicht mit Timeout-Mechanismen gearbeitet werden muss.

Ein weiterer Vorteil des kommandobasierten Ansatzes ist, dass der Anwender für jedes Paket in einer Rückmeldung erfährt, ob das Paket übertragen werden konnte. Bei Umschaltkonzept ist dies ohne ein zusätzliches Protokoll nicht realisierbar. Wurde eine größere Datenmenge im Datenmodus übermittelt und kommt es zu einem Übertragungsfehler ist ungewiss, ob bereits ein Teilmenge erfolgreich übertragen wurde oder nicht. Ein zusätzliches Protokoll vergrößert jedoch wieder die insgesamt zu übertragene Datenmenge und reduziert die Energieeffizienz.

Für diesen kommandobasierten Ansatz wurde auch kein menschenlesbares Protokoll auf Basis von AT-Befehlen, sondern ein binäres Protokoll entworfen. Dadurch lassen sich sowohl auf Seite des Funkmoduls als auch auf Seite der externen Steuerung sehr einfache Protokollmaschinen mit minimalem Ressourcenbedarf implementieren. Statt lange Zeichenketten zu analysieren, müssen die entsprechenden Implementierungen nur wenige Befehlsbytes identifizieren.

Tabelle 3.5.: Kommandos des BSN-Modem-Protokolls.

commandID	Name	Richtung	Beschreibung
0x01	TXData	in	Übertragung von Daten an den Master
0x02	SetParam	in	Konfiguration einzelner Parameter
0x03	Query	in	Abfrage interner Parameter
0x04	TXCommand	in	Übertragung von Kommandos an den Slave
0x80	RXData	out	Empfang von Daten (eines Slaves)
0x81	TXStatus	out	Übertragungsbericht
0x82	Status	out	Status- und Fehlermeldungen
0x83	Response	out	Antworten der Parameterabfrage
0x84	RXCommand	out	Empfang von Kommandos (des Masters)

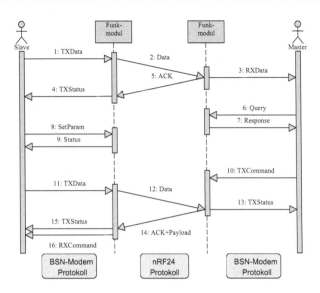

Abbildung 3.14.: Sequenzdiagramm für verschiedene Nutzungsmöglichkeiten der Funkmodule.

Zur Kommunikation mit den Funkmodulen existiert also eine Reihe von Befehlen, die in Tabelle 3.5 und in Abbildung 3.13 aufgelistet sind. Die konkreten Nutzungsmöglichkeiten und zeitlichen Abläufe können dem Sequenzdiagramm in Abbildung 3.14 entnommen werden. Darin repräsentieren *Master* und *Slave* die Nutzer des Funkmoduls. Dabei kann es sich sowohl um den Prozessor eines Medizingerätes als auch um die Anwendungssoftware auf einem PC handeln.

Die Übertragung eines Datenblocks vom Slaves zum Master wird mit dem Befehl TXData gestartet. Als Antwort wird ein TXStatus-Paket zurückgesendet. Dieses enthält die Bestätigung für die erfolgreiche Übertragung oder eine entsprechende Fehlermeldung.

Auch beim Entwurf des Protokolls für die interne Kommunikation der Funkmodule untereinander über die Luft wurde besonders darauf geachtet, Redundanzen zu vermeiden, weil die energetischen Kosten dafür sehr hoch sind (siehe Abschnitt 2.3.2.4). Jedes unnötig übertragene Byte benötigt Energie und verkürzt somit die Nutzungsdauer des Gerätes. Die drahtlose Datenübertragung ist dabei auf unterster Ebene durch eine CRC-Prüfsumme und Betätigungspakete (ACK) gesichert. Wird ein Paket nicht, oder nicht fehlerfrei empfangen, so unterbleibt die Übertragung des ACK-Paketes. Dies veranlasst wiederum den Sender einen neuen Übertragungsversuch zu unternehmen. Diese Prozedur wird bei Bedarf mehrfach wiederholt.

Das Protokoll innerhalb des Nutzdatenblocks wird durch den Anwender bestimmt. Das Funkmodul analysiert die enthaltenen Daten nicht, sondern reicht sie nur weiter. Es gibt somit keinerlei Abhängigkeiten vom Funkmodul. Dies ist besonders wichtig, um eine Abhängigkeit des Anwenders von der konkreten Umsetzung der Funkübertragung zu vermeiden (Transparenz). Aufgrund dieses Transparenzgrundsatzes wurde auch auf die Integration von Kompressionsalgorithmen in das Funkmodul verzichtet. Signifikante Kompressionsraten lassen sich nur erreichen, wenn die Art der Daten bekannt ist und die Algorithmen entsprechend angepasst sind. Dies ist für ein generisches Funkmodul aber nicht gegeben. Kompressions- oder Auswertealgorithmen, die die Datenmenge reduzieren, müssen also bereits von dem angeschlossenen Gerät vorgenommen werden.

Die Funktionsweise der Firmware und des Protokolls wird durch verschiedene Parameter beeinflusst. Zur Konfiguration der unterschiedlichen Parameter dienen die SetParam–Befehle. Das Funkmodul antwortet über Status–Pakete mit einer Bestätigung oder einer Fehlermeldung auf diese Konfigurationsbefehle. Diverse fixe Parameter (z.B. Seriennummer, Hersteller oder Firmwarerevision), die lediglich zu Informations- oder Identifikationszwecken dienen, lassen sich selbstverständlich nicht verändern.

Kommandos vom Typ Query werden eingesetzt, um interne Parameter oder Informationen der aktuellen Firmwarekonfiguration durch externe Geräte abzufragen. Dazu zählen z.b. Kanaleinstellung, Sendeleistung, Seriennummer und Firmware-Revision. Die gewünschten Informationen werden in Form von Response–Paketen vom Funkmodul ausgegeben.

Der Netzwerkmaster hat auch die Möglichkeit, Kommandos an die Slaves zu schicken. Dazu werden die entfernten Funkmodule über TXCommand-Pakete einzeln angesprochen. Auf Seite der Slaves kommen die Kommandos als RXCommand-Pakete an. Das Format der Nutzdaten, also die konkreten Nutzerbefehle, sind wiederum von der Anwendung zu definieren und unabhängig vom Funkmodul.

Für den hier angestrebten Anwendungsfall eines drahtlosen Körpernetzwerkes gilt, dass die Menge der zu übertragenden Daten stark asymmetrisch verteilt ist. Der größte Teil der anfallenden Daten, also die konkreten Messwerte, sind vom Sensor an eine zentrale Basisstation zu übertragen. In umgekehrter Richtung sind hingegen nur sehr wenige Daten zu übermitteln. Das betrifft beispielsweise Konfigurationsbefehle, Zeitsynchronisationen oder ähnliche Befehle an die Slaves. Dieser Tatsache wurde bei der Konzeption des Funkprotokolls Rechnung getragen, indem diese Rückkanaldaten als Nutzdaten an die ACK-Pakete der Sensordatenübertragung gehängt werden.

Konkret läuft dieser Prozess so ab, dass das Master-Funkmodul von der externen Anwendung ein TXCommand-Paket erhält. Die enthaltenen Nutzdaten, also die Befehle an den Slave, werden anschließend intern zwischengespeichert. Sobald ein Datenpaket vom adressierten Slave eintrifft, wird dies wie üblich auf unterster Protokollebene durch ein ACK-Paket bestätigt. Einziger Unterschied zum normalen Vorgehen ist, dass an das ACK-Paket nun die Befehle an den Sensor angehängt werden.

Dieses Vorgehen ist ein enormer Vorteil für die Energieeffizienz des gesamten Systems. Die meisten Alternativlösungen, einen Rückkanal zu implementieren resultieren auf Sensorseite in einem deutlich höheren Energiebedarf. Die einfachste Lösung ist es, immer auf Befehle vom Master zu warten. Dazu wird nach Übertragung der Sensordaten der Empfänger eingeschaltet, bis erneut Daten zu übertragen sind. Alternativ könnte auch in regelmäßigen Zeitabschnitten auf Daten vom Master gewartet werden. Dafür ist jedoch eine relativ genaue zeitliche Synchronisation aller Geräte im Netzwerk notwendig. Eine solche Synchronisation ist jedoch mit zusätzlicher Komplexität verbunden und macht eine regelmäßige Übermittlung von Synchronisationspaketen erforderlich. In jedem Fall steigt für beide Alternativen, bedingt durch den zusätzlichen und häufig unnötigen Betrieb des Empfängers (*Idle Listening*), der Energiebedarf erheblich an.

Werden die Rückkanaldaten jedoch an das ACK-Paket angehängt, wird auf Sensorseite nur so viel mehr Energie verbraucht, wie für den Empfang der zusätzlichen Nutzdatenbytes notwendig ist. Der Empfänger ist in diesem Moment bereits eingeschaltet, zusätzliche Umschaltzeiten fallen daher ebenfalls nicht an. Ein Mehrverbrauch an Energie fällt also nur während der eigentlichen Übertragung an, nicht aber dauerhaft während des normalen Betriebs des Netzes, wie es bei vielen Alternativlösungen der Fall ist.

Dieses Vorgehen hat aber auch eine negative Seite. Die Übertragung der Datenpakete vom Master zum Sensor kann mit einer hohen Latenzzeit behaftet sein. Sendet ein Sensor seine Messwerte über längere Zeit nicht, können auch keine Befehle an diesen übertragen werden. Problematisch ist das vor allem bei Systemen, die nur bei Überschreitung von bestimmten Grenzwerten aktiv werden und nur in einem solchen Fall aktiv Daten übertragen. Dieses Dilemma lässt sich jedoch relativ einfach durch die Verwendung von Ping-Paketen lösen, die in regelmäßigen Zeitabschnitten an den Master übertragen werden, jedoch keine wirklichen Messwerte enthalten. Dadurch steigt natürlich der Energieverbrauch des Sensors, die Latenz der Befehlsübertragung lässt sich so jedoch verkürzen.

Daran wird deutlich, dass für diesen Fall eine Abwägung zwischen beiden Bedürfnissen vorgenommen werden muss. Hier ist es Aufgabe des Netzwerkentwerfers ein Optimum zu finden. Simulationsexperimente, wie sie in Abschnitt 4.6 beschrieben sind können dem Entwickler dabei helfen, dieses Optimum zu finden.

Bei Entwurf und Umsetzung der Firmware wurde besonders darauf Wert gelegt, Speicherbedarf, Codegröße und Strombedarf zu minimieren. Eine wichtige Maßnahme war daher die Trennung der Firmware in jeweils eine dedizierte Version für die Sensoren (Slaves) und eine weitere für den Master. Beide Versionen unterscheiden sich in ihrem Funktionsumfang. Wichtigstes Ergebnis dieser Maßnahme ist die Minimierung der Codegröße. Es wird nur die konkrete Funktionalität eingebaut, die für den jeweiligen Funktionstyp notwendig ist. Weiterhin konnte die Reaktionszeit verringert werden, da bei der Befehlsabarbeitung oder beim Datenempfang intern nicht mehr der Typ des Gerätes geprüft werden muss.

Die Umschaltung zwischen den beiden Varianten geschieht einfach durch Definition von Makro-Konstanten (IS_MASTER oder IS_SLAVE), die der Präprozessor auswertet und die notwendigen Codeabschnitte einbaut. Das Projekt der IAR-Entwicklungsumgebung ist bereits so konfiguriert, dass beide Versionen automatisch erzeugt werden. Große Teile der Codebasis werden von beiden Gerätetypen gemeinsam verwendet.

Ein weiterer Kernaspekt der Firmware ist das aktive Energiemanagement. Um möglichst viel Energie einzusparen wechselt der Prozessor des Funkmoduls so schnell wie möglich in einen Schlafzustand. Dabei wird ständig überwacht, ob noch Daten übertragen oder empfangen werden. Ist das nicht der Fall, wechselt der Prozessor nach einigen Millisekunden in den Schlafzustand. Im Falle einer Slave-Hardware wird auch der Transceiver in den Schlafzustand versetzt. Für den Master ist dies nicht möglich, weil hier jederzeit Daten empfangen werden können. Der Prozessor wacht wieder auf, sobald Daten über die Befehlsschnittstelle oder vom Empfänger eintreffen.

Die Firmware des Funkmoduls kann bei Bedarf auch ohne Programmieradapter über die serielle Schnittstelle aktualisiert werden. Damit ist eine Softwareaktualisierung direkt im Gerät durch den Host-Prozessor möglich. Dies wurde durch einen Bootloader realisiert, der die ersten 1024 Byte des Programmspeichers belegt. Dieser nimmt nach der Aktivierung die neue Firmware entgegen und schreibt den Flash-Speicher neu. Dabei ist der Bootloader so aufgebaut, dass er sich nicht selbst überschreiben kann. Selbst wenn das Programmieren fehlschlägt oder eine defekte Firmware aufgespielt wird, lässt sich das Funkmodul dadurch immer wieder reaktivieren.

Die Firmware wurde in einem iterativen Entwicklungsprozess hinsichtlich Durchsatz und Stabilität so weit optimiert, dass die Schnittstelle auf Eingangsseite mit einer Datenrate von 1 MBit/s

Tabelle 3.6.: Ressourcenbedarf der BSN-Modem-Firmware.

Knotentyp	ROM [Byte]	[%]	RAM [Byte]	[%]
Master	4464	9.08	823	8.04
Slave	4908	9.99	699	6.83

dauerhaft stabil betrieben werden kann. Wichtige Maßnahmen um diesen hohen Datendurchsatz zu erreichen, war die konsequente Nutzung von DMA- und *In-Place*-Operationen. Bei letzteren werden die zu übertragenden Daten ständig an einer einzigen Position im Arbeitsspeicher gehalten ohne sie zeitintensiv in andere Datenstrukturen zu kopieren.

Der resultierende Ressourcenbedarf der beiden Firmwareversionen kann Tabelle 3.6 entnommen werden. Die Angaben beziehen sich jeweils auf die Release-Variante bei welcher die Optimierung für eine möglichst geringe Codegröße eingestellt ist. Die Firmware konnte also mit weniger als 5 kB Programmspeicher und weniger als 1000 Byte Arbeitsspeicher sehr ressourcenschonend umgesetzt werden. Für einen Produktiveinsatz könnte also ein kleinerer und kostengünstiger Mikrocontroller eingesetzt werden. Alternativ besteht auch die Möglichkeit die verbleibenden Ressourcen für eigene Zwecke zu verwenden und so möglicherweise ganz auf einen weiteren Anwendungsprozessor zu verzichten.

Messungen zur Stromaufnahme eines solchen Moduls folgen im Abschnitt 3.6.1.

3.3.2. SD-Kartenübertragung

In diesem Abschnitt soll ein weiteres Anwendungsszenario der Sensorknoten betrachtet werden. Die hier vorgestellte Firmware setzt nun ein spezielles Protokoll für die verlustfreie Übertragung größerer Datenmengen um. Im Gegensatz zum ersten Beispiel ist diese Beispiel weniger typisch für den Anwendungsbereich der Körpernetzwerke. Es existieren jedoch auch Szenarien, in denen die über einen Tag gesammelten Daten am Abend konzentriert an eine Basisstation übermittelt werden. Im Allgemeinen ist jedoch davon auszugehen, dass sich andere Funkprotokolle (WiFi, Bluetooth) in einem solchen Szenario besser für die Übertragung größerer Datenmengen eignen.

Als praktisches Beispiel wurde die drahtlose Übertragung der Binärdaten einer auf der SD-Karte gespeicherten Datei umgesetzt. Dabei liest das Slave-Gerät die Daten blockweise von der Karte und überträgt diese zum Master. Nach einer Prüfung auf Korrektheit erfolgt die Speicherung auf der dortigen SD-Karte.

Im Gegensatz zur Sensordatenübertragung sind für diesen Anwendungsfall keinerlei Fehler oder Paketverluste erlaubt. Die binären Daten müssen am Ende der Übertragung auf beiden Geräten identisch vorliegen. Schon ein verfälschtes Bit kann das Format der verwendeten Datei beschädigen und diese somit unbrauchbar machen. Aus diesem Grund wurde für diesen Anwendungsfall ein spezielles Protokoll implementiert, um derartige Fehler zu vermeiden. Dieses Protokoll bedingt ein höheres Kommunikationsaufkommen und steigert insgesamt den Energiebedarf, bietet jedoch eine erhöhte Sicherheit.

Die Frame-Struktur des nRF24L01 ermöglicht die Übertragung von 32 Nutzdatenbytes pro Paket. Für den Rückkanal können maximal 10 Nutzdatenbytes an das ACK-Paket angehängt

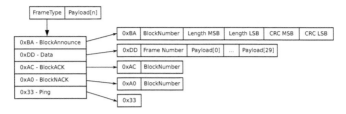

Abbildung 3.15.: Paketstruktur des Protokolls der gesicherte Datenübertragung.

werden. Innerhalb dieser Nutzdatenbytes des nRF24L01 wurde nun ein weiteres Protokoll implementiert, um die gewünschte Sicherungsschicht umzusetzen. Die Protokollstruktur ist in Abbildung 3.15 dargestellt und in Tabelle 3.7 beschrieben.

Tabelle 3.7.: Kommandos des Sicherungsprotokolls

commandID	Name	Richtung	Beschreibung
0xBA	BlockAnnouncement	S→M	Ankündigung eines neuen Datenblocks
0xDA	Data	S→M	Daten
0xAC	BlockACK	M→S	Block korrekt übertragen
0xA0	BlockNACK	M→S	Block fehlerhaft übertragen
0x33	Ping	S→M	Ping Paket

Jeweils das erste Byte (FrameType) des Protokolls wird zur Identifikation des Pakettyps verwendet. Von den fünf Pakettypen werden BlockAnnouncement, Data und Ping nur vom Slave zum Master und BlockACK sowie BlockNACK nur vom Master zum Slave übertragen. Mit Hilfe des BlockAnnouncement-Paketes wird dem Master ein neuer Datenblock angekündigt. Das Paket besteht aus einer Blocknummer, der Blocklänge und einer CRC-Prüfsumme für den kompletten Datenblock. Die eigentliche Datenübertragung erfolgt unter Verwendung von Data-Paketen. Neben der Paketkennung und der Paketnummer können maximal 30 Byte Nutzdaten übertragen werden. Aufgabe der Protokollimplementierung ist daher die Aufteilung des zu übertragenden Datenblocks in kleinere Datenpakete. Die BlockACK- und BlockNACK-Pakete werden eingesetzt, um das Slave-Gerät über eine fehlerfreie Übertragung eines Blocks oder Übertragungsfehler zu informieren. Die Ping-Pakete dienen vorrangig dazu, eine Rückkanalantwort über die ACK-Nutzdaten in Form von BlockACK- und BlockNACK-Paketen vom Master anzufordern.

Zur Steigerung der Übertragungssicherheit werden die integrierten Schutzmechanismen des Transceivers verwendet. Jedes ankommende Datenpaket wird vom Empfänger auf unterster Ebene durch ein ACK-Paket bestätigt. Bei Paketverlust wird automatisch ein erneuter Übertragungsversuch gestartet.

Mit dem hier vorgestellten universellen Protokoll lassen sich beliebig große Datenblöcke sicher übertragen. Für das konkrete Beispiel der Übertragung von SD-Karteninhalten wird eine Blockgröße von 512 Byte verwendet. Dies entspricht der Standardgröße der Blöcke des Dateisystems auf der SD-Karte und minimiert so den internen Verwaltungsaufwand.

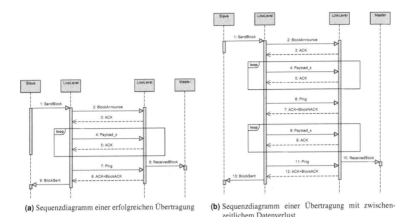

(a) Sequenzdiagramm einer erfolgreichen Übertragung   (b) Sequenzdiagramm einer Übertragung mit zwischen-
                                                           zeitlichem Datenverlust

Abbildung 3.16.: Sequenzdiagramme für Datenübertragungen mit zusätzlicher Sicherungsschicht.

Die für das Protokoll notwendigen Kommunikationsschritte zwischen zwei Geräten sind in den Sequenzdiagrammen in Abbildung 3.16 dargestellt. Der erste Schritt besteht in der Ankündigung einer Blockübertragung vom Slave an den Master. Dazu wird vom Slave die Länge und die 16-Bit-CRC-Prüfsumme[3] des nachfolgenden Datenblocks an den Master übertragen (Block-Announcement-Paket). Anschließend folgen sequentiell die einzelnen Fragmente eines Datenblocks durch Data-Pakete (18 Einzelpakete für einen 512-Byte-Block). Am Ende der Übertragung eines einzelnen Blocks wird dieser vom Master auf Korrektheit überprüft und bei Erfolg auf die eigene SD-Karte geschrieben. Nachfolgend wird ein Bestätigungspaket an den Sender übermittelt (Abbildung 3.16a). Die entstehende Wartezeit vor dem Eintreffen des BlockBestätigungspakets wird vom Slave genutzt, um bereits den nächsten Block von der SD-Karte zu lesen.

Wird beim Überprüfen des übertragenen Blocks hingegen ein Fehler festgestellt, wird eine erneute Übertragung durch Aussendung eines BlockNACK-Paketes angefordert. Dieser Fall ist in Abbildung 3.16b dargestellt.

Zur Verifikation der Fehlerfreiheit von Firmware und Protokoll wurde ein spezieller Modus implementiert, der ein *Linear Feedback Shift Register* (LFSR) zur Generierung der Daten verwendet. Das Register wird beim Empfänger und beim Sender mit dem gleichen Startwert initialisiert und erzeugt so auf beiden Geräten identische pseudo-zufällige Datensequenzen. Damit konnte das Übertragungsprotokoll über längere Zeiträume unabhängig von den konkreten Daten auf der SD-Karte verifiziert werden.

Tabelle 3.8 zeigt, jeweils für die unterschiedlichen Netzwerkknotentypen, den Ressourcenbedarf der Firmware zur sicheren Übertragung von Binärdaten. Die Angaben in Spalte »*ohne SD-*

---

[3]In ersten Versuchen wurde eine einfache 8-Bit-Prüfsumme eingesetzt, die sich sehr schnell und energieeffizient berechnen ließ. Diese erwies sich jedoch bei verschiedenen Experimenten als nicht robust genug für große Datenmengen, weil sich damit mehrfache Bitfehler bei der Kommunikation mit dem Schaltkreis in bestimmten Konstellationen nicht erkennen lassen.

Tabelle 3.8.: Ressourcenbedarf der Firmware zur Übertragung von SD-Karteninhalten.

| Knotentyp | Programmspeicher | | Arbeitsspeicher |
| | *mit* SD-Code | *ohne* SD-Code | |
	[Byte]	[Byte]	[Byte]
Master	6370	3526	2456
Slave	7387	5245	1815

Code« stellt in etwa die untere Grenze des Ressourcenbedarfs dar, die für diesen sicheren Übertragungsalgorithmus benötigt wird, wenn keine Speicherkarte im System vorhanden ist.

Durch verschiedene Optimierungsmaßnahmen konnte die Nettodatenrate von anfangs weniger als 4 kByte/s auf über 23 kByte/s gesteigert werden. Damit lässt sich eine 2 MByte große Datei in etwa 86 Sekunden sicher übertragen. Die durchschnittliche Stromaufnahme bei einer Ausgangsleistung von 0 dBm liegt bei ca. 9 mA. Die angegebenen Werte gelten unter günstigen Bedingungen (geringer Abstand, wenig Interferenzen), bei schlechteren Bedingungen steigt die Übertragungsdauer bedingt durch die Übertragungswiederholungen, die Nettodatenrate sinkt. Die Daten werden dabei jedoch immer fehlerfrei übertragen.

Messungen zur Stromaufnahme eines Sensormoduls in diesem Szenario folgen im Abschnitt 3.6.2.

3.4. Softwarewerkzeuge zur Nutzung und Optimierung der Körpernetzwerke

Der Aufbau eines Experimentalsystems für Körpernetzwerke ist nicht mit der Umsetzung der Hardware und einer Firmware für die Sensorknoten abgeschlossen. Für eine praktische Anwendbarkeit des Körpernetzwerkes ist noch eine Reihe weiterer Softwarewerkzeuge notwendig. Weil es hier keine kommerziellen Standardwerkzeuge gibt, wurden die benötigten Anwendungen im Rahmen dieser Arbeit konzipiert und umgesetzt.

Ziel der Entwicklung war es, dem Anwender einfach zu bedienende graphische Bedienoberflächen zur Verfügung zu stellen, um trotz der Nutzung effizienter Binärprotokolle einfach mit den Funkmodulen kommunizieren zu können. Die Werkzeuge unterstützen den Anwender beispielsweise bei der Programmierung neuer Firmwareversionen, bei der Konfiguration von Sensorknoten und bei der Durchführung von Performance-Tests. Weiterhin wurde ein umfangreiches Testsystem entwickelt, dass den Firmware-Entwickler bei der Software-Verifikation unterstützt.

Die verschiedenen Programme sind hauptsächlich unter Verwendung des QT-Frameworks in Version 4.3.4 [229] entstanden. QT ist eine in C++ geschriebene Softwarebibliothek zur einfachen und plattformübergreifenden Entwicklung von Anwendungssoftware. Der Vorteil des Einsatzes dieser Softwarebibliothek liegt vor allem darin, dass die fertige Software ohne größere Quellcodeanpassungen in einer Version für Windows, Linux, Mac OS und sogar für einige Smartphones erstellt werden kann.

Auf die wichtigsten Werkzeuge wird in den folgenden Abschnitten eingegangen.

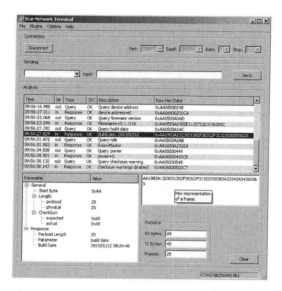

Abbildung 3.17.: Terminalsoftware zur Konfiguration von Sensorknoten und Basisstation.

3.4.1. Konfigurationssoftware

Die unterschiedlichen Hardwaremodule können über einen Seriell-Zu-USB-Wandler direkt mit dem PC verbunden werden. Auf der Entwicklungshardware (vgl. Abschnitt 3.2.5.1) und der Basisstationsvariante des Funkmoduls (vgl. Abschnitt 3.2.5.3) ist ein solcher Wandler bereits vorhanden. Die Nutzbarkeit auf Betriebssystemebene wird durch einen Treiber des Wandlerherstellers sichergestellt. Dieser stellt einen virtuellen COM-Port zur Verfügung über welchen die Anwendungssoftware mit dem Mikrocontroller der angeschlossenen Hardware kommunizieren kann.

Wird ein solches Hardwaremodul über die serielle Schnittstelle mit einem PC verbunden, ist für die Kommunikation eine Terminalsoftware notwendig. Diese zeigt empfangene Daten an und schickt Tastatureingaben an das Gerät. Häufig wird dafür die windowseigene Software HyperTerminal [152] oder die Freeware H-Term [227] verwendet.

Als Schnittstelle für die Kommunikation mit den Funkmodulen wurde ein effizientes Binärprotokoll entwickelt (siehe Abschnitt 3.3.1). Ein derartiges Protokoll eignet sich besonders für die effiziente Kommunikation zwischen verschiedenen Hardware-Modulen. Es ist mit einem geringen Aufwand an Arbeitsspeicher und Rechenleistung durch die jeweilige Software einfach zu lesen und zu interpretieren. Die Effizienz eines binären Protokolls für die Maschinenkommunikation erweist sich jedoch als Nachteil, wenn durch einen menschlichen Anwender Befehle an das Funkmodul geschickt werden sollen. Naturgemäß ist ein solches Protokoll in Reinform nur mit größerem Aufwand zu verstehen. Vor allem bei Test und Konfiguration der Module kann

79

sich dies als ein sehr zeitaufwendiges Problem erweisen. Der Befehl zum Wechsel auf Kanal 12 sieht beispielsweise wie folgt aus: `<0xAA 0x06 0x02 0x03 0x0C 0x3E>`. Als Antwort wird bei Erfolg `<0xAA 0x05 0x82 0x00 0xCE>` empfangen.

Um die Arbeit mit den Funkmodulen zu vereinfachen, wurde im Rahmen dieser Arbeit eine Konfigurations- und Analysesoftware entwickelt. Diese kann als vollständiger Ersatz für die sonst üblichen Terminalprogramme verwendet werden. Darüber hinaus wurde eine Vielzahl von Funktionen umgesetzt, die die Arbeit mit den Funkmodulen für den Anwender vereinfachen. Die meisten Befehle, die an das Funkmodul gesendet werden können, sind in einer Liste vorgegeben und lassen sich einfach für eine Übertragung auswählen. Die fehlerträchtige Eingabe über die Tastatur kann somit entfallen. Weiterhin werden alle Tastatureingaben für die Dauer der Programmlaufzeit gespeichert und lassen sich über eine einfache Tastaturnavigation erneut ins Eingabefeld übernehmen (Eingabe-Historie).

Alle gesendeten und empfangenen Pakete werden chronologisch geordnet in einer Tabelle dargestellt. Um dies zu realisieren, werden die einzelnen Pakete aus den Datenströmen isoliert und anschließend automatisch ausgewertet. Die Anzeige erfolgt also in einer für den Anwender leicht lesbaren Form. Abbildung 3.17 zeigt die graphische Benutzeroberfläche der Software bei der Konfiguration diverser Parameter.

Durch Auswahl eines einzelnen Paketes in der Paketliste wird die Detailansicht für dieses Paket aktualisiert. Diese übersetzt alle Paketinformationen in lesbare Angaben und hebt beispielsweise CRC-Fehler oder Längenfehler innerhalb der Pakete farbig hervor.

Bei der Konzipierung der Software wurde Wert darauf gelegt, eine einfache Erweiterbarkeit zu ermöglichen. Dies wurde durch die Nutzung eines Erweiterungskonzepts auf Basis von Plugins realisiert. Damit lässt sich die Unterstützung neuer Protokolle einfach nachrüsten. Dazu muss die Grundapplikation nicht neu übersetzt werden. Es reicht also, die Bibliotheksdatei des neuen Protokolls in das Erweiterungsverzeichnis zu kopieren. Nach einem Neustart wird die Erweiterung automatisch geladen und steht dem Anwender zur Verfügung.

Ist keine Erweiterung ausgewählt bietet die Anwendung den Funktionsumfang einer üblichen Terminalsoftware. Wählt der Anwender jedoch ein Protokoll aus, so werden die Kommunikationsdaten automatisch analysiert und in eine lesbare Form übersetzt.

Außer für das BSN-Modem-Protokoll (siehe Abb. 3.13) existieren momentan Erweiterungen für das Binärprotokoll des XBee-Moduls [56] und für das IEEE802.15.4-Protokoll des Funkchips Atmel ATmega128RFA1 [20].

3.4.2. Programmiersoftware

Wie schon im Abschnitt 3.3.1 beschrieben, ist es wünschenswert, die Firmware des Funkmoduls auch ohne speziellen Programmieradapter und Entwicklungswerkzeuge aktualisieren zu können. Dies ist durch das Zusammenspiel aus dem Bootloader der Firmware und einer Anwendungssoftware auf dem PC möglich.

Zu diesem Zweck wurde die Programmiersoftware *UARTFlasher* entwickelt. Ein Bildschirmfoto der Anwendung ist in Abbildung 3.18 dargestellt. Die Software kommuniziert über eine serielle Schnittstelle direkt mit dem Bootloader und kann so verschiedene Aufgaben ausführen. Hauptaufgabe ist das Ersetzen der aktuellen Firmware durch neue Versionen. Die neue Firmware muss dazu als Datei im Binärformat (»`Raw Binary`«) vorliegen. Dieses Format enthält die Firmware exakt so, wie sie später in den Flash des Prozessors geschrieben wird. Die Anwendung

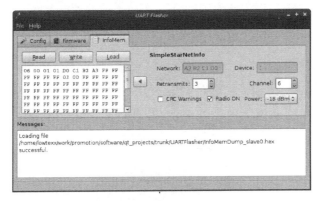

Abbildung 3.18.: Bedienoberfläche der Programmiersoftware *UARTFlasher*.

überspringt dabei jeweils die ersten 1024 Byte, die den Bootloader enthalten, um zu verhindern, dass dieser durch eine möglicherweise defekte Version überschrieben wird.

Weiterhin besteht mit dieser Anwendung die Möglichkeit, den 128 Byte großen Konfigurationsspeicher des Prozessors über die serielle Schnittstelle auszulesen, zu verändern und zurückzuschreiben. Somit können verschiedene Einstellungen wir Kanal, Sendeleistung, Netzwerkadressen oder die Anzahl der Übertragungsversuche komfortabel und schnell direkt in einer Bedienoberfläche am PC vorgenommen werden.

3.4.3. Evaluationssoftware

Das Testen auf Fehlerfreiheit ist eine der wichtigsten aber auch zeitaufwendigsten Aufgaben bei der Entwicklung von Software. Dies gilt insbesondere für die Firmwareentwicklung auf eingebetteten Geräten wie dem Funkmodul. Bedingt durch die beschränkten Ressourcen bezüglich Arbeitsspeicher und Rechenleistung findet die Entwicklung auf einer sehr niedrigen Systemebene (Bootloader, Pointerarithmetik, Optimierungen, etc.) statt. Beispielsweise existieren hier keine Speicherschutzmechanismen, wie sie durch leistungsfähige Prozessoren und moderne Betriebssysteme zur Verfügung gestellt werden. So kann es etwa leicht vorkommen, dass durch Fehler in der Programmabarbeitung ungewollt Speicherbereiche überschrieben werden. Derartige Fehler bleiben häufig für eine lange Zeit unbemerkt, da sie sich nicht immer direkt auswirken.

Aus den vorher genannten Gründen ist es nicht ausreichend, nur diejenigen Funktionen zu testen, die aktuell implementiert oder verändert werden. Nach größeren Änderungen sollte jeweils die komplette Funktionalität verifiziert werden. Nur so kann eine hohe Qualität der Firmware sichergestellt und Fehler und deren Ursachen möglichst früh im Entwicklungsprozess erkannt werden.

Ausführliche Tests sind jedoch sehr zeitaufwendig, vor allem, wenn diese durch den Entwickler händisch ausgeführt werden müssen. Die in Abschnitt 3.4.1 vorgestellte Software (*StarNetworkTerminal*) unterstützt den Tester durch vordefinierte Befehle, die automatische Interpretation des Protokolls und eine Umwandlung der Kommunikation in eine lesbare Form. Das Durchführen

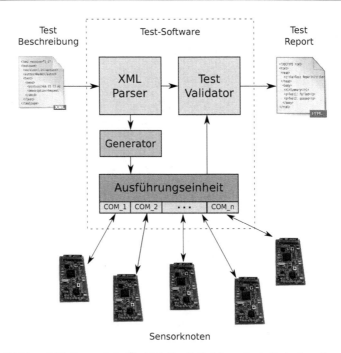

Sensorknoten

Abbildung 3.19.: Systematischer Überblick über die Funktionsweise der Evaluationssoftware.

von Tests und die Interpretation der Ergebnisse muss damit trotz allem manuell vorgenommen werden.

Hier bietet es sich an, die verschiedenen Tests zu automatisieren und in eine Software für den PC auszulagern. Ausgehend von diesen Überlegungen wurde im Rahmen dieser Arbeit eine Evaluationssoftware konzipiert und umgesetzt. Auf das zugrundeliegende Konzept wird im folgenden Abschnitt eingegangen.

3.4.3.1. Konzept

In Abbildung 3.19 ist das Prinzip der Evaluationssoftware schematisch dargestellt. Als Eingabe erhält die Testsoftware eine Beschreibung der durchzuführenden Tests. Die Ausgabe besteht in einem ausführlichen Bericht über die durchgeführten Tests und deren Ergebnisse in menschenlesbarer Form. Die Ansteuerung der Hardware, Durchführung der Tests und die Verifikation der Ergebnisse wird dabei grundsätzlich durch die Software vorgenommen. Das Konzept setzt also eine einfache Variante von *Hardeare-In-The-Loop*-Tests (HIL) für reale Funkmodule um, die zusätzlich zu den formalen Prüfungen (statische Code-Analyse) durchgeführt werden.

Die zu testenden Hardwaremodule kommunizieren in der Regel über UART, SPI oder I2C mit einem Mikrocontroller. Für die Durchführung der Tests ist es aber deutlich einfacher und effizienter, die Ansteuerung der Module durch einen PC vorzunehmen. Daher werden die Baugruppen mit Hilfe von Seriell-Zu-USB-Wandlerschaltkreisen an einen PC angeschlossen und können über virtuelle Schnittstellen von Programmen angesprochen werden.

Der Vorteil des hier beschriebenen Ansatzes besteht darin, dass die Testsoftware nicht mehr spezifisch für eine einzelne Hardware geschrieben wird. Vielmehr kann diese verwendet werden, um eine Vielzahl von Hardwarekomponenten zu prüfen. Dazu müssen lediglich entsprechend angepasste Testbeschreibungen vom Tester erzeugt werden. Die Algorithmen zur Ansteuerung der Hardware, zur Verifikation der Ergebnisse und zum Erzeugen der Ergebnisberichte sind hier immer gleich und bereits in der Testumgebung umgesetzt.

Die Testsoftware wurde speziell für Hardwaremodule entwickelt, deren Ansteuerungsschnittstelle auf dem *Command-Response-Verfahren* mit einem Binärprotokoll basiert. Das bedeutet, es wird ein Kommando an das Modul gesendet und eine spezifische Antwort erwartet. Eine Erweiterung der Software zur Unterstützung von AT-Kommandos, wie sie bei vielen Bluetooth-Modulen gängig sind, ist mit geringem Aufwand möglich.

Zur Beschreibung der Testfälle werden XML-Dateien verwendet. XML (*eXtensible Markup Language*) ist eine Auszeichnungssprache, die zum plattformunabhängigen Austausch von Informationen verwendet wird. Der Einsatz dieser Sprache bietet sich für die Beschreibung der Testfälle besonders an, weil darin enthaltenen Daten sowohl menschen- als auch maschinenlesbar sind. Eine XML-Datei enthält per Definition nur Text, keine Binärdaten, und stellt durch die klare hierarchisch organisierte Struktur sicher, dass die Informationen auch von einem menschlichen Leser problemlos verstanden werden. Zum Interpretieren der Dateien in Software gibt es verschiedene XML-Parser, die den Entwicklungsaufwand in Grenzen halten.

3.4.3.2. Formatbeschreibung der Testfälle

Das Format der Testfall-Dateien soll anhand von Listing 3.1 erläutert werden. Die einzelnen Beschreibungselemente sind in Tabelle 3.9 zusammengefasst. Die Einrückung vor dem Tag[4] spiegelt dabei seine Hierarchieebene wieder. Der im Listing beschriebene Testfall demonstriert die Abfrage der Rolle (Master oder Slave) eines Gerätes im Netzwerk. Das Tag `<testcase>` kennzeichnet den Beginn und das Ende eines Testfalls. Ein Testfall besteht aus einer Sequenz der Tags `<testname>`, `<target>`, `<version>`, `<autor>`, `<description>`, `<date>` und `<test>`. Bis auf `<test>` muss jedes Tag exakt einmal auftreten.

Dabei steht `<testname>` für einen eindeutigen Namen des Testfalls und `<target>` für die Zielhardware, für die der vorliegende Testfall vorgesehen ist. Dies ist wichtig, weil ein Testfall im Allgemeinen für eine spezifische Hardware und ein Protokoll vorgesehen ist. Das Tag `<description>` ist eine ausführliche verbale Beschreibung, die den Anwender darüber informiert, was in dem aktuellen Testfall überprüft wird. Die Tags `<author>`, `<version>` und `<date>` haben nur informativen Charakter und stehen für den Autor, die Version und das Datum der letzten Änderung des Testfalls.

`<test>` charakterisiert den eigentlichen Test, also die Aufgabe, die von der Testsoftware ausgeführt werden soll. Ein Testfall kann aus mehreren einzelnen Tests bestehen. Dies ist sinnvoll,

---

[4]Ein Tag bezeichnet in XML ein in spitze Klammern eingeschlossenes Kürzel zur Auszeichnung bzw. Klassifikation von Textelementen.

Listing 3.1: Beispiel eines Testfalles zur Abfrage der Rolle des Gerätes.

```
<testcase>
  <testname>Role Request Master</testname>
  <target>SimpleStarNet</target>
  <author>Andreas Weder</author>
  <version>0.1</version>
  <description>Test if the device is a master device.</description>
  <date>2008-09-09</date>
  <test>
    <send>
      <protocol>AA 05 03 A2 AB</protocol>
      <description>Request the device role.</description>
    </send>
    <receive>
      <protocol>AA 06 83 A2 00 2A</protocol>
      <description>Master's Role Response</description>
    </receive>
  </test>
</testcase>
```

wenn in einem Testfall mehrere zusammengehörige Parameter verifiziert werden sollen. Beispielsweise wird so verfahren, um für die Funkfirmware nacheinander Befehle zur Sendeleistungseinstellungen abzuschicken und anschließend abzufragen, ob die Einstellungen korrekt vorgenommen wurden.

Ein einzelner Test besteht immer aus einem zu sendenden Befehl und einer oder mehreren Antworten vom Testobjekt. Diese werden in der Testbeschreibung mit `<send>` und `<receive>` gekennzeichnet. Diese sind wiederum aus den Tags `<protocol>`, `<description>` und `<device>` aufgebaut.

Der eigentliche Befehl, der gesendet oder empfangen wird, steht als hexadezimale Zeichenkette innerhalb der `<protocol>`-Tags. Weil ein solches Kommando von einem menschlichen Leser kaum verstanden wird, existiert eine verbale Beschreibung des Befehls innerhalb der `<description>`-Tags. Die Angabe von `<device>` ist nur notwendig, wenn Tests mit mehreren Geräten ausgeführt werden. Dies ist beispielsweise der Fall, wenn überprüft werden soll, ob die Übertragung eines Datenpakets vom Slave an den Master korrekt funktioniert. Das Kommando zum Senden eines Datenpaketes muss dann an das Slave-Gerät gesendet werden. Erwartet wird der Empfang des Paketes beim Master-Gerät und eine Sendebestätigung am Slave-Gerät. Die einzelnen Befehle müssen also dazu mit *<device>Master</device>* oder *<device>Slave</device>* gekennzeichnet werden. Die Zuordnung des frei wählbaren Gerätenamens zu einem seriellen Port geschieht anschließend in der Testsoftware durch den Tester.

Für die Definition des Aufbaus einer Testfalldatei wurde ein eigenes XML-Schema erstellt. XML-Schema [246] ist eine Empfehlung des *World Wide Web Consortium* (W3C) zur Beschreibung eines maschinenlesbaren Regelwerks für die Definition der Strukturen von XML-Dateien. Das XML-Schema der Testbeschreibung ist in der Datei `testcases.xsd` (siehe Anhang C.1) definiert. Ein wichtiger Vorteil bei der Verwendung von XML-Schema besteht darin, dass sich damit die formale Korrektheit einer Testbeschreibung (XML-Datei) nachweisen lässt. Dieser

Tabelle 3.9.: XML-Tags zur Beschreibung von Testfällen.

Tag	Beschreibung
`<testname>`	Name des Testfalls als Zeichenkette
`<target>`	Name der Zielhardware als Zeichenkette
`<author>`	Name des Autors als Zeichenkette
`<description>`	Beschreibung des Testfalls als Zeichenkette
`<version>`	Versionskennung des Testfalls als Zeichenkette
`<date>`	Datum der letzten Änderung im Format yyyy-mm-dd
`<test>`	Beschreibung eines einzelnen Tests
`<send>`	Beschreibung des zu sendenden Befehls
`<receive>`	Beschreibung der erwarteten Antwort
`<protocol>`	Beschreibung von Befehl/Antwort als hexadezimale Zeichenkette
`<description>`	Verbale Beschreibung von Befehls oder Antwort als Zeichenkette
`<device>`	Name der Zielhardware

Nachweis erfolgt durch eine Validierung der Testbeschreibung gegen das XML-Schema. Für eine schnelle Prüfung lässt sich beispielsweise der Online-Validierer *XMLValidator* [224] einsetzten.

3.4.3.3. Umsetzung und Anwendung

Die eigentliche Evaluationssoftware *BlackBoxTester* ist eine, unter Nutzung des QT-Frameworks, in C++ geschriebene PC-Software. Die Testfälle werden in der Anwendung, dargestellt in Abbildung 3.20, in Form von XML-Dateien geladen. Neben einzelnen Testfällen lassen sich auch ganze Testfallsammlungen ausführen.

Sind verschiedene Geräte in einen Test involviert, muss in den Programmeinstellungen einmalig eine Zuordnung der Gerätenamen (`<device>`-Tags) zu einer physikalisch vorhandenen Schnittstelle vorgenommen werden. Die Einstellungen werden gespeichert und stehen bei einem erneuten Programmstart automatisch zur Verfügung.

Die Abarbeitung der verschiedenen Tests erfolgt sequentiell, indem die vorgegebenen Befehle an die entsprechenden Geräte gesendet und die Reaktionen darauf aufgezeichnet werden. Im Anschluss daran vergleicht die Anwendung die empfangenen Antworten mit den erwarteten und generiert Testberichte in Form von HTML-Seiten. Zwei Ausschnitte aus solchen Ergebnisberichten sind in Abb. 3.21 abgebildet.

Obwohl die Beschreibung der Testfälle in XML gut lesbar und leicht verständlich ist, ist das Verfassen dieser in einem normalen Texteditor mit einigem Arbeitsaufwand verbunden. Um diese Arbeiten zu vereinfachen, wurde zusätzlich eine Anwendung zum Erstellen und Editieren von Testfällen geschaffen. Ein Bildschirmfoto dieser Anwendung ist in Abbildung 3.22 dargestellt.

Mit Hilfe dieser Applikation lassen sich Testfälle schnell und einfach erstellen und verändern. Alle Eingaben des Anwenders werden automatisch auf Korrektheit überprüft. Somit wird sichergestellt, dass ein Testfall vollständig der XSD-Definition entspricht und keine formalen Fehler enthält.

Abbildung 3.20.: Bildschirmfoto der Evaluationssoftware.

3.5. Strommessung zur Charakterisierung von Transceiverschaltkreisen

3.5.1. Vorgehensweise

Um eine energetische Optimierung der Datenübertragungsalgorithmen vornehmen zu können, ist es unerlässlich, die Leistungsaufnahme der Transceiverbaugruppe im Betrieb zu kennen. Für eine grobe Orientierung lassen sich die Angaben der Hersteller aus den Produktspezifikationen verwenden. Die vorhandenen Angaben sind jedoch häufig nicht vollständig oder ungenau. Daher ist es sinnvoll die Leistungsaufnahme messtechnisch zu erfassen.

Bei der hier eingesetzten High-Side-Strommessung wird ein kleiner Widerstand (Shunt) in den Stromversorgungszweig des zu messenden Schaltungsteils platziert. Der durch den Widerstand fließende Strom verursacht eine Spannungsdifferenz die sich geeignet verstärken und messen lässt. Um den Einfluss der Messschaltung auf die Last zu minimieren, sollten die Eingänge der Messverstärker einen sehr hohen Eingangswiderstand aufweisen. Weiterhin sollte auch der Sensorwiderstand möglichst klein gewählt werden, um die Versorgungsspannung der Last nur geringfügig zu verringern.

Abbildung 3.23a zeigt eine verwendete Schaltung zur Strommessung mit dem Instrumentierungsverstärker MAX4194 [145]. Das Ergebnis einer solchen Messung, für die ein Datenpaket mit dem nRF24L01 übertragen und von der Gegenstelle bestätigt wurde, ist in Abbildung 3.23b dargestellt.

Test Case Report

Summary

Name	Passed Tests	Result
Role Request Master	1/1	passed
Master Address Request Test	1/1	passed
Set Role Test	1/1	passed
Build Date Request Test	1/1	passed
Network Address Test	3/3	passed
CRC Test	7/7	passed
RF Power Configuration Test	8/8	passed
Retransmit Configuration Test	10/10	passed
Set Channel Test	4/4	passed
Special Cases Test	4/4	passed
Check for errors	1/1	passed

Test Case Report

Summary

Name	Passed Tests	Result
Transmit 4 Byte Data Test	0/1	failed

Transmit 4 Byte Data Test

- **TestName:** Transmit 4 Byte Data Test
- **Target:** SimpleStarNet
- **Author:** Andreas Weder
- **Version:** 0.2
- **Date:** 2011-10-05
- **Description:** Communication test between a slave device and a master device.
- **Start Time:** Fr 07.10.2011 10:08:45
- **End Time:** Fr 07.10.2011 10:08:50

Role Request Master

- **TestName:** Role Request Master
- **Target:** SimpleStarNet
- **Author:** Andreas Weder
- **Version:** 0.1
- **Date:** 2008-09-09
- **Description:** Test if the device is a master device.
- **Start Time:** Fr 07.10.2011 10:03:08
- **End Time:** Fr 07.10.2011 10:03:09

Test	Action	Description	Device	Command	Result
(0)	Sent	Send 4 bytes.	Slave	0x[AA 09 01 66 D0 D1 D2 D3 9F]	
	Expected ACK		Slave	0x[AA 06 81 66 00 68]	
	Expected Receive 4 bytes		Master	0x[AA 0A 02 66 D0 D1 D2 D3 1D]	
	Received		Slave	0x[AA 06 81 66 E0 88]	failed

Passed 0 of 1 test(s).

Test	Action	Description	Device	Command	Result
(0)	Sent	Request the device role.	default	0x[AA 05 03 A2 AB]	
	Expected Master's Role Response		default	0x[AA 06 83 A2 00 2A]	
	Received		default	0x[AA 06 83 A2 00 2A]	passed

Passed 1 of 1 test(s).

(a) Einzeltest mit gefundenem Firmware-Fehler.   (b) Erfolgreich ausgeführte Testfallsammlung.

Abbildung 3.21.: Beispiele der Protokolle als Ergebnis durchgeführter Evaluationsversuche.

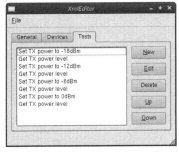

(a) Überblick über vorhandene Tests des Testfalls   (b) Dialog zur Durchführung von Änderungen an einzelnen Tests

Abbildung 3.22.: Bildschirmfoto der Anwendung zum Erzeugen und Verändern der Testfall-Dateien.

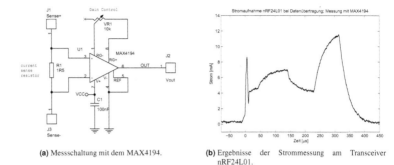

(a) Messschaltung mit dem MAX4194.

(b) Ergebnisse der Strommessung am Transceiver nRF24L01.

Abbildung 3.23.: Schaltung und Ergebnisse zur Messung der Stromaufnahme mit dem Instrumentierungsverstärker MAX4194.

Anhand dieser Messung wird deutlich, dass die vorgestellte Messschaltung für die exakte Bestimmung des Energieumsatzes nicht geeignet ist. Die Bandbreite und die Anstiegszeit des Verstärkers sind für eine genaue Messung der schnellen Änderungen im Stromverbrauch des Transceivers zu gering.

Abbildung 3.24 zeigt die Ergebnisse der Strommessung einer alternativen Messschaltung mit dem Instrumentierungsverstärker INA118 [212]. Dieser Schaltkreis wird in der Automobilelektronik häufig zur Strommessung eingesetzt. Auch diese Schaltung ist für eine genaue Energiemessung an ULP-Transceivern nicht geeignet, weil ein sehr starkes Überschwingen zu beobachten ist. In Kalibrierungsversuchen konnte weiterhin nachgewiesen werden, dass die Schaltung im gesamten Messbereich unter 2.5 mA eine konstante Ausgangsspannung liefert. Dadurch ist die Nulllinie verschoben und eine exakte Messung innerhalb diese Bereiches nicht möglich.

Die Messungen des Transceiver-Betriebsstroms sollen auch als Grundlage für spätere Simulationen dienen. Aufgrund der schlechten Ergebnisse mit den ersten Messschaltungen wurde das Messprinzip auf eine hochauflösende differentielle Spannungsmessung mit Hilfe einer Datenerfassungskarte für den PC umgestellt. Das verwendete Messsystem ist in Abbildung 3.25a dargestellt. Der in den Transceiver fließende Strom wird dabei über einen Präzisionswiderstand (z.B. 1 Ohm) in eine Spannung umgewandelt. Die Spannungsdifferenz über den Widerstand wird über die differentiellen Eingänge der Datenerfassungskarte in hoher Auflösung digitalisiert und an den PC übertragen. Konkret wurde für die Messungen die USB-Datenerfassungskarte USB-6251 [163] von National Instruments eingesetzt. Sie bietet eine maximale Samplingrate von 1.25 MSamples/s bei einer Auflösung von 16 Bit.

Das Ergebnis einer solchen Strommessung am nRF24L01 ist in Abbildung 3.25b dargestellt. Für diesen Versuch wurde die Übertragung eines Datenpakets mit einer Nutzdatenlänge von fünf Byte bei einer Sendeleistung von -18 dBm aufgezeichnet. Der korrekte Empfang des Datenpaketes wurde anschließend von der Gegenstelle durch ein ACK-Paket bestätigt. Zu erkennen ist ein charakteristischer Verlauf der Stromaufnahme über die Zeit, der in dieser Form für alle Datenübertragungen zu beobachten ist. Die gewonnen Messergebnisse stimmen sehr genau mit der differentiellen Referenzmessung am Oszilloskop überein. Das vorgestellte Messsystem ist

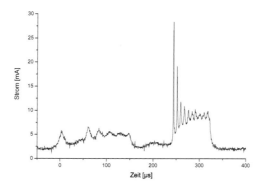

Abbildung 3.24.: Ergebnis der Strommessung an einem nRF24L01 mit Hilfe des INA118.

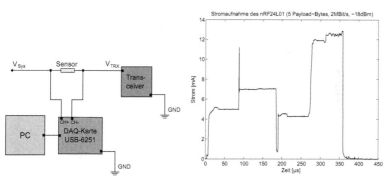

(a) Messsystem zur präzisen Strommessung mit einer Datenerfassungskarte.

(b) Ergebnis einer Strommessung für den Transceiverschaltkreis nRF24L01.

Abbildung 3.25.: Messsystem und Beispielmessung zur Erfassung der Stromaufnahme eines Funkschaltkreises mit Hilfe einer hochauflösenden Datenerfassungskarte.

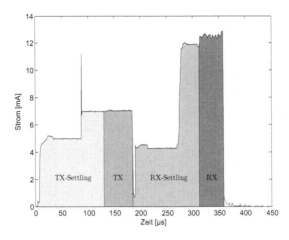

Abbildung 3.26.: Die Abbildung zeigt das typische Stromaufnahmeprofil des nRF24L01 während der Übertragung von Daten. Darin sind die Betriebszustände des Transceivers gekennzeichnet.

somit sehr gut geeignet, die Stromaufnahme eines Transceiverschaltkreises messtechnisch zu erfassen.

3.5.2. Strommessungen am Beispiel des nRF24L01

Ziel der Messungen ist es, mit Hilfe der Ergebnisse ein möglichst vollständiges Energiemodell des Transceiverschaltkreises zu erstellen. Dazu müssen unter anderem folgende Fragen beantwortet werden:

- Wie sieht das Stromaufnahmeprofil für das Senden und Empfangen eines einzelnen Datenpaketes aus?

- Wie stabil verhält sich der Transceiver bei wiederholter Datenübertragung?

- Wie verändert sich die Stromaufnahme bei Übertragung von Datenpaketen unterschiedlicher Länge?

- Welchen Einfluss haben die verschiedenen Konfigurationsparameter wie Datenrate, Adresslänge oder Anzahl der CRC-Bytes?

- Wie verhält sich die Stromaufnahme bei den unterschiedlichen Einstellungen zur Sendeleistung?

- Welchen Einfluss hat die Versorgungsspannung auf den Energiebedarf?

Um diese Fragen zu klären, wurde eine Vielzahl von Messungen in unterschiedlichen Szenarien und mit geänderten Konfigurationseinstellungen vorgenommen. Einen Überblick über die verschiedenen internen und externen Konfigurationsparameter des verwendeten Transceivers kann

Tabelle 3.10.: Überblick über interne und externe Konfigurationsparameter des nRF24L01.

Parameter	Einheit	Wertebereich	Beschreibung
V_{sys}	V	$[1.9 - 3.6]$	Versorgungsspannung des Systems
n_{crc}	Byte	$[1, 2]$	Anzahl der CRC-Bytes
n_{adr}	Byte	$[3, 4, 5]$	Anzahl der Adressbytes
n_{pl}	Byte	$[1 - 32]$	Anzahl der Nutzdatenbytes
R	Mbit/s	$[1, 2]$	Datenrate
P	dBm	$[-18, -12, -6, 0]$	Sendeleistung

Tabelle 3.10 entnommen werden. Die gewonnen Daten wurden anschließend mit eigens für die Software MATLAB [144] entwickelten Script-Programmen ausgewertet.

Die Versuche verwenden die in Abschnitt 3.2.5.2 vorgestellten Prototypen der BSN-UniNode-Hardware als Sender und Empfänger. Ein Stecker zum Einschleifen des Sensorwiderstands in den Stromversorgungspfad ist bereits in der Schaltung vorgesehen. Die Aufzeichnung der Messung wird automatisch zum Beginn der Übertragung durch den Prozessor der Senderbaugruppe über eine spezielle Signalleitung gestartet.

Im Stromaufnahmeprofil der Messung konnten die einzelnen Betriebszustände des Schaltkreises identifiziert werden. In Abbildung 3.26 sind die einzelnen Phasen im Messergebnis des vorher beschriebenen Beispiels farblich markiert. In der Phase TX werden Daten gesendet, in der Phase RX ist der Empfänger aktiviert. Vor diesen aktiven Betriebszuständen gibt es jeweils einen Übergangszustand (TX-Settling, RX-Settling), der notwendig ist, um die Oszillatoren zu starten und die PLL zu stabilisieren.

In verschiedenen Experimenten wurde anschließend untersucht, welchen Einfluss die einzelnen Konfigurationsparameter und Betriebszustände des Transceivers auf die Stromaufnahme haben. Auf die wichtigsten Versuche wird im Folgenden eingegangen.

Für den hier verwendeten Transceiver lassen sich als Sendeleistung -18 dBm, -12 dBm, -6 dBm und 0 dBm einstellen. Abbildung 3.27 zeigt Ergebnisse von identischen Versuchen, bei welchen jeweils nur die Sendeleistung variiert wurde. Anhand dieser Darstellung wird deutlich, dass die Sendeleistung nur einen Einfluss auf die Bereiche TX-Settling und TX hat. Auf die Phasen RX-Settling und RX hat die Ausgangsleistungseinstellung erwartungsgemäß keinen Einfluss.

In einem weiteren Versuch wurde die Abhängigkeit des Stromprofils von der Menge der zu übertragenden Nutzdaten analysiert. Abbildung 3.28a zeigt, dass die Länge der Übertragungsphase linear von der Nutzdatenmenge abhängig ist. Die Dauer aller anderen Phasen wird nicht beeinflusst (s. Abb. 3.28b).

Die gemessenen Zeitdauern der Übertragungsphase und die theoretisch Dauer der Datenübertragung laut Betriebsanleitung [170, S. 38] sind in Tabelle 3.11 angegeben. Pro gesendetes Nutzdatenbyte verlängert sich die Übertragungsphase wie erwartet um 8 μs oder 4 μs bei Übertragungsraten von 1 MBit/s oder 2 MBit/s. Zwischen der gemessenen Dauer der Übertragungsphase und der theoretischen Übertragungszeit gibt es jedoch in allen Fällen eine undokumentierte Abweichung von etwa 4 μs bzw. 2 μs. Die genaue Ursache dieser Abweichung lässt sich nicht eindeutig aus den Messungen aufklären. Möglicherweise werden noch vier zusätzliche Bits übertra-

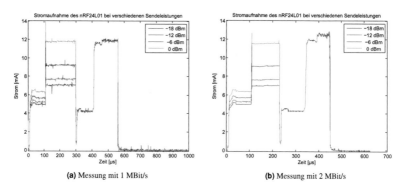

(a) Messung mit 1 MBit/s

(b) Messung mit 2 MBit/s

Abbildung 3.27.: Strommessung bei verschiedenen Sendeleistungen.

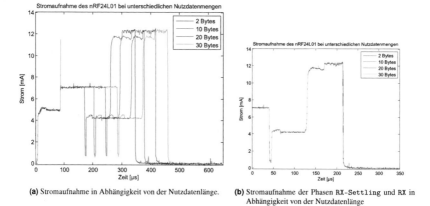

(a) Stromaufnahme in Abhängigkeit von der Nutzdatenlänge.

(b) Stromaufnahme der Phasen RX-Settling und RX in Abhängigkeit von der Nutzdatenlänge

Abbildung 3.28.: Auswertung der Messungen mit verschiedener Nutzdatenlänge.

Tabelle 3.11.: Vergleich der Dauer der TX-Phase mit der theoretischen Datenübertragungszeit.

Nutzdaten	Dauer TX-Phase		Übertragungsdauer		Abweichung	
[Byte]	1 MBit/s [μs]	2 MBit/s [μs]	1 MBit/s [μs]	2 MBit/s [μs]	1 MBit/s [μs]	2 MBit/s [μs]
2	84.8	42.4	81	40.5	3.8	1.9
10	148.8	74.4	145	72.5	3.8	1.9
20	228.8	114.4	225	112.5	3.8	1.9
30	308.8	154.4	305	152.5	3.8	1.9

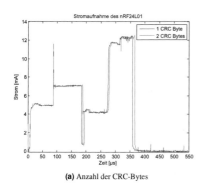 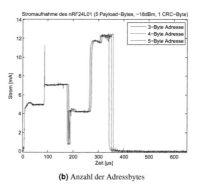

(a) Anzahl der CRC-Bytes   (b) Anzahl der Adressbytes

Abbildung 3.29.: Vergleich der Stromprofile bei Variation von Protokollparametern.

gen oder der Transceiver führt vor bzw. nach der eigentlichen Übertragung noch weitere Operationen aus. Auch die Empfangsphase ist um 15.2 μs (12.2 μs) bei 1 MBit/s (2 MBit/s) länger als nach der Herstellerdokumentation erwartet. Auch hier spielen die zusätzlichen Übertragungszeiten der ACK-Pakete eine Rolle. Der Großteil der Verzögerung entsteht aber vermutlich durch interne Verarbeitungsschritte. Die Ausbreitungszeit spielt bei einer Luftstrecken von 1 m mit einer Dauer von 3.3 ns dabei noch keine Rolle.

Der Transceiver lässt sich so konfigurieren, dass er zwischen drei und fünf Adressbytes und ein oder zwei CRC-Bytes verwendet (vgl. Betriebsanleitung [170]). Durch weitere Messungen wurden daher der Einfluss der Anzahl der Adressbytes und die Anzahl der CRC-Bytes auf die einzelnen Phasen der Übertragung ermittelt. Die Ergebnisse dieser Messung sind in Abbildung 3.29 dargestellt. Bei dem für Abbildung 3.29a durchgeführten Versuch wurde die Anzahl der CRC-Bytes von einem auf zwei verändert. Es wird ersichtlich, dass sich lediglich die Dauer der Phasen TX und RX ändert. Jede Phase verlängert sich dabei entsprechend der Übertragungsrate genau um die erwarteten 4 μs bzw. 8 μs. In gleicher Weise verhalten sich die in Abbildung 3.29b dargestellten Zeitdauern der Phasen TX und RX bei Variation der Adresslänge.

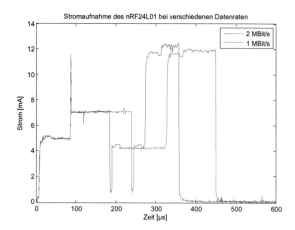

Abbildung 3.30.: Vergleich der Stromprofile bei unterschiedlichen Datenraten.

Tabelle 3.12.: Vergleich der Stromaufnahme zwischen Spezifikation und Messung.

Zustand	Spezifikation [mA]	Messung [mA]
TX-Settling (0/-6/-12/-18 dBm)	8.0	7.7/6.5/5.7/5.4
RX-Settling	8.4	6.4
RX (1/2 MBit/s)	11.8/12.3	11.9/12.3
TX (0/-6/-12/-18 dBm)	11.3/9.0/7.5/7.0	11.7/9.2/7.7/7.1

Vergleicht man Übertragungen mit einer Datenrate von 1 MBit/s und 2 MBit/s (Abb. 3.30), lässt sich feststellen, dass die Datenraten nur einen Einfluss auf die Dauer der Phasen TX und RX haben. Die absolute Stromaufnahme ändert sich während der TX-Phase nicht, jedoch während der RX-Phase. Für das Empfangen von Daten bei der höheren Datenrate wird mehr Energie benötigt. Die beiden Übergangsphasen sind vollkommen unabhängig von der gewählten Datenrate. Die Ergebnisse unterscheiden sich weder in der Dauer noch in der absoluten Stromaufnahme.

Die Messungen der Stromaufnahme bei Variation der Eingangsspannung (siehe Abb. 3.31) zeigen ein weiteres interessantes Verhalten: Die Stromaufnahme verändert sich kaum, wenn die Eingangsspannung variiert wird. Eine sehr einfache Maßnahme zur Reduktion des Energiebedarfs ist also die Reduktion der Versorgungsspannung.

3.5.3. Zusammenfassung der Messergebnisse

Zusammenfassend lässt sich zu den einzelnen Phasen einer Übertragung mit dem nRF24L01 folgendes feststellen:

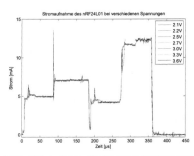

(a) Vergleich der Stromprofile für mehrere Eingangsspannungen

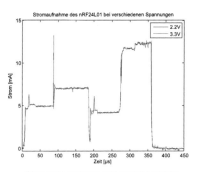

(b) Vergleich des Stromprofils bei 2.2V und 3.3V

Abbildung 3.31.: Vergleich der Stromprofile bei Variation der Versorgungsspannung.

Die Phase TX-Settling hat eine feste Dauer von 130 μs, die Stromaufnahme ist unabhängig von der Nutzdatenmenge, der Anzahl der CRC- und Adressbytes und der Übertragungsgeschwindigkeit. Der Durchschnittsstrom ändert sich lediglich mit der eingestellten Ausgangsleistung.

Die Stromaufnahme während der Phase TX hängt nur von der gewählten Ausgangsleistung ab. Ihre Dauer ist abhängig von der Datenrate, der Anzahl der CRC- und Adressbytes und der Nutzdatenmenge.

Die Phase RX-Settling hat erneut eine feste Dauer von 130 μs, die Stromaufnahme ist unabhängig von der Nutzdatenmenge, der Anzahl der CRC- und Adressbytes, der Übertragungsgeschwindigkeit und der Ausgangsleistung.

Die Phase RX wird durch den Empfang des Bestätigungspaketes bestimmt. Daher haben die gewählte Anzahl der CRC- und Adressbytes im Netzwerk sowie die ACK-Nutzdaten einen Einfluss auf die Dauer. Zusätzlich ist die Dauer der Phase um einen konstanten Wert verlängert. Der Absolutwert des Stromes wird lediglich durch die Datenrate bestimmt.

Ergebnis der Messung und Auswertung ist die Kenntnis der mittleren Stromaufnahme in jedem Betriebszustand des Transceivers. Diese mittleren Ströme sind in Tabelle 3.12 im Vergleich zu den Herstellerangaben der Spezifikation aufgelistet. Im Allgemeinen stimmen die gemessenen Werte sehr gut mit den Herstellerangaben überein. Der einzige gravierende Unterschied ist, dass die Stromaufnahme in der Phase TX-Settling entgegen der Herstellerangabe von der eingestellten Sendeleistung abhängt.

3.6. Ergebnisse

Um den Erfolg der Umsetzung eines besonders energieeffizienten BSN-Funkmoduls nachzuweisen, wurde die Stromaufnahme verschiedener Funkbaugruppen in zwei speziellen Anwendungsszenarien gemessen. Dafür fand erneut die USB-Datenerfassungskarte USB-6251 [163] Verwendung. Die Ausführungssteuerung und die Messdatenaufzeichnung wurde mit LabVIEW

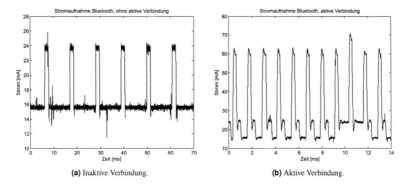

(a) Inaktive Verbindung.   (b) Aktive Verbindung.

Abbildung 3.32.: Stromaufnahme des Bluetooth-Moduls bei aktiver und inaktiver Verbindung.

realisiert, die anschließende Auswertung mit MATLAB [144]. Die verwendete Messsoftware ist im Anhang C.3 dargestellt. Im Gegensatz zu den vorherigen Strommessungen (vgl. Abschnitt 3.5) wird nun nicht mehr nur der Transceiver sondern das Funkmodul in seiner Gesamtheit betrachtet.

3.6.1. Szenario I: Periodische Sensordatenübertragung

Betrachtet wird als erstes ein typischer Anwendungsfall für drahtlose Körpernetzwerke: die periodische Datagramm-Übertragung. Dabei wird zu äquidistanten Zeitpunkten ein Messwert vom Sensor an eine Gegenstelle übertragen. Bei den hier durchgeführten Experimenten wurde die Nutzdatenrate jeweils konstant gehalten und die Pausenzeiten zwischen den einzelnen Übertragungen variiert. So resultiert beispielsweise die Übertragung eines Nutzdatenbytes jede Sekunde oder 10 Byte alle 10 Sekunden in der gleichen Nutzdatenrate. Die Versuche unterscheiden sich jedoch in der Latenz. Durch das Speichern und gemeinsame Übertragen von Daten lässt sich häufig der energetische Overhead des Protokolls reduzieren, wenn eine höhere Latenz in Kauf genommen werden kann.

Die Aufzeichnungen mit der Datenerfassungskarte wurden jeweils über fünf Minuten bei einer Abtastrate von 100 kSamples/s an einem Präzisionswiderstand (1 Ohm) vorgenommen. Aus allen Messwerten wurde der Mittelwert der Stromaufnahme bestimmt. Die Messungen wurden jeweils fünf Mal wiederholt und erneut gemittelt.

Als Vertreter von Bluetooth wurde das Modul Bluemod P25 [209] der Firma Stollmann eingesetzt. Dieses wurde an ein Experimentierboard mit MSP430F1611 angeschlossen. Eine einfache Firmware übernimmt die Ansteuerung und bildet eine periodische Sensordatenübertragung nach. Als Gegenstelle fungiert ein handelsüblicher PC der mit einem Bluetooth-Dongle ausgerüstet ist. Die empfangenen Daten werden direkt angezeigt und ausgewertet.

Abbildung 3.32a zeigt die Stromaufnahme des BT-Moduls, wenn keine aktive Verbindung besteht, das Modul jedoch im BT-Netz angemeldet ist. Die gemessenen Werte liegen bei etwa 16 mA mit regelmäßigen Stromspitzen auf etwa 24 mA. Die Mittlung über einen längeren Zeitraum ergibt eine durchschnittliche Stromaufnahme von 17.3 mA für diesen Fall.

Tabelle 3.13.: Mittlere Betriebsströme verschiedener Funkmodule im Szenario einer periodischen Sensordatenübertragung in verschiedenen Betriebsmodi.

Modul	Betriebsmodus	Datenmenge [Byte]	Intervall [s]	mittlerer Strom [mA]
BlueMod P25	Dauerverbindung	7	5	30.58
BlueMod P25	Dauerverbindung	14	10	30.57
BlueMod P25	Dauerverbindung	42	30	30.53
BlueMod P25	Wechsel in Befehlsmodus	7	5	30.61
BlueMod P25	Wechsel in Befehlsmodus	42	30	30.58
BlueMod P25	Verbindungsabbau	14	10	25.43
BlueMod P25	Verbindungsabbau	28	20	21.76
BlueMod P25	Verbindungsabbau	42	30	20.31
XBee	Normal	1	1	53.24
XBee	Normal	5	5	53.23
XBee	Normal	10	10	53.28
BSN-UniNode	Normal	1	1	0.461
BSN-UniNode	Normal	5	5	0.458
BSN-UniNode	Normal	10	10	0.457
BSN-UniNode	Normal	20	20	0.456
BSN-UniNode	Normal	30	30	0.456

Abbildung 3.32b zeigt hingegen die Stromaufnahme des BT-Moduls während einer aktiven Verbindung. Charakteristisch sind die hochfrequenten Stromspitzen auf über 60 mA. Der mittlere Strom während einer aktiven Verbindung beträgt 30.6 mA.

In Tabelle 3.13 sind die Ergebnisse der Strommessungen für verschiedene Nutzungsszenarien zusammengefasst. Im Modus *Dauerverbindung* bleibt die aktive Verbindung dauerhaft bestehen und Nutzdaten werden in verschiedenen Zeitintervallen gesendet. Die mittlere Stromaufnahme ist für alle Intervallzeiten nahezu identisch. In diesem Modus lässt sich also durch Zwischenspeichern und gemeinsames Versenden von Daten keine Energie sparen.

Zu dem gleichen Ergebnis kommen die Versuche im Modus *Wechsel in den Befehlsmodus*, bei welchem nach dem Abschicken von Nutzdaten im Datenmodus zurück in den Befehlsmodus gewechselt wird. Ein weiterer Nachteil ist, dass ein Wechsel zwischen den Modi ca. 4.5 s dauert. Kürzere Intervallzeiten als fünf Sekunden sind daher nicht möglich.

Im Modus *Verbindungsabbau* wurde die Verbindung nach Abschicken der Nutzdaten komplett getrennt. Abbildung 3.33 zeigt die Stromaufnahme eines Versuchs mit Wechsel zwischen aktiver und inaktiver Verbindung. Die Ergebnisse verdeutlichen, dass sich mit diesem Ansatz Energie einsparen lässt, wenn Nutzdaten gesammelt und gemeinsam übertragen werden. Auch hier benötigt der Auf- und Abbau der Verbindung mit 7.2 s sehr lange.

Anschließend wurde auch die Stromaufnahme von XBee-Modulen [56] im Datagramm-Szenario bei einer Ausgangsleistung von 0 dBm gemessen. Dafür wurden die über einen Schnittstellenwandler an einen PC angeschlossenen Module von einer einfachen Software angesteuert. Abbildung 3.34a zeigt die Stromaufnahme während der Übertragung eines einzelnen Datenpakets. Es lässt sich erkennen, dass die internen Transceiver so konfiguriert sind, dass der Empfänger dauerhaft aktiviert ist. Dies hat den Vorteil, dass ein solches Modul jederzeit Daten empfangen kann,

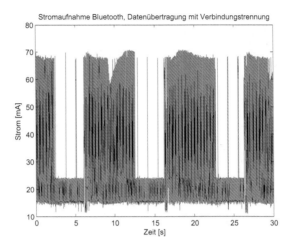

Abbildung 3.33.: Stromaufnahme des Bluetoothmoduls beim Wechsel zwischen aktiver und inaktiver Verbindung.

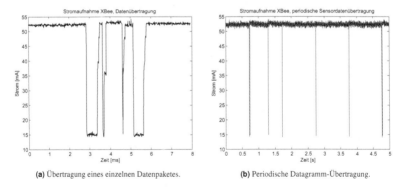

(a) Übertragung eines einzelnen Datenpaketes.　　　　(b) Periodische Datagramm-Übertragung.

Abbildung 3.34.: Stromaufnahme der XBee-Module.

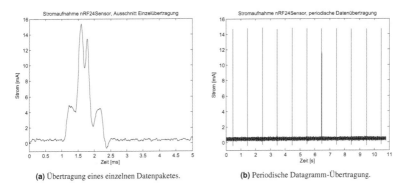

(a) Übertragung eines einzelnen Datenpaketes.

(b) Periodische Datagramm-Übertragung.

Abbildung 3.35.: Stromaufnahme der BSN-UniNode-Hardware.

resultiert aber auch in einem extrem hohen Stromaufnahme von etwa 53 mA im Wartezustand. Die Stromaufnahme sinkt kurzfristig auf ca. 15 mA wenn der Transceiverschaltkreis zwischen Empfangs- und Sendemodus umschaltet.

Die Ergebnisse verschiedener Übertragungsversuche mit unterschiedlichen Übertragungsintervallen können Tabelle 3.13 entnommen werden. Es wird deutlich, dass auch hier das Sammeln und gemeinsame Übertragen von Daten keinen signifikanten Einfluss auf die Stromaufnahme der Module hat, weil der normale Betriebsstrom die Energiebilanz dominiert. Die Messung in Abbildung 3.34b verdeutlicht dies am Beispiel einer sekündlichen Messwertübertragung.

Abschließend wurde das energetische Verhalten mit dem für diese Arbeit entwickelten Funksystem auf Basis der *BSN-UniNode*-Hardware und der BSN-Modem-Firmware in einem identischen Szenario evaluiert. Für die Ansteuerung der Module fand eine weitere PC-Software Anwendung. Dabei wurde die maximale Ausgangsleistung von 0 dBm gewählt, um die Vergleichbarkeit der Ergebnisse zu gewährleisten.

Abbildung 3.35a zeigt die Stromaufnahme bei der Übertragung eines einzelnen Pakets. Sie beträgt im Ruhezustand lediglich etwa 460 μA und steigt bei der Übertragung kurzfristig auf etwa 16 mA. Abbildung 3.35b stellt weiterhin die Stromaufnahme für das Szenario der sekündlichen Sensorwertübertragung dar. Die Ergebnisse der verschiedenen Messungen sind ebenfalls in Tabelle 3.13 angegeben. Auch hier zeigt sich, dass der Energieumsatz im Ruhezustand selbst bei diesen geringen Ruheströmen immer noch dominierend ist, und somit das Sammeln von Daten nicht in einer signifikanten Energiereduktion resultiert.

Ausgehend von der mittleren Stromaufnahme lässt sich jeweils die Betriebsdauer eines batteriebetriebenen Gerätes abschätzen. Dabei wird angenommen, dass ausschließlich das genannte Funkmodul mit dem Lithium-Polymer-Akkumulator Varta LPP-523450DL [234] mit einer Nennladung von 1000 mAh betrieben wird. Für das Bluetooth-Modul ergibt sich im günstigsten Fall (Verbindungsabbau) eine Nutzungsdauer von ca. 49 Stunden, im ungünstigsten Fall (Dauerverbindung) von 33 Stunden. Für das XBee-Modul kann von einer Nutzungsdauer von

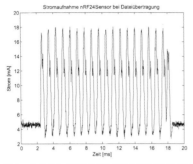

(a) Ausschnitt eines einzelnen 515-Byte-Blocks aus 18 Einzelpaketen.

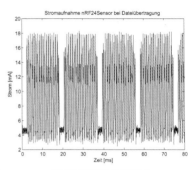

(b) Ausschnitt mit vier Blöcken.

Abbildung 3.36.: Die dargestellten Ausschnitte zeigen die Stromaufnahme des BSN-UniNode-Hardware bei einer Dateiübertragung.

etwa 19 Stunden in diesem Szenario ausgegangen werden. Das hier entwickelte Funksystem zeichnet sich hingegen durch eine erwartete Betriebsdauer von 2170 Stunden aus.

Die durchgeführten Messungen verdeutlichen, dass sich das hier entwickelte BSN-UniNode-Modul, im Gegensatz zu den anderen kommerziellen Funklösungen, ausgezeichnet als BSN-Funksystem eignet. Die notwendige Betriebsenergie beträgt nur einen Bruchteil der Energie zum Betrieb der Alternativlösungen. Auch lassen sich mit diesem Modul problemlos sehr kurze Intervallzeiten realisieren.

3.6.2. Szenario II: Dateiübertragung

Das zweite Szenario, eine zuverlässige Übertragung eine Binärdatei, ist eigentlich ein eher untypisches Anwendungsszenario für WBSNs. Es wurde aber ausgewählt, um als Extrembeispiel die Leistungsfähigkeit des Funksystems zu demonstrieren.

Zuerst wurde eine 1 MByte große Datei mit dem Bluetooth-Modul BlueMod P25 übertragen. Dabei fand der im vorherigen Abschnitt beschriebene Messaufbau Verwendung. Die Dauer der Übertragung wurde über einen Timer des Steuerprozessors gemessen. Nach Mittlung über fünf Messungen ergibt sich ein durchschnittlicher Betriebsstrom von 36.6 mA bei einer Übertragungsdauer von 122 Sekunden.

Das XBee-Modul wurde in diesem Szenario nicht getestet, weil bereits die langsamen Schnittstelleneinstellungen, eine hohe Paketverlustrate und der allgemein hohe Stromverbrauch sehr schlechte Ergebnisse erwarten lassen.

Für die entsprechenden Versuche mit der BSN-UniNode-Hardware wurde die in Abschnitt 3.3.2 beschriebene Spezialfirmware zur gesicherten Übertragung von SD-Karteninhalten eingesetzt. Abbildung 3.14 zeigt zwei Ausschnitte der Strommessung. Jeder Datenblock besteht aus 18 einzelnen Paketen. Die Pausen zwischen den einzelnen Blöcken sind notwendig, um die Korrektheit der Daten zu überprüfen und sie zu speichern.

Tabelle 3.14.: Notwendige Energie zur Übertragung einer 1 MByte großen Datei mit verschieden Funkmodulen.

Modul	Sendeleistung [dBm]	Dauer [s]	Strom [mA]	Energie [J]
BlueMod P25	4	122.0	36.6	14.7
BSN-UniNode	0	38.4	9	1.14
BSN-UniNode	-18	39.0	8	1.03

Die Ergebnisse sind in Tabelle 3.14 zusammengefasst. Für die Dateiübertragung bei einer Ausgangsleistung von 0 dBm ergibt sich eine Dauer von 38.4 s bei einer mittleren Stromaufnahme von 9 mA. Dabei ist zu beachten, dass die Übertragungsdauer im Wesentlichen von der Linkqualität abhängt. Es ist also entscheidend, wie viele Datenpakete oder ganze Blöcke erneut übertragen werden müssen. Für alle Experimente können, aufgrund des geringen Abstands von ca. 1.5 m, sehr gute Übertragungsbedingungen angenommen werden.

Geht man in diesem Szenario erneut von der Nutzung des Lithium-Polymer-Akkumulators LPP-523450DL aus, ergeben sich für die gesicherte Dauerübertragung von Binärdaten Laufzeiten von 27 Stunden (Bluetooth) und 111 Stunden (BSN-UniNode). Die während der Betriebszeit der Geräte übertragbare Datenmenge beträgt damit etwa 806 MByte (Bluetoth) bzw. 10246 MByte (BSN-UniNode).

Interessant ist auch das Ergebnis, dass sich für dieses konkrete Funkmodul die Energie zur Übertragung einer größeren Datenmenge schon unter guten Bedingungen bei der minimalen und maximalen Sendeleistung nur geringfügig unterscheidet. Bei schlechteren Bedingungen (größerer Abstand, Interferenzen) ist davon auszugehen, dass die notwendige Energie zur Dateiübertragung bei -18 dBm sogar größer ist, als bei 0 dBm. Dies ist der Fall, wenn sehr viele Pakete oder ganze Datenblöcke wiederholt übertragen werden müssen. Selbst aus energetischer Sicht kann es daher bei dieser Baugruppe sinnvoll sein, stets die höchste Ausgangsleistung zu verwenden. Ursache für den relativ geringen Einfluss der Sendeleistungseinstellung bei diesem Modul ist der relativ geringe Anteil der Sendephase an der Energiebilanz in Verbindung mit den relativ kurzen maximalen Paketlänge. Durch das fixe Protokoll muss somit recht häufig in Zustände gewechselt werden, die unabhängig von der Sendeleistungseinstellung sind.

Zusammenfassend kann festgestellt werden, dass das hier entwickelte Funksystem auch in diesem Szenario mit weniger als einem Zehntel der Energie auskommt, die das Vergleichsmodul benötigt.

4. Modellierung und Simulation

4.1. Motivation

Um Erkenntnisse über ein physikalisches System zu gewinnen gibt es drei grundsätzliche Ansätze [240]: Messungen, analytische Modelle oder Simulationen. Jedes Konzept hat spezifische Vor- und Nachteile.

Eine *Simulation* imitiert das Verhalten eines Systems über die Zeit [23], um neue Erkenntnisse über das reale System zu gewinnen. Basis einer Simulation ist immer ein Modell des betrachteten Systems. Ein *Modell* stellt dabei eine Beschreibung und Vereinfachung (Abstraktion) des Systems dar, jedoch mit dem notwendigen Detailgrad hinsichtlich des Ziels der Untersuchung. Der *Zustand* eines Systems kennzeichnet weiterhin die Gesamtheit aller Variablen, die zur Beschreibung des Systems zu einem beliebigen Zeitpunkt notwendig ist [23].

Existiert ein exaktes mathematisches Modell eines Systems und ist die analytische Berechnung mit einem realistischen Rechenaufwand möglich, dann ist eine analytische Lösung aufgrund ihrer Exaktheit einer Simulation vorzuziehen [139]. Viele Systeme sind jedoch so umfangreich, dass die Komplexität ihrer mathematischen Beschreibung eine analytische Berechnung nahezu unmöglich macht. In solchen Fällen sind Simulationen zur numerischen Analyse des Systems sinnvoll.

Speziell für große und komplexe Netzwerke ist es nahezu unmöglich, analytische Modelle für Analyse, Fehlersuche und Optimierung zu verwenden. Ein analytisches Modell ist in diesem Fall eine exakte mathematische Beschreibung des Verhaltens der einzelnen Netzwerkknoten und ihres Zusammenspiels im Netzwerk. In einem solchen Modell muss zum Beispiel auch der komplette Netzwerkstack als mathematisches Modell vorliegen. Dies ist jedoch aufgrund der inhärenten Programmstruktur (Schleifen, Sprünge, bedingte Programmausführung, etc.) kaum realisierbar. Eine analytische Modellierung ist somit nur mit sehr starken Vereinfachungen möglich, was wiederum die Aussagekraft einer damit durchgeführten Untersuchung reduzieren kann.

Für die theoretische Analyse der Funkprotokolle von Körpernetzwerke, wie sie im Kapitel 3 entworfen wurden, gibt es keine Standardwerkzeuge. Daher ist es das Ziel der vorliegenden Arbeit, eine eigene Simulationsumgebung zu schaffen, um das drahtlose Körpernetzwerk zu untersuchen und hinsichtlich konkreter Fragestellungen zu optimieren. Damit ist ein Werkzeug entstanden, das den Netzwerkentwickler in den verschiedenen Phasen der Planung und Umsetzung darin unterstützt, ein drahtloses Körpernetzwerk ideal an die gegebenen Anforderungen anzupassen.

Es hat sich gezeigt, dass die weit verbreiteten und standardisierten Funklösungen (z.B. WiFi, Bluetooth, ZigBee, etc.) für besonders energieeffiziente Körpernetzsensoren nicht optimal geeignet sind, weil diese Protokolle auf eine möglichst große Anwendergruppe ausgelegt wurden und daher auch nicht alle Forderungen an gewünschte Eigenschaften erfüllen können. Das entstandene Simulationsmodell lässt sich nun nutzen, um neuartige Funkprotokolle mit speziellen Eigenschaften (Energieeffizienz, QoS-Vorgaben, etc.) zu entwickeln. Simulationen sind in einem sol chen Fall ein essentielles Werkzeug für die formale Verifikation der Funktionalität der neuen

Protokolle und Algorithmen. Dabei werden speziell bestimmte Leistungsparameter wie Energieeffizienz, Durchsatz, Warteschlangenlänge, Paketverluste oder Latenz bei Variation diverser Protokollparameter untersucht. Im Gegensatz zur Nutzung von realer Hardware können diese Parameter innerhalb des Simulationsmodells sehr einfach variiert werden.

Das Simulationsmodell lässt sich auch für Machbarkeitsstudien während der Projektplanung einsetzen. Häufig steht der Planer anfangs vor der Aufgabe, eine geeignete Funklösung für die gegebenen Anforderungen auszuwählen. Hier ist dann beispielsweise abzuschätzen, ob die erzeugte Datenmenge mit der einer gewählten drahtlosen Technologie überhaupt sicher übertragen werden kann. Die für eine Abschätzung oft herangezogene Bruttodatenrate führt selten zu realitätsnahen Ergebnissen. Die zu erwartenden Datenraten lassen sich nur durch das Einbeziehen einer Vielzahl von anwendungsspezifischen Parametern wie Protokoll-Overhead, Netzwerkgröße, Netzauslastung und Paketlaufzeiten anhand von Simulationen realistisch abschätzen.

Speziell für die Abschätzung des Energieverbrauches oder anderer physikalischer Größen ist die Nutzung des Simulationsmodells besonders hilfreich. Die direkte Messung dieser Größen gestaltet sich bei einem Netzwerk mit mehreren Knoten meist recht aufwendig. Soll beispielsweise der Energiebedarf eines Funkmoduls auf allen Knoten mit verschiedenen Netzwerkprotokollen analysiert werden, müssen Messkabel an allen Knoten kontaktiert werden. Auch die Mobilität der Sensorknoten ist bei derartigen Messungen durch den umfangreichen Messaufbau meist eingeschränkt.

Ein weiterer Vorteil der Nutzung des Simulationsmodells ist, dass es bereits in der Planungsphase verwendet werden kann. In dieser Phase ist die Zielhardware üblicherweise noch nicht vorhanden, aus Zeitgründen muss aber bereits an Entwicklung und Test der Protokolle gearbeitet werden. Dabei ist es günstig, wenn der Quellcode der Anwendung nach erfolgreicher Simulation direkt auf dem Netzwerkknoten verwendet werden kann. Der komplette Code kann dann am PC entwickelt und getestet werden. Dieses Vorgehen ist wesentlich komfortabler, einfacher und effizienter als direkt mit der Firmware des eingebetteten Gerätes zu arbeiten. Bei der direkten Nutzung der Zielhardware muss bei jeder Änderung die Firmware neu auf das untersuchte Gerät oder möglicherweise sogar auf alle Netzwerkknoten übertragen werden. Durch Simulationen lässt sich also die Entwicklungszeit und somit die Kosten für den Nutzer deutlich reduzieren.

Mit Hilfe der Protokollierungsfunktionen der Simulation (Event Logs) steht ein vollständiges Protokoll des zeitlichen Verhaltens aller simulierten Geräte zur Verfügung. Dies schließt auch Parameter mit ein, auf die man in einem realen System keinen Zugriff hat (z.B. Adressvalidierung, Umschaltzeitpunkte der Transceiver, etc). Das Verhalten der Netzwerkknoten lässt sich dadurch in einen zeitlichen Zusammenhang stellen, was bei realen, verteilten Systemen sonst mit großen Schwierigkeiten verbunden ist. Es lässt sich auch genau nachvollziehen, was während der drahtlosen Übertragung im Medium passiert. Paketverluste durch Interferenz oder Kollision werden genau protokolliert. Für ein reales Experiment ist hingegen ein zusätzliches Gerät (Netzwerksniffer) notwendig, um zu analysieren, was im Medium passiert. Das bietet jedoch bei Weitem nicht den Grad an Informationsdichte, wie er unter Verwendung des Simulationsmodells gewonnen werden kann.

Als Ergebnis der Arbeiten wurde ein Werkzeug geschaffen, das durch eine spezielle Umsetzung der PHY- und MAC-Schichten auf Basis von Messungen den verwendeten Transceiverschaltkreis detailliert modelliert. Damit können nun Untersuchungen vorgenommen werden, um beispielsweise Protokollalternativen zu untersuchen oder Optimierungen vorzunehmen.

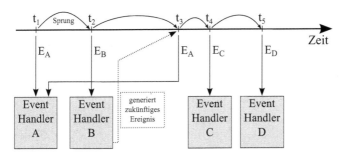

Abbildung 4.1.: Prinzip der Diskreten Ereignissimulation mit dem Event-Scheduling/Time-Advance-Algorithmus.

4.2. Diskrete Ereignissimulation

Je nach Anwendungsgebiet ist es sinnvoll unterschiedliche Arten von Computersimulationen einzusetzen. Die Klassifikation von Simulationsmodellen wird dabei häufig in *statisch* oder *dynamisch, diskret* oder *kontinuierlich* und *deterministisch* oder *stochastisch* vorgenommen [139, 23].

Ein statisches Simulationsmodell (z.b. für Monte-Carlo-Simulationen) repräsentiert ein System zu einem fixen Zeitpunkt. Dynamische Modelle betrachten hingegen die zeitlichen Änderungen des Systems.

Bei kontinuierlichen Simulationsmodellen ändern sich die Zustandsvariablen kontinuierlich in Abhängigkeit von der Zeit. Die Beschreibung des Systems geschieht dabei in der Regel mit Hilfe von Differentialgleichungen. Ein diskretes Simulationsmodell ist dagegen dadurch gekennzeichnet, dass sich die internen Zustände nur zu diskreten Zeitpunkten sprunghaft ändern.

Deterministische Simulationsmodelle verwenden keine Zufallsvariablen, d.h. identische Eingaben führen stets zu einer bestimmten (deterministischen) Ausgabe. Stochastische Modelle werden für Systeme eingesetzt, in denen der Zufall eine Rolle spielt. Ein- und Ausgangsgrößen sind Zufallsvariablen.

Die hier im Besonderen betrachteten diskreten Ereignissimulationen (*Discrete Event Simulation*, DES) lassen sich als diskret, dynamisch und stochastisch charakterisieren. Sie eignen sich für Systeme, deren Zustände sich nur zu diskreten Zeitpunkten ändern und die Zufallselemente enthalten. Dazu zählen auch Computernetzwerke.

Der prinzipielle Ablauf einer DES ist in Abbildung 4.1 dargestellt. Zustandsänderungen sind dabei nur zu fixen (diskreten) Zeitpunkten $(t_1, t_2, \ldots, t_n)$ möglich. Ausgelöst werden diese durch Ereignisse (*Events*, $E_A, E_B, \ldots, E_k$). Die Simulation schreitet also fort, indem sie quasi von einem definierten Systemzustand direkt in den nächsten springt [23].

Die wichtigste Datenstruktur einer DES ist die Liste der zukünftigen Ereignisse (*Future Event List*, FEL). In dieser chronologisch sortierten Liste sind alle zukünftigen Ereignisse mindestens mit ihrem Eintrittszeitpunkt und einem eindeutigen Ereignistyp gespeichert. Der Simulationskern sucht anhand dieser FEL das zeitlich nächste Ereignis entfernt es von der Liste und setzt die Simulationszeit (*CLOCK*) auf dessen Ausführungszeitpunkt. Die Zeiträume zwischen den Ereignissen sind für die Simulation quasi nicht existent und benötigen somit auch keine Rechenzeit.

Für jedes Ereignis existiert in der Regel eine dedizierte Behandlungsroutine (*Event-Handler*), die bei dessen Auftreten ausgeführt wird. Diese bildet dabei die Reaktion des simulierten Systems auf das Ereignis nach. Ein Event-Handler ändert also nach den Vorgaben des Simulationsmodells die internen Zustandsvariablen, überführt das System so in einen neuen Zustand und kann auch neue Ereignisse für die FEL erzeugen. Abschließend werden Zähler und statistische Angaben für die spätere Auswertung aktualisiert.

Das eben beschriebene Verfahren bezeichnet man als *Event-Scheduling/Time-Advance*-Algorithmus [23]. Es wird so lange iterativ wiederholt, bis in der FEL keine Ereignisse mehr vorhanden sind, oder eine andere Abbruchbedingung (z.b. maximale Simulationszeit) erfüllt ist.

Zur Simulation von Computernetzwerken haben sich Simulatoren auf Basis der Methode der diskreten Ereignisse aufgrund ihrer Effizienz praktisch durchgesetzt [148].

4.3. Simulationswerkzeuge

Mittlerweile existiert eine Vielzahl kommerzieller und freier Werkzeuge zur Simulation von Computernetzwerken. Die wichtigsten Vertreter werden in den folgenden Abschnitten kurz vorgestellt.

Bei der Auswahl eines geeigneten Simulationswerkzeugs ist besonders zu beachten, dass es sich auch für drahtlose Netzwerke eignet. Diese sind durch eine höhere Komplexität gekennzeichnet, weil hier im Gegensatz zu kabelgebundenen Netzwerken neben den Netzwerkprotokollen auch die eigentliche physikalische Datenübertragung mit Hilfe von Ausbreitungs- und Mobilitätsmodellen berechnet werden muss.

Mit dem Ziel, die hier entwickelten drahtlosen Körpernetzwerke energetisch zu optimieren, muss es mit dem verwendeten Werkzeug möglich sein, eigene Energiemodelle umzusetzen. Damit lassen sich detailgenaue Abschätzung des Energieumsatzes vornehmen.

Die Skalierbarkeit, also der Einfluss der Netzwerkknotenanzahl auf die Ausführungsgeschwindigkeit der Simulation spielt hier eine untergeordnete Rolle. Im Gegensatz zu WSNs ist die Knotenanzahl und das Datenaufkommen bei Körpernetzwerken tendenziell eher gering.

4.3.1. ns-2 und ns-3

Ns-2 [111] (*Network Simulator 2*) ist ein in C++ geschriebener, modularer und quelloffener Universalsimulator, der mit der Methode der diskreten Ereignisse arbeitet (Discrete Event Simulator). Seine Entwicklung begann bereits im Jahre 1989.

Ns-2 setzt auf eine Kombination der Programmiersprachen C++ und OTcl. OTcl [10] ist eine Tcl/Tk Erweiterungen zur objektorientierten Programmierung, die ursprünglich am *Massachusetts Institute of Technology* (MIT) entwickelt wurde. Für rechenintensive Aufgaben wie den Simulationskern, die Ereignisplanung (Event Scheduler) oder die Paketverarbeitung wird C++ verwendet. Zur Steuerung der Simulation hingegen das interpretierte, aber schnell änderbare OTcl.

Der Simulator wurde ursprünglich für drahtgebundene Netzwerke mit Punkt-zu-Punkt-Verbindungen entwickelt. Später erfolgte eine Erweiterung auf LANs, Satellitenkommunikation und drahtlose Netzwerke. Ns-2 bietet die Möglichkeit der Simulation einer großen Anzahl bekannter Protokolle auf verschieden Ebenen des OSI-Modells. Dazu zählen zum Beispiel TCP, UDP, FTP, Telnet, HTTP, 802.11 MAC, TDMA MAC, DSDV, DSR, AODV, SMAC [250, 248], Directed Diffusion [115] und auch IEEE 802.15.4. Darüber hinaus existiert eine Vielzahl von Erweiterungsmodulen [110], speziell auch für drahtlose Netzwerke und WSNs, die von verschiedenen Forschungseinrichtungen beigesteuert wurden.

Zur Analyse energetischer Aspekte gibt es nur ein sehr einfaches Energiemodel. Es geht von einer initial verfügbaren Energiemenge aus, die jeweils beim Empfang und Versenden eines Datenpaketes dekrementiert wird.

Durch den modularen Aufbau des Simulators können die verschieden Baugruppen und Modelle (Links, Warteschlangen, Datenerzeugung, Fehlermodelle, Mobilitätsmodelle, Protokolle etc.) einfach für eigene Simulationen wiederverwendet werden. Weiter Details zum Simulator und den grundlegenden Modulen finden sich in der ausführlichen Dokumentation [71] zu ns-2.

Als graphische Benutzeroberfläche gibt es das Werkzeug *Network AniMator* (NAM). Dieser dient unter anderem der graphischen Eingabe der Netzwerktopologie und zum Betrachten der Simulationsergebnisse, bietet darüber hinaus aber nur einen geringen Funktionsumfang und Nutzen. Ein Problem, das verschiedentlich kritisiert wird ist, dass der Simulator schlecht skaliert (vgl. [132]) und somit für große Netzwerke nur bedingt geeignet ist.

Trotz seines Alters und einiger Schwächen erfreut sich ns-2 aufgrund der freien Verfügbarkeit, der modularen Erweiterbarkeit und des großen Funktionsumfangs immer noch einer großen Beliebtheit (vgl. [148, S. 663]) in der Netzwerkforschung.

Mit der Entwicklung eines Nachfolgers für ns-2 wurde im Jahr 2006 begonnen. Die erste Version von ns-3 [13] wurde 2008 veröffentlicht. Der ns-3 ist aber nicht nur eine aktualisierte Version von ns-2, sondern wurde zu großen Teilen neu entwickelt, um einige Schwächen von ns-2 zu korrigieren und die grundlegende Softwarearchitektur und die Modelle an den aktuellen Stand auf dem Gebiet der Softwareentwicklung anzupassen. Der etablierte Simulator ns-2 soll aber auch weiterhin gepflegt werden. Statt einer Kombination aus C++ und OTcl in ns-2, ist ns-3 ist nun komplett in C++ geschrieben und besitzt eine optionale Python-API zur Steuerung der Simulationen. Ein wichtiges Ergebnis der ns-3-Entwicklung ist eine deutlich bessere Skalierbarkeit hinsichtlich Speicherverbrauch und Ausführungszeit bei Steigerung der Knotenanzahl (vgl. [242]).

Eine Rückwärtskompatibilität zu älteren Simulationsmodellen ist für ns-3 nicht gegeben. Die entsprechenden ns-2-Modelle müssen portiert werden. Diese Arbeit ist für viele Simulationsmodelle bereits abgeschlossen. Zu der wachsenden Anzahl von fertigen und verifizierten Modellen gehören ARP, IPv4, TCP, UDP, 802.11, CSMA, Fehlermodelle, Warteschlangenmodelle, Mobiliätsmodelle und viele mehr.

Als Besonderheit existieren verschieden Mechanismen, mit denen Implementierungscode direkt in die Simulation eingebunden wird, um sowohl den Implementierungsaufwand als auch die Unterschiede zwischen Experiment und Simulation gering zu halten. Zur Simulation sehr großer Netzwerke besteht zusätzlich die Möglichkeit der Ausführung auf mehreren Rechnersystemen (Distributed Simulation).

Obwohl sich der neue Simulator noch in einem relativ frühen Entwicklungsstadium befindet, wird er inzwischen von diversen Forschungsgruppen produktiv eingesetzt [64, 176, 153]. Aktuell werden beispielsweise die MAC- und PHY-Layer von *Long Term Evolution* (LTE) in einem Google-Summer-of-Code-Projekt umgesetzt [2].

4.3.2. OPNET-Modeler

OPNET (*OPtimised Network Engineering Tool*) Modeler [173] der Firma *OPNET Technologies, Inc* ist eine bereits seit 1986 existente kommerzielle Lösung zur Modellierung, Simulation und Analyse von Computernetzwerken. Nach einer vorwiegend militärischen Nutzung in der Anfangszeit, wird die Software mittlerweile auch in Industrie (Telefongesellschaften, Netzwerk-Carrier, Netzwerkgerätehersteller, etc.) und Forschung eingesetzt.

OPNET ist ein objektorientierter DES, der mit hierarchischen Modellen reale Netzwerkstrukturen und Protokolle abbildet. Dabei sind Netzwerkmodelle eine Kombination aus Knotenmodellen und diese wiederum ein Verbund aus Prozessmodellen. Prozessmodelle beschreiben das exakte Verhalten einzelner Baugruppen auf Basis von FSMs und sind in C/C++ implementiert. Die Planung, Ausführung und Auswertung von Experimenten wird in einer graphischen Benutzeroberfläche durchgeführt.

Ursprünglich wurde dieser Simulator für drahtgebundene Netzwerke entwickelt, und vielfach für die Analyse und industrielle Entwicklung von Internetprotokollen und Geräten eingesetzt. Inzwischen existiert mit dem OPNET Modeler Wireless [174] auch eine Version für drahtlose Netzwerke und mobile Endgeräte. Das Modell für die Ausbreitung der elektromagnetischen Wellen (PHY-Layer-Modell) wird durch eine Struktur aus aufeinanderfolgenden Einzelmodellen gebildet, die beispielsweise Verzögerungen, Interferenzen, Bitfehler, Ausbreitungszeiten und Antennengewinn modellieren.

Einer der größten Vorteile dieses Werkzeugs ist die riesige Bibliothek mit mehreren hundert getesteten und gepflegten Modellen. Dies umfasst Standardinternetprotokolle (z.b. TCP, UDP, IPv4, IPv6, VoIP), komplette Netzwerkgeräte (Cisco) und drahtlose Protokolle (z.b. ZigBee, IEEE 802.15.4, WiMAX, LTE, IEEE 802.11, UMTS). Eine vollständige Liste der verfügbaren Modelle der OPNET-Standardbibliothek findet sich in [172].

Weitere Besonderheiten sind Schnittstellen für externe System (System-In-The-Loop-Tests) und verteilte Simulationen (Grid-Computing).

4.3.3. OMNeT++

OMNeT++ [171] ist ein objektorientiertes, modulares und erweiterbares DES-Framework. Es ist kein dedizierter Netzwerksimulator, sondern bietet vielmehr allgemeine Werkzeuge und Bibliotheken zum Schreiben von Simulationen [231]. OMNeT++ wird vorwiegend für die Simulation von Computernetzwerken eingesetzt, findet aber aufgrund seines generalisierten Ansatzes auch in diversen anderen Bereichen Anwendung. OMNeT++ ist Open-Source-Software und kann für akademische Zwecke kostenlos verwendet werden. Für kommerzielle Zwecke existiert mit OMNEST [201] eine kommerzielle Variante.

Ein Modell besteht in OMNeT++ aus Einzelkomponenten (*Simple Modules*), die durch Nachrichtenaustausch (engl. *Message Passing*) miteinander kommunizieren [240]. Diese Einzelkomponenten sind unter Zuhilfenahme der vom Simulationskern zur Verfügung gestellten Funktionen in der Hochsprache C++ implementiert. Komplizierter Modelle werden durch hierarchische Zusammenfassung von Einzelkomponenten zu »zusammengesetzten Modulen« (*Compound Modules*) generiert. Der strukturelle Aufbau von Modellen und kompletten Netzwerken wird dafür in der Sprache NED (*NEtwork Description*) beschrieben. Speziell werden damit für jedes Modul die Schnittstellen (Gates) und Parameter definiert.

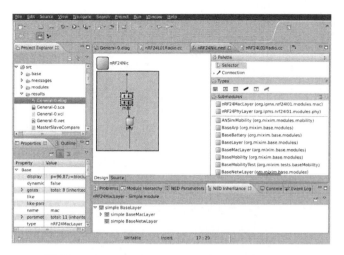

Abbildung 4.2.: Graphische Benutzeroberfläche der OMNeT++-IDE.

Weiterhin verfügt OMNeT++ über eine umfangreiche integrierte Entwicklungsumgebung (siehe Abb. 4.2). In dieser werden Modellentwicklung, Netzwerkbeschreibung, Konfiguration und Auswertung in einer komfortablen Arbeitsumgebung zusammengefasst.

Zur Durchführung der Simulation wird aus der Netzwerkbeschreibung in den NED-Dateien und den C++-Modellen eine ausführbare Datei erzeugt. Die Simulationsdurchführung ist in der GUI und der Kommandozeile möglich. Bei Ausführung in der GUI werden das Netzwerk und die Paketübertragung live animiert. Die Simulation lässt sich hier auch in Einzelschritten ausführen, gewährt einfachen Zugriff auf alle Simulationsparameter und ermöglicht ein Verfolgen der Pakete im Netzwerk. Diese Darstellungsform eignet sich somit vor allem für die Entwicklungs- und Testphase sowie für Demonstrationszwecke. Für die eigentlichen Simulationsexperimente ist die Ausführung in der Kommandozeile sinnvoll, weil die einzelnen Durchläufe dann wesentlich schneller und effizienter beendet werden.

Die Konfiguration von Simulationsdurchläufen geschieht über die Eintragungen in einer ini-Datei. Damit lassen sich die verschiedenen Modellparameter verändern oder Parameterstudien durchführen ohne das Simulationsprogramm langwierig neu erstellen zu müssen.

Zur Auswertung der Simulationen lassen sich Ergebnisse in Form von Einzelwerten, Vektoren (Zeitreihen einzelner Parameter) oder statistischen Werten (Mittelwert, Standardabweichung, Minimum, Maximum, etc.) ausgeben. Die Ergebnisaufzeichnung erfolgt in einfachen Textdateien, die sich anschließend mit Hilfe der IDE-Funktionen, spezieller Werkzeuge (z.B. Matlab [144], Octave [7], GNU R [223]) oder eigenen Programmen analysieren lassen.

Der Funktionsumfang von OMNeT++ wird durch eine Vielzahl von Zusatzpaketen erweitert. Diese Pakete ergänzen erst die Funktionen und Protokolle um komplexe Computernetzwerke zu simulieren. Das wichtigste Zusatzpaket ist das INET-Framework [14]. Es enthält verschiedene Modelle von Internetprotokollen (UDP, TCP, IPv4, IPv6, SCTP, IEEE 802.11, etc.).

INETMANET-Framework [4] ist eine Abspaltung (Fork) von INET und erweitert dieses um Unterstützung für mobile Ad-Hoc-Netzwerke, entsprechende Protokolle und Zusatzfunktionen für drahtlose Netzwerke.

Weiterhin existiert für die Simulation von drahtlosen, mobilen Netzwerken mit OMNeT++ das *Mobility Framework* [12] der Technischen Universität Berlin. Auch die Unterstützung für drahtlose Netzwerke im INET-Framework wurde vom Mobility Framework abgeleitet [3]. Es wird inzwischen jedoch nicht mehr aktiv weiterentwickelt. Ein Großteil des Codes wird aber im Nachfolgeprojekt MiXiM [155] weiter verwendet.

Aufgrund der Offenheit, der ausführlichen Dokumentation und der Unterstützung durch die Entwickler- und Nutzergemeinde ist OMNeT++ im akademischen Forschungsbetrieb weit verbreitet. Der Simulator wird derzeit aktiv weiterentwickelt und Verbesserungen oder Fehlerkorrekturen fließen beständig ein. Daher kommt es aber gelegentlich zu API-Änderungen, die dazu führen, dass Modelle in neueren Versionen nicht mehr funktionieren.

4.3.4. Weitere Simulationswerkzeuge

Neben den oben betrachteten Simulationswerkzeugen existiert noch eine Reihe weniger weit verbreiteter Simulatoren:

Powler (Probabilistic Wireless Network Simulator) [113] ist ein ereignisgetriebener Simulator für WSNs, der auf Basis von MATLAB arbeitet. Damit lassen sich Netzwerke auf Basis der Berkeley MICA-Motes simulieren [199]. Powler wird inzwischen offensichtlich nicht mehr weiterentwickelt, da die letzte Version 2004 veröffentlicht wurde.

J-Sim [15] ist eine in Java geschriebene, objektorientierte Bibliothek zur Entwicklung diskreter Simulation. Die letzte Version stammt aus 2006.

JiST (Java in Simulation Time) [5] ist ein allgemeiner DES-Kern der in der Java-VM ausgeführt wird. *SWANS* (Scalable Wireless Ad hoc Network Simulator) ist der zugehörige Simulator für drahtlose Netzwerke auf Basis von JiST. Die Analysen in [242] zeigen, dass JiST einen sehr hohen Ereignisdurchsatz hat und damit sehr schnell ist. Auch JiST/SWANS wird aber gegenwärtig nicht weiterentwickelt. Die letzte Version stammt aus dem Jahr 2005.

GloMoSim (Global Mobile Information Systems Simulation Library) [1] ist eine Umgebung zur Simulation drahtloser Netzwerke auf *Parsec* (PARallel Simulation Environment for Complex systems) [11], einer C-basierte DES-Sprache. GloMoSim enthält Modelle für Mobilität, Wellenausbreitung, Medienzugriff und diverse Protokolle (TCP, UDP, HTTP, FTP, etc.).

SimPy (Simulation in Python) [200] ist eine objektorientierte, prozessbasierte DES-Sprache auf Basis von Python. SimPy ist sehr einfach zu verwenden, bietet aber keine fertigen Modelle zur Simulation von Computernetzwerken oder drahtlosen Datenübertragungen.

IKR Simulation Library (SimLib) [114] ist ein Werkzeug für eventgetriebene Simulationen zur Analyse von Computernetzwerken. Es existieren Versionen für C++ und Java.

OpenWNS (Open Source Wireless Network Simulator) [9] ist eine quelloffene Plattform zur Simulation drahtloser Mobilfunksysteme. OpenWNS ist in C++ geschrieben und verwendet zusätzlich die Scriptsprache Python zur Konfiguration der Simulationen. Einzelne Knoten sind modular aufgebaut und folgen so in der Regel den einzelnen Schichten des OSI-Referenzmodells. Auf physikalischer Ebene können verschiedene Ausbreitungs- und Kanalmodelle genutzt werden. Modelle für WiMaX, WLAN, TCP, UDP und IP sind bereits vorhanden, geplant ist auch die Umsetzung eines LTE-Modells.

Einen Überblick über weitere Simulationswerkzeuge geben beispielsweise [126], [148], [60] und [132].

4.3.5. Zusammenfassung

Es existiert eine Vielzahl verschiedener Werkzeuge zur Umsetzung von diskreten Ereignissimulationen. Viele lassen sich jedoch nur für ein spezielles Forschungsgebiet einsetzen oder werden nicht mehr weiterentwickelt. Einigen Werkzeugen fehlt die eingebaute Möglichkeit zur Simulation drahtloser Netzwerke ganz, andere setzen dies nur sehr rudimentär um.

Kommerzielle Simulationswerkzeuge liefern meist eine Vielzahl sehr guter und vor allem verifizierter Modelle mit. Weiterhin ist die Dokumentation in der Regel wesentlich besser als bei frei erhältlichen Werkzeugen. Freie Tools bieten aber, neben den geringeren Kosten, häufig den Vorteil, dass die Softwarequellen vollständig vorhanden sind. Dies ist besonders wichtig, wenn sehr grundlegende Änderungen vorzunehmen sind. In der vorliegenden Arbeit betrifft das beispielsweise die Integration der Energieberechnung auf Hardwareebene.

Ns-2 wurde nicht verwendet, weil hier die detaillierte Modellierung des Energieverbrauchs schwierig und der Simulator vergleichsweise alt ist. Ns-3 wurde erst relativ spät veröffentlicht. Für die weiteren Untersuchungen wurde daher OMNeT++ in Version 4.0 mit der Erweiterung MiXiM in der Version 1.1 eingesetzt. Beide werden momentan aktiv weiterentwickelt und zumindest für OMNeT++ existiert eine ausführliche Dokumentation [231]. Weiterhin gibt es eine gute Unterstützung durch Entwickler und Nutzer (z.B. Anleitungen, Wiki [6], Mailing-Liste [8]). Auch im Leistungsvergleich verschiedener Simulatoren in [242] zeigt OMNeT++ sehr gute Ergebnisse.

4.4. Energieberechnungsmodelle des nRF24L01 in C++

Für die Analyse verschiedener Protokollvarianten und die Optimierung der Betriebsdauer der Sensorknoten aus Kapitel 3 wurden Simulationen eingesetzt. Von besonderem Interesse war dabei die Integration von Methoden zur Energieabschätzung in das Simulationsmodell.

Um dies zu ermöglichen, musste im ersten Schritt ein geeignetes Energiemodell des verwendeten Transceivers erstellt werden. Mit Hilfe dieses Berechnungsmodells ist es nun möglich, die Energie für die Übertragung eines Datenpakets in Abhängigkeit von der Konfiguration des Transceivers zu berechnen.

Schließlich wurden zwei verschiedene Berechnungsmodelle in der Programmiersprache C++ umgesetzt. Beide basieren im Wesentlichen auf den im Abschnitt 3.5.2 vorgestellten Messungen, verwenden jedoch unterschiedliche Methoden zur Berechnung des Energieumsatzes. Da ein Energiemodell die wichtigste Grundlage für die Integration der Energieberechnung in die Simulation ist, kann durch die Nutzung zweier unterschiedlicher Berechnungsmethoden sichergestellt werden, dass das Modell an dieser Stelle fehlerfrei ist, wenn beide Modelle für die einzelnen Berechnungen nahezu identische Ergebnisse liefern.

Auf die beiden Ansätze wird in den folgenden Abschnitten eingegangen.

4.4.1. FSM-Modell

Für das erste Modell wird der Transceiver als endlicher Automat (*Finite State Machine*, FSM) betrachtet. Grundlage ist dabei das Zustandsdiagramm der zugehörigen Spezifikation [170, S.

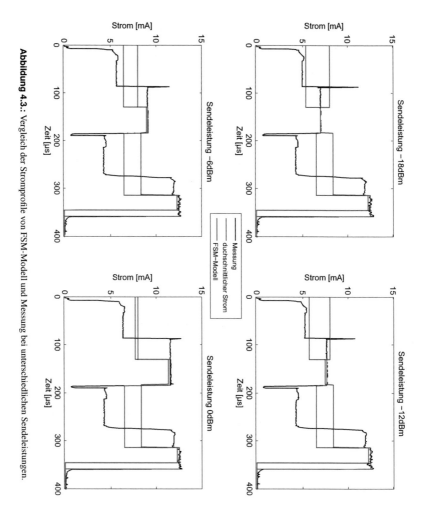

Abbildung 4.3.: Vergleich der Stromprofile von FSM-Modell und Messung bei unterschiedlichen Sendeleistungen.

20]. Ein etwas vereinfachtes Zustandsdiagramm wurde bereits in Abbildung 2.8 auf Seite 32 dargestellt.

Für das Modell wird jedem Zustand eine mittlere Stromaufnahme zugeordnet. Mit Hilfe der Versorgungsspannung und der Verweildauer ergibt sich der Energieumsatz. Die Abfolge der Zustände und die Verweildauer in den einzelnen Zuständen resultiert aus der Konfiguration und der aktuell ausgeführten Aufgabe.

Das Berechnungsmodell ist dabei so allgemein gehalten, dass sich für die mittleren Ströme und diverse Transitionszeiten Anpassungen mit Hilfe einer Konfigurationsdatei vornehmen lassen, ohne Änderungen am Quellcode des Modells vornehmen zu müssen. Eine Beispielkonfiguration ist im Anhang C.2 aufgeführt.

In einer ersten Variante des FSM-Modells wurde das zeitliche und energetische Verhalten anhand der Diagramme in der Spezifikation [170, S. 38ff.] exakt nachgebildet. Basis waren die dortigen Angaben zu den mittleren Betriebsströmen und den Verweildauern in den einzelnen Zuständen.

Durch Messungen ließ sich jedoch nachweisen, dass dieses Modell mit größeren Fehlern behaftet ist. Dies wird beispielsweise anhand von Abbildung 4.3 deutlich, welche vier Strommessungen mit jeweils unterschiedlicher Sendeleistung zeigt. Gekennzeichnet sind darin zusätzlich die mittleren Ströme in den einzelnen Zuständen, die direkt aus der Messung extrahiert wurden und die mittleren Ströme nach FSM-Model auf Basis der Spezifikation. Vor allem in den Übergangsphasen vor dem Senden und Empfangen unterscheiden sich angenommene und reale Ströme beträchtlich. Weiterhin fällt auf, dass die RX-Phase im FSM-Model deutlich zu kurz angenommen wird. Diese Diskrepanz zwischen angegebenem und realem zeitlichen Verhalten wurden bereits im Abschnitt 3.5.2 dokumentiert.

Die Herstellung der Transceiverschaltkreise unterliegt natürlich Prozessschwankungen. Daher muss in der Regel davon ausgegangen werden, dass sich die (Worst-Case)-Angaben der Spezifikation geringfügig von den Messungen unterscheiden. Die hier festgestellten Abweichungen liegen aber bei einigen Konfigurationen bei über 20 Prozent. Dies macht deutlich, dass eine Modellbildung ausschließlich auf Basis der Angaben der Spezifikation unter Umständen zu ungenauen Ergebnissen führt.

Um diese Ungenauigkeiten zu umgehen, wurde ein korrigiertes FSM-Modell umgesetzt. Dieses basiert auf den durch Messung bestimmten Strömen (vgl. Tabelle 3.12) und Zeitdauern. In Abbildung 4.4 wird nun das korrigierte FSM-Modell mit den realen Messungen verglichen. Die aus der jeweiligen Messung bestimmten mittleren Ströme in den einzelnen Phasen stimmen relativ genau mit den im Modell verwendeten Strömen überein. Auch hinsichtlich der Dauer der einzelnen Phasen kann das Modell nun als korrekt betrachtet werden.

4.4.2. Empirisches Modell

Für das alternative Modell wurde ein empirischer Ansatz gewählt, der unabhängig von der Beschreibung der Transceiverfunktion als FSM ist. Grundlage dieses Modells sind Strommessungen bei Variation aller Konfigurationsparameter.

Im Gegensatz zu den Auswertungen in Abschnitt 3.5.2 wurde das Stromprofil nicht direkt anhand der Zustände des Zustandsmodells eingeteilt, sondern anhand der charakteristischen starken Stromaufnahmeänderungen in kurzer Zeit (*»Sprünge«*). Dieses Vorgehen wurde gewählt, weil sich solche Änderungen relativ einfach in den aufgezeichneten Daten detektieren lassen und die

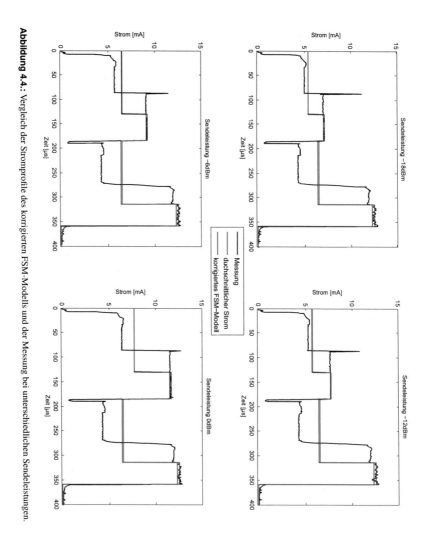

Abbildung 4.4.: Vergleich der Stromprofile des korrigierten FSM-Modells und der Messung bei unterschiedlichen Sendeleistungen.

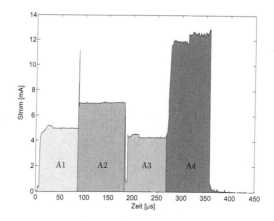

Abbildung 4.5.: Alternative Einteilung des Stromprofiles in einzelne Phasen.

Methode auch angewendet werden kann, wenn die konkreten Transceiverzustände nicht bekannt sind. Die vier resultierenden Phasen (A1-A4) sind in Abbildung 4.5 dargestellt.

Für alle Messungen wurde jeweils die umgesetzte Energie in den einzelnen Phasen mit Hilfe von Matlab-Programmen ausgewertet. Um den Energieumsatz des Transceiverbausteins zu bestimmen, muss die Fläche unter der Stromkurve mit der Versorgungsspannung multipliziert werden. Die Fläche unter der Kurve wurde zu diesem Zweck mit der Matlab-Funktion *trapz()* berechnet.

Das Modell liefert für jede Phase (Ax) einer Datenübertragung, abhängig von der Konfiguration des Transsceivers (vgl. Tabelle 3.10), eine Zeitdauer (T_{Ax}) in μs und einen Energiebedarf (E_{Ax}) in nJ. Die notwendigen Parameter wurden wie oben beschrieben anhand von Messungen empirisch bestimmt.

Folgende Berechnungsvorschriften wurden für die einzelnen Phasen implementiert:

Phase A1

$$T_{A1} = 86.4 \mu s$$

$$E_{A1}(V_{sys}, P) = \begin{cases} V_{sys} \cdot 391.0 mA \cdot \mu s & \text{für } P = \text{-18 dBm} \\ V_{sys} \cdot 413.2 mA \cdot \mu s & \text{für } P = \text{-12 dBm} \\ V_{sys} \cdot 445.9 mA \cdot \mu s & \text{für } P = \text{-6 dBm} \\ V_{sys} \cdot 489.8 mA \cdot \mu s & \text{für } P = \text{0 dBm} \end{cases}$$

Phase A1 hat eine konstante Dauer. Die umgesetzte Energie hängt von der gewählten Sendeleistung ab.

115

Phase A2

$$T_{A2}(n_{pl}, n_{adr}, n_{crc}) = \begin{cases} 64.0\mu s + 8\mu s \cdot (n_{pl} + n_{adr} + n_{crc}) & \text{für } R = 1 \text{ MBit/s} \\ 53.6\mu s + 4\mu s \cdot (n_{pl} + n_{adr} + n_{crc}) & \text{für } R = 2 \text{ MBit/s} \end{cases}$$

$$E_{A2} = E_{A2_0} + E_{A2_{Data}}$$

$$E_{A2_0}(V_{sys}, P, R) = \begin{cases} V_{sys} \cdot \eta_0(P) \cdot 379.12 mA\mu s & \text{für } R = 1 \text{ MBit/s} \\ V_{sys} \cdot \eta_0(P) \cdot 451.72 mA\mu s & \text{für } R = 2 \text{ MBit/s} \end{cases}$$

$$E_{A2_{Data}}(n_{pl}, n_{adr}, n_{crc}, V_{sys}, P) = \begin{cases} V_{sys} \cdot \eta_0(P) \cdot 56.55 mA\mu s \cdot (n_{pl} + n_{adr} + n_{crc}) & R = 1 \text{ MBit/s} \\ V_{sys} \cdot \eta_0(P) \cdot 28.30 mA\mu s \cdot (n_{pl} + n_{adr} + n_{crc}) & R = 2 \text{ MBit/s} \end{cases}$$

$$\eta_0(P) = \begin{cases} 1.00 & \text{für } P = -18 \text{ dBm} \\ 1.09 & \text{für } P = -12 \text{ dBm} \\ 1.30 & \text{für } P = -6 \text{ dBm} \\ 1.65 & \text{für } P = -0 \text{ dBm} \end{cases}$$

Die Dauer dieser Phase hängt wesentlich von der Anzahl der übertragenen Bytes ab. Die notwendige Energie in der Phase A2 berechnet sich aus einem Grundumsatz (E_{A2_0}) und einem Anteil ($E_{A2_{Data}}$), der abhängig von der Anzahl der übertragenen Bytes ist. Beide Anteile werden durch den Skalierungsfaktor $\eta_0(P)$ in Abhängigkeit der eingestellten Sendeleistung skaliert.

Phase A3

$$T_{A3} = 86.0\mu s$$

$$E_{A3}(V_{sys}) = 351.68 mA\mu s \cdot V_{sys}$$

Die Phase A3 hat, unabhängig von allen internen Konfigurationsparametern des Transceivers, eine feste Dauer und Stromaufnahme. Die Energie skaliert lediglich mit der Versorgungsspannung.

Phase A4

$$T_{A4}(n_{pl}, n_{adr}, n_{crc}, R) = \begin{cases} 74.90\mu s + 8\mu s \cdot (n_{pl} + n_{adr} + n_{crc}) & \text{für } R = 1 \text{ MBit/s} \\ 64.60\mu s + 4\mu s \cdot (n_{pl} + n_{adr} + n_{crc}) & \text{für } R = 2 \text{ MBit/s} \end{cases}$$

$$E_{A4} = E_{A4_0} + E_{A4_{Data}}$$

$$E_{A4_0}(V_{sys}) = \begin{cases} V_{sys} \cdot 856.87 mA\mu s & \text{für } R = 1 \text{ MBit/s} \\ V_{sys} \cdot 733.58 mA\mu s & \text{für } R = 2 \text{ MBit/s} \end{cases}$$

$$E_{A4_{Data}}(n_{pl}, n_{adr}, n_{crc}, V_{sys}, R) = \begin{cases} V_{sys} \cdot 94.73 mA\mu s \cdot (n_{pl} + n_{adr} + n_{crc}) & \text{für } R = 1 \text{ MBit/s} \\ V_{sys} \cdot 49.33 mA\mu s \cdot (n_{pl} + n_{adr} + n_{crc}) & \text{für } R = 2 \text{ MBit/s} \end{cases}$$

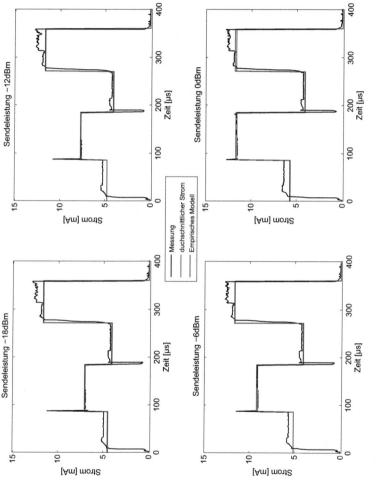

Abbildung 4.6.: Vergleich der Stromprofile des empirischen Modells und der Messung bei unterschiedlichen Sendeleistungen.

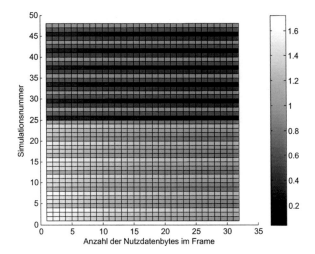

Abbildung 4.7.: Abweichungen (in Prozent) zwischen korrigiertem FSM-Modell und empirischem Modell für alle Konfigurationen und Paketlängen des Transceivers.

Die Dauer der Phase A4 hängt von der Konfiguration der Adress- und CRC-Länge sowie der Datenrate ab. Dies gilt auch, wenn in dem Bestätigungspaket keine Nutzdaten übertragen werden ($n_{pl} = 0$). Vergleichbar zur Phase 2 setzt sich die Energie ebenfalls aus einem Grundumsatz (E_{A4_0}) und einem variablen Energieumsatz ($E_{A4_{Data}}$) zusammen.

Vergleicht man nun, wie in Abbildung 4.6, die Ergebnisse des empirischen Modells mit einer einzelnen Messung, wird deutlich, dass das zeitliche und energetische Verhalten des Transceivers sehr gut nachgebildet wird.

4.4.3. Zusammenfassung

Im Ergebnis existieren nunmehr also zwei Berechnungsmodelle die auf Basis von Messungen und unterschiedlichen Annahmen erstellt wurden. Vergleicht man die Ergebnisse beider Modelle für alle möglichen Transceiverkonfigurationen, liegen die Unterschiede für den Großteil der Konfigurationen deutlich unter einem Prozent. Die maximale Abweichung beträgt etwa 1.7 Prozent. Die Abweichungen sind in Abbildung 4.7 graphisch dargestellt. Jedes Kästchen entspricht einer Modellberechnung für eine Konfiguration und für eine Paketlänge. In der x-Achse wird die Paketlänge variiert, in der y-Achse die Konfigurationsparameter (Adresslänge, Datenrate, Sendeleistung, etc.).

Mit diesen Modellen steht nun ein Werkzeug zur Verfügung, das die Abschätzung des Energieverbrauches mit hoher Genauigkeit anhand der Konfiguration und des Datenaufkommens ermöglicht. Eine interessante Nutzungsmöglichkeit der Modelle ist die direkte Integration in den Sensorknoten. Dieser kann nunmehr für jede Operation des Transceivers die dafür notwendige

Energie berechnen und aufsummieren. Damit lassen sich energieabhängige Optimierungen zur Laufzeit realisieren.

Weiterhin bilden die beiden C++-Modelle die Grundlage der Energieberechnungen in den folgenden Simulationsmodellen. Mit Hilfe dieser Simulationsmodelle lässt sich auch das dynamische Verhalten im Netzwerk untersuchen, was mit den hier beschriebenen statischen Berechnungsmodellen nicht möglich ist.

4.5. Simulationsmodell in MiXiM

4.5.1. Grundlagen

MiXiM [155] ist ein Framework zur Modellierung und Analyse drahtloser Netzwerke. Es basiert auf dem DES-Framework OMNeT++ und ist aus verschiedenen anderen universitären Frameworks (Mobility Framework [12], ChSim, Mac Simulator, Positif Framework) hervorgegangen.

Ein Simulator für drahtlose Netzwerke muss neben allen Faktoren, die auch bei drahtgebundenen Netzwerken eine Rolle spielen noch weitere wichtige Aspekte wie Ausbreitungsverzögerung (*Delay*), Interferenz, Pfadverlust (*Path Loss*), Schwund (*Fading*) und Knotenmobilität adressieren. Dazu wird das Medium in den Dimensionen Zeit, Raum und Frequenz modelliert. Zusätzlich existieren einige fertige Modelle für Ausbreitung, Interferenz und Mobilität. Im Gegensatz zu vielen anderen Simulatoren sind mit MiXiM somit auch Analysen von Multi-Frequenz- und Multi-Bitraten-Systemen möglich [131] (z.b. OFDM- oder MIMO-Systeme).

Ein MiXiM-Netzwerk besteht aus den Komponenten *BaseWorldUtility*, *ConnectionManager* und den eigentlichen Netzwerkknoten. BaseWorldUtility definiert dabei beispielsweise die physikalische Ausdehnung der Simulationsumgebung in allen Raumrichtungen. Das Modul ConnectionManager bestimmt, ob es unter den gegebenen Randbedingungen physikalisch überhaupt möglich ist, dass zwei räumlich getrennte Knoten miteinander kommunizieren können. Dazu wird für jeden Knoten die oberste Reichweitengrenze in Form der maximalen Interferenzdistanz d nach:

$$d = \left(\frac{\lambda^2 \cdot P_{TX_{max}}}{16\pi^2 \cdot P_{RX_{min}}} \right)^{\frac{1}{\alpha}}$$

bestimmt. Bei dieser, aus der Friis'schen Freiraumformel hervorgegangenen, Gleichung ist $P_{TX_{max}}$ die maximale Sendeleistung des Transmitters, $P_{RX_{min}}$ die minimalen Leistung, die notwendig ist, um ein Signal erfolgreich zu empfangen, α der Ausbreitungsexponenten und λ die Wellenlänge. Knoten, die sich außerhalb der Interferenzdistanz befinden, gelten als nicht verbunden. Dadurch, dass eine entsprechende Datenübertragung dann nicht simuliert wird, kann die Last für den Simulationskern gering gehalten werden. Die endgültige Entscheidung darüber, ob sich ein gesendetes Datenpaket auch korrekt empfangen lässt, wird erst durch die PHY-Schicht jedes einzelnen Knotens, in Abhängigkeit von Ausbreitungsmodellen, Interferenzen und Kollisionen, getroffen.

4.5.2. Konzept des Simulationsmodells

Zur Unterstützung der Entwicklung des Funksystems wurde ein Simulationsmodell des eingesetzten Transceivers (nRF24L01) für MiXiM entworfen und umgesetzt. Dabei wurde besonderes Wert darauf gelegt, das Verhalten und die Energieaufnahme des Transceivers exakt nachzubilden.

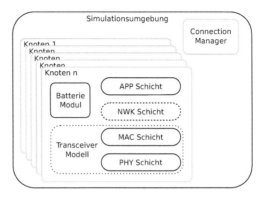

Abbildung 4.8.: Simulationsumgebung für Experimente mit dem nRF24L01-Modell.

Dieses Modell kann somit für die funktionelle Evaluierung und energetische Optimierung von Protokollen und Anwendungsstrategien eingesetzt werden.

Abbildung 4.8 zeigt den strukturellen Aufbau von Simulationen mit dem nRF24L01-Modell. Die Simulationsumgebung besteht aus dem bereits erwähnten *ConnectionManager* und einer Reihe von identischen Knoten. Jeder Knoten repräsentieren ein einzelnes Netzwerkgeräte, das den nRF24L01-Transceiver verwendet.

Die einzelnen Funktionsblöcke innerhalb eines Knoten sind in Schichten (Layers) organisiert (vgl. OSI-Referenzmodell [118]). Jede Schicht wird als eigenständige, vollständig gekapselte Funktionseinheit als C++-Klasse umgesetzt. Die Kommunikation zwischen den Schichten erfolgt über einheitliche Schnittstellen, für die eine klare Trennung zwischen Daten- und Steuerkommunikation vorgenommen wurde. Der Aufbau des Simulationsmodells in Schichten resultiert somit in einer klaren Kapselung der verschiedenen Funktionalitäten. Das fertige Simulationsmodell kann daher einfach und ohne Änderungen an den unteren Schichten mit unterschiedlichen Anwendungsschichten für verschiedene Experimente benutzt werden.

Den größten Anteil an der Umsetzung des neuen TRX-Modells haben die Schichten MAC und PHY. Durch grundlegende Änderungen in der PHY-Schicht und die Implementierung einer neuen MAC-Schicht wurde aus dem allgemeinen MiXiM-Modell ein detailgetreues Modell des nRF24L01. Eine genauere Betrachtung folgt in den nächsten Abschnitten.

Bedingt durch das Entwurfsziel der Einfachheit wurden nicht benötigte Schichten des OSI-Modells weggelassen oder als Teil anderer Schichten umgesetzt. Insbesondere wurde in allen Anwendungsszenarien auf Routingmechanismen verzichtet. Die Netzwerkschicht spielt daher in der gegenwärtigen Umsetzung eine untergeordnete Rolle. Ihre Aufgabe besteht vorrangig in der Weiterleitung von Nachrichten zwischen Anwendungsschicht (APP) und MAC-Schicht.

Die Anwendungsschicht repräsentiert den Teil der Firmware des externen Mikroprozessors, der den Transceiver ansteuert. An dieser Stelle kann der TRX beispielsweise in den Schlafzustand versetzt werden, wenn keine Daten zu versenden sind oder die Übertragung einer Nachricht wird initiiert. Weiterhin ist diese Schicht auch der Zielpunkt für Daten der Gegenstelle. In der Anwendungsschicht lassen sich also Algorithmen für verschiedene Anwendungsstrategien (z.B.

periodische Messwertübertragungen, gesicherte Übertragung) umsetzen und anschließend durch Simulationen analysieren.

Der Energieverbrauch aller Operationen in der APP-Schicht wird gegenwärtig vernachlässigt, weil diese durch einen externen Prozessor ausgeführt werden und hier vorerst nur die Operation des Transceiverbausteins energetisch betrachtet wird. Ist auch dieser Energiebedarf zu betrachten, dann muss zusätzlich ein geeignetes Energiemodell des Prozessors umgesetzt werden.

Schließlich verfügt jeder Knoten über ein zentrales Modul zur Überwachung der Energieaufnahme (*BatteryModule*). Für dieses Modul wurden zwei unterschiedliche Realisierungen umgesetzt, die sich je nach Simulationsziel einsetzen lassen.

Die erste Realisierung basiert auf dem OMNeT++-Modul *SimpleBattery* [138]. Es ist Teil von MiXiM und nutzt ein einfaches lineares Modell einer Batterie mit festgelegter Kapazität. Jede Operation reduziert die verbleibende Energie in der Batterie bis diese leer ist und der Knoten jegliche Operation innerhalb der Simulation einstellt. Dieser Ansatz eignet sich wenn die Nutzungszeit eines BSN für ein gegebenes Protokoll abgeschätzt werden soll.

Für die zweite Realisierung wurde ein effizienteres Konzept umgesetzt. Dazu wurde statt eines OMNeT++-Moduls eine reine C++-Implementierung entwickelt, die den Energieverbrauch für die einzelnen Transceiverzustände und Transitionen getrennt akkumuliert und das Ergebnis am Ende der Simulation ausgibt. Diese Methode ist wesentlich effizienter, weil hier komplett auf die Verwendung des Nachrichtenmechanismus des Simulationskerns verzichtet werden kann und so die Ausführungszeit eines Simulationsversuches signifikant reduziert wird. Für viele Versuche ist diese Realisierung daher die besser Wahl.

4.5.3. Physikalische Schicht

Die physikalische Schicht (PHY-Layer) ist die unterste Schicht des Simulationsmodells. Sie setzt so grundlegende Dinge wie das Sende und Empfangen von Paketen, die Detektion von Kollisionen und die Berechnung der Bitfehlerrate (*Bit Error Rate*, BER) um [131]. Weiterhin wird hier auch die Dämpfung der Signale in der Luft berechnet. Eine detaillierte Beschreibung der Funktionsweise des PHY-Layers von MiXiM findet sich in [244].

Bei der Ausbreitung eines Signals wird dieses durch verschiedene physikalische Effekte gedämpft. Um die Ausbreitungsbedingungen des Signals auf dem Weg vom Sender zum Empfänger realistisch zu beschreiben, kann eine beliebige Anzahl von Dämpfungsmodellen (*AnalogueModels*) nacheinander auf das Signal angewendet werden. Dafür existiert eine Vielzahl von Ausbreitungsmodellen, die spezielle Phänomene beschreiben [131]. Verfügbar sind Modelle für die Freiraumausbreitung, zur Modellierung von Abschattungseffekten durch Hindernisse (Log-Normal-Fading), für Fading durch Mehrwegeausbreitung oder Knotenmobilität (Rice-, Rayleigh-Modell) und andere.

Die Modellierung einer Funkübertragung geschieht dergestalt, dass alle Empfänger in der theoretischen Reichweite des Senders das gesendete Paket erhalten und erst im *Decider*-Modul der jeweiligen Knotenhardware entschieden wird, ob das Signal nach Anwendung der verschiedenen Dämpfungsmodelle noch stark genug ist, um wirklich empfangen zu werden.

Die zentrale Komponente des PHY-Layers ist das *Radio*-Modul. Dabei handelt es sich um eine Zustandsmaschine (FSM), welche die einzelnen Betriebszustände des Transceivers und die Übergänge zwischen diesen Zuständen beschreibt. Das Standard-Radio-Modul von MiXiM nutzt die drei Zustände *Standby*, *Transmit* und *Receive* (siehe Abb. 4.9a). Die FSM bestimmt also

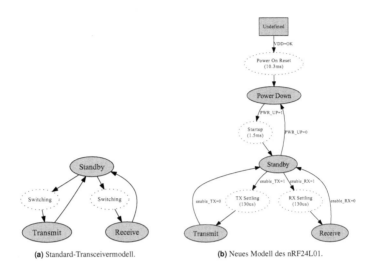

(a) Standard-Transceivermodell.　　　　　(b) Neues Modell des nRF24L01.

Abbildung 4.9.: Transceivermodelle in MiXiM.

wesentlich das Verhalten des Transceivermodells und definiert beispielsweise dessen Empfangsfähigkeit. Für einen Simplex-TRX geschieht dies indem ein empfangenes Signal während der Zustandswechsel und aller Zustände außer *Receive* vollständig gedämpft wird.

Um eine möglichst exakte Modellierung des verwendeten Transceivers (nRF24L01) zu ermöglichen, musste das ursprüngliche MiXiM-Modell um den Schlafzustand *PowerDown* erweitert werden (siehe Abb. 4.9b). Diese Erweiterung hat den Vorteil, dass sich mit dem neuen Modell auch unterschiedliche Schlafstrategien mit Hilfe von Simulationen untersuchen lassen.

In verschiedenen Veröffentlichungen wird in Simulationsversuchen und analytischen Berechnungen auf die Berücksichtigung der Umschaltzeiten zwischen den Transceiverzuständen verzichtet. Die Messungen und Berechnungen mit dem C++-Modell aus Abschnitt 4.4.1 haben jedoch gezeigt, dass deren Vernachlässigung für den betrachteten Transceiver zu vergleichsweise großen Fehlern und damit unrealistischen Ergebnissen bei der Energieabschätzung führt. Eine Vernachlässigung ist nur zulässig, wenn die Umschaltzeiten im Vergleich zur Verweildauer in den aktiven Zuständen kurz sind. Das ist in der Regel nur der Fall, wenn relativ lange Pakete unterbrechungsfrei gesendet werden können. Für den hier verwendeten Transceiver trifft dies aber nicht zu. Die Umschaltphase vor dem Senden hat beispielsweise eine Dauer von $130\,\mu s$, die Übertragungsphase eines typischen Datenpakets mit einer Nutzdatenmenge von 10 Byte hat bei einer Datenrate von 2 MBit/s aber nur eine Dauer von $64.5\,\mu s$. Daher wurden die Umschaltzeiten hier fest in das nRF24L01-Modell integriert und auf die in der Spezifikation angegebenen Werte eingestellt.

Eine weitere neue Funktion, die im erweiterten Radio-Modell hinzugefügt wurde, ist die Berechnung der umgesetzten Energie. Dafür wird beim Verlassen jedes Zustands und am Ende der

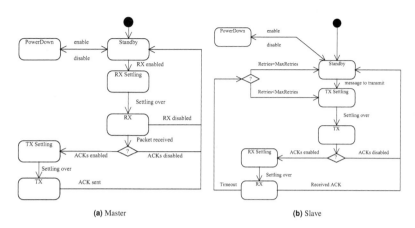

(a) Master   (b) Slave

Abbildung 4.10.: Vereinfachte Zustandsdiagramme für die Implementierung der MAC-Schicht bei Master- und Slave-Geräten.

Umschaltphasen die bis zu diesem Zeitpunkt umgesetzte Energie berechnet. Basis für die Berechnungen sind die in Tabelle 3.12 angegebenen durchschnittlichen Ströme während der einzelnen Phasen, die Versorgungsspannung und die Verweildauer in den Zuständen. Durch Änderung eines Konfigurationsparameters lässt sich für das Modell einfach zwischen den Angaben aus der Spezifikation und den gemessenen Werten umgeschaltet.

Die Modellierung des energetischen Verhaltens kann in MiXiM normalerweise nur auf einer höheren Abstraktionsebene umgesetzt werden. Durch die Integration der Energieberechnung direkt in das Transceivermodell entsteht hingegen ein sehr genaues Bild der Energieaufnahme in den einzelnen Phasen.

Eine interessante Eigenschaft des neuen Modells ist auch die Möglichkeit, bestimmte Konfigurationsparameter des Transceivers (Sendeleistung, Datenrate, Wartezeiten, etc.) direkt während der Simulation mit Hilfe von Steuernachrichten aus der Anwendungsschicht heraus zu verändern. Damit erhält der Nutzer die Möglichkeit auch komplexere Anwendungsstrategien z.B. mit dynamischer Sendeleistungsanpassung zu simulieren.

4.5.4. MAC-Schicht

Während die PHY-Schicht das physikalische Verhalten (Stromaufnahme, mögliche Zustandsübergänge, Empfangsfähigkeit) des Transceivers modelliert, bildet die MAC-Schicht dessen funktionales Verhalten nach. Die Hauptaufgabe der MAC-Schicht besteht in der Steuerung des Medienzugriffs. Sie definiert also beispielsweise den konkreten Zeitpunkt und die Dauer einer Übertragung, legt die Datenrate und die Sendeleistung fest und ist dafür zuständig, dass Pakete, die nicht für das eigene Gerät bestimmt sind anhand ihrer Adresse herausgefiltert werden. Dazu führt die MAC-Software verschiedene Algorithmen aus, die dafür sorgen, dass die Zustandswechsel der Transceiver-Zustandsmaschine im PHY (*RadioModel*-FSM) zu den richtigen Zeitpunkten und in der notwendigen Reihenfolge ausgeführt werden. Weiterhin wird hier die Sicherung der Übertragung durch den ART-Mechanismus umgesetzt, indem erfolgreich empfangene Pakete durch ein ACK-Paket bestätigt werden. Bleibt das ACK-Paket auf Senderseite aus, wird von einem Datenverlust ausgegangen und das ursprüngliche Paket erneut übertragen. Dabei ist die Anzahl der Übertragungswiederholungen und die Wartezeit konfigurierbar.

Um die Funktionalität und das Verhalten dieses speziellen Transceivers (nRF24L01) in Simulationen nachzubilden, musste die MAC-Schicht vollständig neu implementiert werden. Dabei wird auf die zusätzlichen Funktionen der erweiterten PHY-Schicht aufgebaut. Die MAC-Layer-Implementierung verfügt über eine Vielzahl statischer Konfigurationsparameter: Adress- und CRC-Länge, maximale Anzahl von Übertragungswiederholungen, Wartezeit vor einer Wiederholung (ART-Delay), Sendeleistung, Datenrate und andere. Diese werden zu Beginn der Simulation anhand der Angaben der Konfigurationsdatei geladen und entsprechen den Einstellmöglichkeiten der realen Hardware. Die Konfigurationseinstellungen lassen sich aber auch zur Laufzeit der Simulation über Steuernachrichten von übergeordneten Protokollschichten aus anpassen. Damit wird die Konfigurationsfähigkeit des realen Schaltkreises zur Laufzeit nachgebildet. Dadurch ermöglicht dieses Simulationsmodell auch die Analyse von komplexeren Protokollen, die zur Laufzeit dynamisch Parameteranpassungen vornehmen.

Für den MAC-Algorithmus wird zwischen einem Modus für Master- und für Slave-Geräte unterschieden. Dies entspricht der grundlegenden Konfigurationsmöglichkeit der Transceiverhardware als PTX (*Primary Transmitter*, Slave) oder PRX (*Primary Receiver*, Master) (vgl. [170, S. 24]). Der Typ der MAC-Umsetzung (Master, Slave) wird zu Beginn eines Simulationsversuches für jedes Gerät über die Konfigurationsdatei festgelegt.

Abbildung 4.10 zeigt die Abläufe innerhalb der MAC-Schicht in vereinfachter Form anhand von Zustandsdiagrammen für beide Konfigurationen. Über Steuernachrichten aus der Anwendungsschicht kann jeweils zwischen den Zuständen *PowerDown* und *Standby* umgeschaltet werden. Der Master wechselt, ebenfalls gesteuert durch die Anwendungsschicht, zu einem beliebigen Zeitpunkt in den Empfangsmodus und wartet auf ankommende Pakete. Ist der Übertragungssicherungsmechanismus mit Hilfe von ACK-Paketen aktiviert, wird nach dem erfolgreichen Empfang eines Datenpakets in den Sendemodus umgeschaltet, um die Bestätigung zu übertragen. Gleichzeitig wird geprüft, ob im internen Puffer Befehlspakete vorliegen, die an das entsprechende Gerät zu übertragen sind. Ist dies der Fall, werden sie direkt als ACK-Nutzdaten an das Bestätigungspaket angehängt. Abschließend wird zurück in den Empfangsmodus gewechselt. Vor dem Aktivieren von Sender oder Empfänger werden jeweils die Übergangsphasen (*RXSettling*, *TXSettling*) durchlaufen.

Erhält die MAC-Schicht des Slave-Gerätes von der übergeordneten Schicht Daten zur Übertragung, erzeugt sie daraus entsprechend der Transceiverkonfiguration die notwendigen Low-LevelDatenpakete mit Präambel, Adressierung und Fehlerschutzkodierung. Daraufhin schaltet der Slave in den Sendemodus. Ist der Übertragungssicherungsmechanismus aktiviert, wird nach Ende der Übertragung in den Empfangsmodus gewechselt und eine bestimmte Zeit (ART-Delay) auf ein Bestätigungspaket gewartet. Trifft dies ein, erhält die Anwendungsschicht eine Übertragungsbestätigung und der Transceiver wechselt zurück in den Standby-Zustand. Wird innerhalb der definierten Wartezeit kein ACK-Paket empfangen, so wird ein neuer Übertragungsversuch unternommen, bis die maximale Anzahl der Versuche erreicht ist. In einem solchen Fall erhält die Anwendungsschicht eine Fehlermeldung.

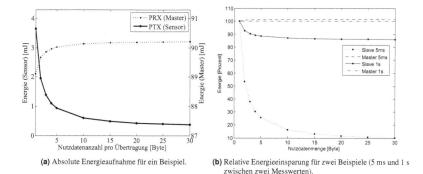

(a) Absolute Energieaufnahme für ein Beispiel.

(b) Relative Energieeinsparung für zwei Beispiele (5 ms und 1 s zwischen zwei Messwerten).

Abbildung 4.11.: Energiebilanz für eine periodische Messwertübertragung bei Variation der Nutzdatenmengen pro Paket für Sender und Empfänger.

Auch für den MAC-Layer kann über einen Konfigurationsschalter zwischen einer Version nach der Spezifikation und einer korrigierten Version auf Basis der Messungen umgeschaltet werden. In der MAC-Schicht wird dabei vorrangig das zeitliche Verhalten angepasst.

4.6. Anwendung des Simulationsmodells

4.6.1. Energetische Untersuchungen

Das erste Simulationsszenario dient der Analyse des Einflusses des Protokolloverheads auf die Energiebilanz. Dazu wird eine periodische Datenübertragung zwischen einem Sensor-Gerät und dem zentralen Empfänger umgesetzt. Zwischen zwei Simulationsversuchen wird jeweils die Nutzdatenmenge pro Paket und die Pause zwischen zwei Paketen verdoppelt. Dadurch wird in jedem Versuch insgesamt die gleiche Datenmenge übertragen. Das bedeutet also beispielsweise, dass im ersten Versuch ein Nutzdatenbyte alle 5 ms, im zweiten Versuch zwei Nutzdatenbytes alle 10 ms und 30 Nutzdatenbytes alle 150 ms übertragen werden. Die anderen Parameter bleiben für alle Versuche unverändert.

Abbildung 4.11a zeigt die Energiebilanz dieser Versuche für beide Geräte. Daran wird deutlich, dass das Sammeln und spätere gemeinsame Übertragen von Messwerten die notwendige Energie unter den gewählten Randbedingungen für das Sensorgerät signifikant reduzieren kann. Das Sammeln von Messwerten für eine spätere Übertragung ist natürlich nur dann sinnvoll, wenn die Latenzanforderungen der übergeordneten Anwendung dies zulassen. Werden also beispielsweise statt alle 5 ms ein Byte alle 25 ms die fünf gesammelten Nutzdatenbytes übertragen, ist dafür 74.4 Prozent weniger Energie notwendig.

Die notwendige Energie wird einerseits reduziert, weil das Verhältnis von Protokolldaten zu Nutzdaten beim Sammeln von Messwerten günstiger wird (9.9% Nutzdaten und 90.1% Protokolldaten bei 1-Byte-Paketen im Vergleich zu 77.8% Nutzdaten und 22.2% Protokolldaten bei 32-

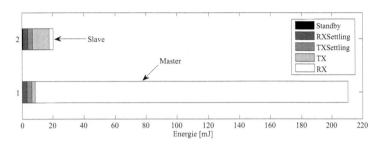

Abbildung 4.12.: Vergleich der Energiebilanz zwischen Master und Slave.

Byte-Paketen). Andererseits sind durch das Sammeln der Messwerte insgesamt auch weniger Pakete zu übertragen. Gesehen über den gesamten Anwendungszeitraum verbessert sich dadurch das Verhältnis von Nutzdaten zu Protokolldaten weiter. Des Weiteren sind auch weniger Wechsel in Zustände mit hoher Stromaufnahme notwendig. Der Transceiverschaltkreis kann länger im energetisch günstigen Standby-Zustand verbleiben.

Für das empfangende Gerät steigt die umgesetzte Energie hingegen geringfügig an. Dies geschieht dadurch, dass bei den größeren Nutzdatenpaketen die einzelnen Pakete seltener übertragen werden und sich der Master daher länger im Empfangsmodus befindet. Anhand von Tabelle 3.12 wird ersichtlich, dass dies der Betriebszustand mit der höchsten Stromaufnahme ist. Auch im ungünstigsten Fall steigt die Energieaufnahme für den gewählten Parametersatz aber um lediglich 1.25 Prozent an.

Abbildung 4.11b zeigt nochmals die prozentuale Energiemenge für den vorher beschriebenen Versuch. Zusätzlich sind in das Diagramm noch die Ergebnisse einer weiteren Versuchsreihe eingetragen. Statt im ungünstigsten Fall alle 5 ms eine Nachricht zu übertragen, wurde für diese ein zeitlicher Abstand von 1 s gewählt. Daran wird deutlich, dass bei Protokollen mit langen Pausen zwischen den Nachrichten die Energiesparmöglichkeiten durch Sammeln von Nutzdaten zwar weiterhin in gleicher Größenordnung vorhanden sind, dann jedoch einen relativ geringen Anteil an der gesamten Energiebilanz haben. Diese wird dann bereits vom Energieumsatz während des Standby-Zustands dominiert.

Das vorherige Simulationsbeispiel zeigt auch, dass sich die Betriebsenergien von Master und Slave sehr stark unterscheiden. Der Master benötigt hier zwischen 24- und 240-mal mehr Energie als der Slavetransceiver. Zur Verdeutlichung wurden in einem weiteren Experiment jeweils 32 Nutzdatenbytes alle 10 ms bei einer Datenrate von 1 MBit/s und einer Sendeleistung von 0 dBm übertragen. Abbruchbedingung war die erfolgreiche Übermittlung von 1000 Nachrichten. Abbildung 4.12 zeigt den Anteil der einzelnen Zustände an den Energiebilanzen der beiden Geräte. Für den Master dominiert der Empfangszustand die Energiebilanz. Dieser muss dauerhaft empfangsbereit sein, da die Ankunftszeit der Pakete der Sensoren nicht a priori bekannt ist. Für den Slave wird der Großteil der Energie im Übertragungszustand umgesetzt und ein deutlich kleinerer Teil für den Empfang der Bestätigungspakete.

Die Umschaltzustände gehen bei beiden Systemen in etwa zu gleichen Teilen in die Bilanz ein und haben jeweils einen signifikanten Anteil am Energieumsatz. Für den Sender entfallen für dieses Beispiel immerhin 31.6 Prozent der Energiemenge auf die beiden Umschaltzustände.

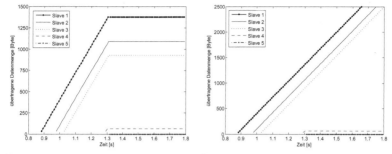

(a) Vollständiges Versagen des drahtlosen Netzwerkes bei fünf **(b)** Teilweises Versagen des drahtlosen Netzwerkes bei einer Übertragungswiederholungen.   Übertragungswiederholung.

Abbildung 4.13.: Dargestellt ist das Verhalten eines Netzwerkes zur periodischer Vitalparameterübertragung bei hohem Datenaufkommen in Abhängigkeit von der Anzahl der Übertragungswiederholungen.

Dies macht deutliche, dass sie in einer Energieabschätzung nicht einfach vernachlässigt werden dürfen.

Durch Anwendung des Simulationsmodells im Szenario eines Körpernetzwerkes mit periodischer Sensorwertübertragung konnten bereits Erkenntnisse für eine reale Umsetzung gewonnen werden. So ist es in dieser Konfiguration beispielsweise sinnvoll, den zentralen Master mit einer größeren Batterie auszustatten, um die Nutzungsdauer des Netzwerkes zu verlängern. Alternativ können auch spezielle Protokolle umgesetzt werden, in denen der Master nur zu bestimmten Zeitpunkten empfängt und so die notwendige Energie reduziert. Dies macht aber eine zeitliche Synchronisierung aller Netzwerkgeräte notwendig.

Mit Hilfe dieses Simulationsmodells kann also der Einfluss verschiedenster Parameter auf die Energiebilanz des kompletten Netzwerkes untersucht werden. Weil so etwas mit realer Hardware kaum realisierbar ist, stellt die Simulation mit diesem Transceivermodell ein wertvolles Werkzeug während der Planung und Umsetzung energieeffizienter Körpernetzwerke dar.

4.6.2. Protokollanalyse

Das nun vorgestellte Experiment untersucht das Netzwerkverhalten bei vergleichsweise hohem Datenaufkommen. Das drahtlose Netzwerk besteht dafür aus fünf Sensoren, die ihre Daten an eine Basisstation (Master) übertragen. Nachrichten werden alle 10 ms mit einer Nutzdatenmenge von 32 Byte erzeugt und mit einer Datenrate von 1 MBit/s übertragen. Ansonsten wurden ideale Bedingungen angenommen: keine Bewegung der Geräte, Freiraumausbreitung, keine Datenverluste durch Interferenzen.

Die im Folgenden dargestellten Diagramme zeigen jeweils die übertragene Datenmenge in Abhängigkeit von der Zeit. Im Idealfall sollen die Graphen für jeden Sensor ohne Unterbrechung linear ansteigen.

127

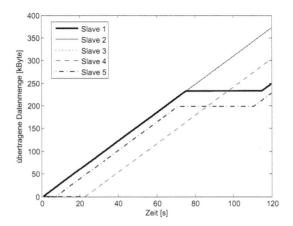

Abbildung 4.14.: Netzwerkverhalten für periodische Vitalparameterübertragungen bei hohem Datenaufkommen und deaktivierten Übertragungswiederholungen unter Beachtung von Taktabweichungen.

Abbildung 4.13a zeigt das Verhalten des Netzwerkes wenn global fünf Übertragungswiederholungen eingestellt sind. Die Sensoren beginnen zu unterschiedlichen Zeitpunkten mit der periodischen Datenübertragung. Die ersten drei Geräte können ungestört kommunizieren, erst wenn das vierte Gerät anfängt Daten zu senden, kommt es zu zeitlichen Überschneidungen (Kollisionen) und damit Datenverlust. Die beiden betroffenen Geräte warten einen fixen Zeitraum (*Automatic Retransmit Delay*, ARD, 500 µs) auf ein Bestätigungspaket und starten nach dessen Ausbleiben einen erneuten Übertragungsversuch. Bedingt durch die gleiche fixe ARD in beiden Geräten schlägt auch diese Übertragung fehl. Dieses Verhalten wiederholt sich, bis die maximale Anzahl von Übertragungswiederholungen erreicht ist. Durch die vielen Übertragungswiederholungen werden anschließend auch die ersten drei Geräte so weit gestört, dass in dieser Netzwerkkonfiguration kein einziges Paket mehr erfolgreich übertragen werden kann.

Eine einfache Möglichkeit, den Totalausfall des Netzes in einem solchen Szenario zu verhindern ist die Reduktion der Übertragungswiederholungen. Das setzt natürlich eine relativ wenig gestörte Übertragungsstrecke voraus. Abbildung 4.13b zeigt das gleiche Netzwerk für die Konfiguration von nur einer Übertragungswiederholung. Die Slaves 4 und 5 stören sich weiterhin gegenseitig, die anderen drei Slaves können aber wenigstens ungehindert Daten übertragen.

Für Abbildung 4.14 wurde das vorherige Experiment ohne Übertragungswiederholungen über einen etwas längeren Zeitraum ausgeführt. Zusätzlich wurden nun Taktabweichungen der Anwendungsprozessoren in die Simulation eingeführt. Diese äußern sich darin, dass die Übertragung nun nicht mehr exakt alle 10 ms gestartet wird, sondern geringfügig von diesem Wert abweicht. Die Abweichungen werden zu Beginn der Simulation für jeden Sensor zufällig im Bereich der Quarzgenauigkeit (±30 ppm) ausgewählt.

Zu Beginn überlappen sich die Übertragungen der Slaves 4 und 5 zeitlich. Der Master kann daher von ihnen keine Daten empfangen. Durch die leicht unterschiedlichen Takte laufen die

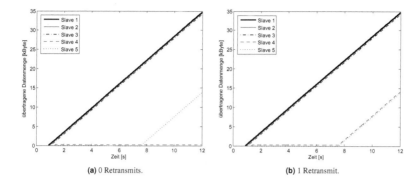

(a) 0 Retransmits. **(b)** 1 Retransmit.

Abbildung 4.15.: Vergleich zwischen aktivierter und deaktivierter Übertragungswiederholung unter Beachtung einer unterschiedlichen Zeitbasis aufgrund von Taktabweichungen.

Übertragungszeitpunkte nach einiger Zeit auseinander. Slave 5 kann in der Folge erfolgreich Daten übertragen. Für Slave 4 ist das noch nicht der Fall, weil der Master nach dem Empfang der Datenpakete von Slave 5 zum Senden der Bestätigungspakete in den Sendemodus umschaltet. Die zu diesem Zeitpunkt ankommenden Pakete von Slave 4 gehen also verloren. Abbildung 4.15a zeigt diesen Ausschnitt. Nach etwa 22 Sekunden ist die Zeitbasis jedoch so weit auseinander gelaufen, dass beide Geräte erfolgreich Daten übertragen können. Ist das Netz jedoch auf wenigstens eine Übertragungswiederholung konfiguriert, kann auch der Slave 4 sofort wieder erfolgreich Daten übertragen (siehe Abb. 4.15b). Zu einem späteren Zeitpunkt stören sich auch andere Sensoren für einen längeren Zeitpunkt.

Diese Simulationsbeispiele demonstrieren zwei Schwächen dieser Transceiver. Die Schaltkreise haben eine fixe ARD, die sich nur in einem 250 μs-Raster konfigurieren lässt. Damit stören sich zeitgleich stattfindende Übertragungen auch bei der Wiederholung. Bei verschiedenen anderen Protokollen wird deshalb eine Zufallskomponente in die Pause vor der Übertragungswiederholung eingefügt. Weiterhin wird der Kanal vor dem Start der Übertragung nicht auf Signale anderer Sensoren überwacht (Carrier Sense). Der Transceiver wurde für geringe Datenmengen und unter besonderer Berücksichtigung der Energieeffizienz entwickelt und verzichtet daher auf komplexere Medienzugriffsverfahren.

Die Simulationen zeigen also, dass es unter diesen Voraussetzungen auch bei Berücksichtigung der Taktungenauigkeiten zu lang anhaltenden Kommunikationsausfällen kommen kann. Im ungünstigsten Fall liegen die Takte der sich störenden Geräte sehr nahe beieinander und es dauert entsprechend lange, bis sich die Zeitbasis so weit unterscheidet, dass eine Übertragung wieder möglich wird.

Ein solches Verhalten ist aber insgesamt für den Produktiveinsatz inakzeptabel und bedarf einer technischen Lösung. Weil sich der genutzte Transceiverschaltkreis nicht verändern lässt, bleibt nur die Möglichkeit, Anpassungen an der Applikation vorzunehmen um die Zuverlässigkeit des WBSNs zu verbessern. Daher wurde eine verbesserte Anwendungsschicht entwickelt, die die Besonderheiten des Transceivers beachtet.

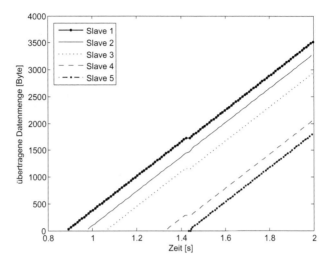

Abbildung 4.16.: Ergebnisse der periodischen Sensordatenübertragung nach Anpassung der Anwendungsschicht.

Die modifizierte Anwendungsschicht bekommt von der untergeordneten Schicht die Information, dass eine Nachricht nach der vorgegebenen Anzahl von Übertragungswiederholungen nicht erfolgreich übermittelt werden konnte. In diesem Fall geht man von einer zeitlichen Überlappung mit der Übertragung eines anderen Gerätes aus. Um aus dem festen Zeitraster auszubrechen, das zu den beschriebenen längeren Störungen führt wird nun für die Übertragung der folgenden Nachricht ein zufälliger Zeitpunkt innerhalb von 10 ms gewählt. Die Folgenachrichten werden anschließend wieder in äquidistanten Abständen verschickt.

Abbildung 4.16 zeigt den Erfolg dieses Ansatzes für das obige Beispiel. So können zwar immer noch Sensorwerte verloren gehen, die sehr langen Zeiträume der gegenseitigen Störung treten jedoch nicht mehr auf. Die Anzahl der Übertragungswiederholungen sollte größer als null sein um Störungen auf MAC-Ebene zu filtern, die nicht durch Kollisionen verursacht wurden.

4.6.3. Entwicklung eines Protokolls mit reduziertem Energieverbrauch auf Empfängerseite

Die Auswertungen anhand des Beispiels in Abschnitt 4.6.1 haben gezeigt, dass für den Betrieb des Masters wesentlich mehr Energie notwendig ist, als für die Sensoren. Das hier vorgestellte Beispiel dokumentiert den Entwurf eines speziellen Kommunikationsprotokolls zur Reduktion der Energie des Masters, ohne die Energieaufnahme der Sensoren signifikant zu steigern. Für Entwurf, Verifikation und Optimierung des Protokolls wurde dabei das Simulationsmodell des nRF24L01 eingesetzt.

a) Normalfall

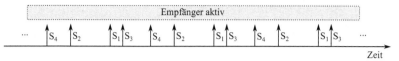

Zeit

b) BSN-EnergyReduction-Protkoll

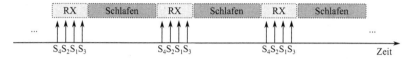

Zeit

Abbildung 4.17.: Konzept des *BSN-EnergyReduction*-Protokolls. Die Empfangseinheit des Masters muss im Normalfall a) dauerhaft aktiviert sein und benötigt entsprechend viel Energie. Für das Protokoll in b) werden die Übertragungszeitpunkte durch den Master zusammengefasst. Die Empfangseinheit kann dadurch für längere Zeit abgeschaltet werden.

In diesem beispielhaften Szenario wird davon ausgegangen, dass vier Sensoren ihre Daten an ein zentral am Körper getragenes Master-Gerät übertragen. Jeder einzelne Sensor generiert dabei pro Sekunde einen 4 Byte großen Vitalparametermesswert. Das Grundproblem besteht darin, dass dem Master normalerweise nicht bekannt ist, wann die Slaves ihre Daten übertragen und somit die Empfängerbaugruppe dauerhaft aktiviert sein muss (siehe Abbildung 4.17a). Der Transceiverzustand mit der höchsten Energieaufnahme ist also einen Großteil der Zeit unnötigerweise aktiviert (*Idle Listening*).

Die Idee des für das Körpernetzwerk entwickelten Protokolls (»*BSN-EnergyReduction-Protokoll*«) ist es, die Empfangszeiträume auf ein Minimum zu beschränken. Dies wird dadurch erreicht, dass virtuelle Kanäle definiert werden, indem jedem Sensor ein eigenes Zeitfenster zugewiesen wird, welches dieser exklusiv nutzen kann. Die einzelnen Kanäle werden dabei zeitlich so zusammengefasst, dass für den Master abwechselnd eine Aktivitäts- und ein Inaktivitätsphase entsteht. Während der Aktivitätsphase werden Datenpakete empfangen und verarbeitet. Während der Inaktivitätsphase ist dies nicht der Fall und der Transceiver kann in einen energetisch günstigeren Zustand umgeschaltet werden. Dieses Konzept ist in Abbildung 4.17b dargestellt.

Um zu erreichen, dass die Sensoren immer genau in den ihnen zugewiesenen Zeiträumen senden, ist eine gewisse zeitliche Synchronisation der Netzwerkgeräte notwendig. Eine hoch genaue Synchronisation aller Knoten auf eine systemweite Absolutzeit erfordert jedoch einen hohen Kommunikationsaufwand und widerspricht damit dem eigentlichen Konzept des hier entwickelten Körpernetzwerks. Wesentlicher Punkt des Konzepts ist ja gerade der weitestgehende Verzicht auf zusätzliche Datenübertragungen. Der Synchronisierung auf eine Absolutzeit stehen aber auch technische Aspekte entgegen. Dadurch, dass die Befehle als ACK-Nutzdaten angehängt werden, um Energie zu sparen, ist die Übertragungsdauer davon abhängig, wann das nächste Paket vom Slave eintrifft und damit nicht deterministisch.

Der für das hier entwickelte Protokoll verwendete Ansatz basiert darauf, dass der Master die Empfangszeitpunkte der Datenpakete mit einer Auflösung von 1 ms aufzeichnet und auswertet. Anschließend wird jedem Slave einzeln mitgeteilt, um welche Zeit er seine Übertragung verschieben muss, um im ihm zugewiesenen Kanal zu übertragen. Sind der Übertragungszeitpunkte aller Geräte stabil, wird der Empfänger nach Ende der Aktivitätsphase abgeschaltet und erst kurz vor Beginn der folgenden Aktivitätsphase wieder aktiviert. Die Korrektur der Übertragungszeitpunkte wird auch im Folgenden permanent vorgenommen. Sobald die Übertragung um mehr als 1 ms vom erwarteten Zeitpunkt abweicht, wird eine Korrekturnachricht an das entsprechende Gerät übertragen.

Um die Integration weiterer Sensoren oder neu gestarteter Geräte ins Netzwerk zu ermöglichen, sind in regelmäßigen Abständen Phasen eingebaut, in denen der Empfänger über einen kompletten Zyklus nicht deaktiviert wird. Neu hinzugekommene Sensoren wird dann ein eigener Kanal zugewiesen und die Wach- bzw. Schlafzyklen des Masters werden entsprechend angepasst.

Für das hier untersuchte Praxisbeispiel erzeugt jeder Sensor 4 Byte Daten pro Sekunde. Mehrere Messwerte werden für eine gemeinsame Übertragung gesammelt, um Energie zu sparen. Wegen der beschränkten Nutzdatenmenge pro Paket muss alle 7 Sekunden ein Paket übertragen werden. Unter Beachtung der Konfigurationseinstellungen und der Wartezeiten auf die ACK-Pakete beträgt die maximale Dauer eines Übertragungsversuchs 961 μs (2 MBit/s) bzw. 1162 μs (1 MBit/s). Plant man nun 3 Übertragungswiederholungen bei Fehlern ein, ergibt sich für diese Beispiel eine minimale Kanaldauer von 4-5 ms.

Zusätzlich müssen Puffer zwischen den Kanälen eingefügt werden, um bei Abweichung der Übertragungszeitpunkte der Sensoren Datenverluste zu verhindern. Diese Abweichungen haben ihre Ursache vornehmlich in produktions- und umweltbedingten Schwankungen der Schwingfrequenz der Quarze. Geht man von einer sehr pessimistischen[1] Frequenzabweichung von ± 100 ppm aus, kann sich der Übertragungszeitpunkt in jedem Zyklus um maximal 700 μs verschieben. Damit auch dem möglichen Verlust von Datenpaketen durch Störungen Rechnung getragen wird, wurde die Pufferzeit für dieses Beispiel auf 5 ms eingestellt. Die Simulation reserviert damit für jeden Slave einen 10 ms langen Zeitschlitz.

Die Vorteile der Nutzung des BSN-EnergyReduction-Protokolls für den Master werden in Abbildung 4.18 deutlich. Für dieses Simulationsexperiment wurde für jeden 10 ms lagen Zeitraum die währenddessen umgesetzte Energie aufgezeichnet. Die Fläche unter der Kurve (grau markiert) entspricht damit der insgesamt umgesetzten Energie. Im Normalfall, also ohne Nutzung des Protokolls, wäre die gesamte Fläche über die ganze Zeit grau eingefärbt.

Während der ersten 45 s ist die Energieaufnahme sehr hoch, weil der Empfänger des Masters dauerhaft aktiv ist und die Empfangszeitpunkte der Pakete analysiert werden. Durch das Senden von Korrekturbefehlen wird in dieser Phase jedem Slave ein eigener exklusiver Kanal zugewiesen. Sobald alle Slaves stabil in ihren Kanälen übertragen, kann der Master den Energiesparmechanismus aktivieren. Durch diese Maßnahmen sinkt der Energieumsatz pro 10 ms-Abschnitt von etwa 357 μJ auf 0.7 μJ. Der Empfänger ist bei diesem Beispiel während eines 7 Sekunden langen Zyklus immer nur für 50 ms aktiv um alle Daten zu empfangen.

Bei etwa 182 s beginnt eine kurze Phase mit hoher Energieaufnahme. Dabei handelt es sich um den zuvor beschriebenen Zeitraum, der es durch die Aktivierung des Empfängers für einen kompletten Zyklus ermöglicht, dass neue Sensoren dem Netzwerk beitreten können.

---

[1] Für alle hier entwickelten Hardwarebaugruppen kommen Quarze mit einer maximalen Frequenzabweichung von ± 20 ppm zum Einsatz.

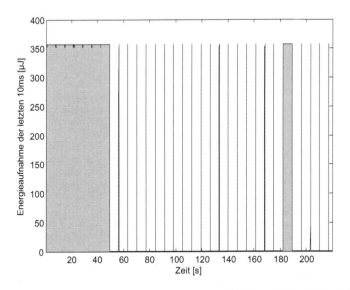

Abbildung 4.18.: Reduktion des Energiebedarfs bei Nutzung des BSN-EnergyReduction-Protokolls.

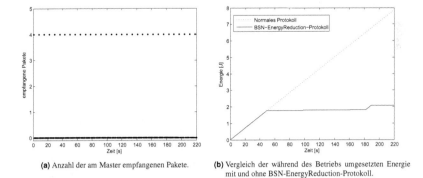

(a) Anzahl der am Master empfangenen Pakete.

(b) Vergleich der während des Betriebs umgesetzten Energie mit und ohne BSN-EnergyReduction-Protokoll.

Abbildung 4.19.: Auswertung eines Versuchs mit dem BSN-EnergyReduction-Protokoll.

133

Weiterhin wurde durch Simulationsversuche nachgewiesen, dass es in dieser Konfiguration bei einer maximalen Taktabweichungen der Quarze der Protokollprozessoren von ± 100 ppm nicht zu Datenverlusten durch Anwendung des Protokolls kommt. Ein Ausschnitt dieser Auswertungen ist in Abbildung 4.19a dargestellt. Auch bei Aktivierung der Stromsparmechanismen werden weiterhin die Pakete aller vier Sensoren empfangen.

Abbildung 4.19b vergleicht schließlich die während des Betriebs insgesamt umgesetzten Energie mit und ohne Nutzung des BSN-EnergyReduction-Protokolls. Statt 7.9 J wurden bis zum Ende des kurzen Experiments nur 2.1 J umgesetzt. Davon ausgehend lässt sich die Betriebsdauer eines batteriebetriebenen Gerätes abschätzen. Wird beispielsweise der Lithium-Polymer-Akkumulator Varta LPP-523450DL [234] mit einer Nennladung von 1000 mAh verwendet, ergibt sich für den reinen Betrieb der Funkkomponente für den dauerhaften Empfang beim Master eine Betriebszeit von 103 Stunden. Bei Einsatz des BSN-EnergyReduction-Protokolls verlängert sich die Betriebszeit für dieses konkrete Beispiel hingegen auf 1720 Stunden. Die Angaben beziehen sich ausschließlich auf den Betrieb des Transceiverschaltkreises und verdeutlichen die energetischen Vorteile des Protokolls. Für eine realistische Abschätzung der Betriebsdauer eines Gerätes muss zusätzlich der Energieumsatz aller anderen Hardwarekomponenten (Prozessor, Sensoren, Speicherkarten) betrachtet werden.

Die zusätzliche Energie durch Verwendung dieses Protokolls ist für die Sensoren vernachlässigbar, weil nur bei Abweichungen Korrekturpakete als ACK-Payload empfangen werden müssen. Die dafür zusätzliche notwendige Energie pro Korrekturpaket beträgt nur 0.5 μJ (0 dBm, 2 MBit/s, 3.0 V). Jeder Sensor benötigt bis zum Ende des Simulationsversuchs lediglich 15 mJ Energie für den Transceiverschaltkreis.

4.7. Zusammenfassung

Auf Basis von Strommessungen wurde ein sehr genaues Energiemodell des verwendeten Transceivers erstellt. Dieses ist die Grundlage für die Entwicklung eines Simulationsmodells, das durch die spezielle Umsetzung der PHY- und MAC-Schichten den Transceiver funktional und energetisch nachbildet.

Jedes drahtlose Körpernetzwerk stellt je nach Anwendungsgebiet, Konzept und eingesetzten Sensoren ganz spezielle Anforderungen an die Umsetzung des Funkprotokolls. Muss dabei besonders auf lange Betriebszeiten der mobilen Geräte Wert gelegt werden, ist ein anwendungsspezifischer Protokollentwurf und eine gezielte energetische Optimierung essentiell. Mit der Simulationsumgebung steht dem Entwickler von Körpernetzwerken nun ein mächtiges Werkzeug zur Verfügung, um diese Aufgaben mit geringem Aufwand auszuführen.

Anhand einiger beispielhafter Untersuchungen mit dem Simulationsmodell konnte gezeigt werden, wo die Stärken und Schwächen dieses Körpernetzwerkes liegen. Weiterhin wurde demonstriert, wie sich diese Schwächen (fixe Zeit vor Übertragungswiederholungen, hoher Energiebedarf beim zentralen Empfänger) durch Umsetzung spezifischer Anwendungsschichten umgehen lassen.

Die Möglichkeit Simulationen für die Entwicklung anwendungsspezifischer Protokolle einzusetzen, bedeutet eine wesentliche Vereinfachung. Ohne Simulationsmöglichkeit muss jede neue Protokollvariante in einer neuen Firmware umgesetzt und auf die physikalisch vorhandenen Geräte übertragen werden. Auch die anschließende Evaluierung von Leistungsparametern oder die Fehlersuche sind in der Simulationsumgebung einfach durch Analyse der Protokolldateien anstatt aufwendiger Messungen durchzuführen.

Schließlich haben die aus den Simulationen gewonnenen Erkenntnisse auch praktische Relevanz, weil die entwickelten Protokolle in der Firmware der im Kapitel 3 entworfenen Hardwarebaugruppen umgesetzt wurden.

5. Zusammenfassung

Autonome drahtlose Körpernetzwerke sind neuartige technische Systeme zur Aufzeichnung, Verarbeitung und Überwachung von Vitalparametern am menschlichen Körper. Umgesetzt wird dies durch kleine, verteilt am Körper getragene Sensoren, die Biosignale aufzeichnen, drahtlos miteinander kommunizieren und die gewonnenen Daten unter Umständen direkt am Körper auswerten.

Die Vorteile dieser Technik liegen für den Patienten in der großen Bewegungsfreiheit durch Verzicht auf Kabelverbindungen bei gleichzeitig permanenter Überwachung kritischer Vitalparameter. Die Anwendung von Körpernetzwerken stößt auch zunehmend im Privatbereich auf Interesse wenn es darum geht, sportliche Aktivitäten zu dokumentieren und Trainingserfolge auszuwerten (*Self Monitoring*).

Die besondere Herausforderung bei der Entwicklung solcher Systeme sind die begrenzten Energieressourcen. Diese ergeben sich daraus, dass speziell die Sensoren besonders klein und leicht sein müssen, um vom Anwender für eine dauerhafte Nutzung akzeptiert zu werden. Weil für die drahtlose Kommunikation üblicherweise sehr viel Energie notwendig ist, muss ein solches System in diesem Bereich besonders optimiert werden, um ausreichend lange Laufzeiten zu gewährleisten.

Bisher sind keine Entwurfswerkzeuge verfügbar, die die Entwicklung anwendungsspezifischer drahtloser Körpernetzwerke umfassend unterstützen. Im Speziellen müssen viele Entwurfsentscheidungen ohne objektive Verifikationsmöglichkeit getroffen werden. Gerade für die Umsetzung dieser energetisch sensiblen Systeme ist es jedoch unerlässlich, verschiedene Konzepte und Methoden miteinander zu vergleichen.

Die vorgelegte Arbeit beschäftigt sich daher mit der Konzeption und Umsetzung eines umfassenden Frameworks für die Entwicklung anwendungsspezifischer drahtloser Körpernetzwerke. Das Gesamtkonzept umfasst dabei die Hardware der Netzwerkgeräte, die dafür notwendige Betriebsfirmware, Anwendungs- und Testsoftware sowie eine Simulationsumgebung.

Für den Bereich der Hardware wurden verschiedene Demonstratoren aufgebaut, um die theoretisch entwickelten Konzepte praktisch umsetzen und erproben zu können. Dabei kommen besonders energieeffiziente und kleine Bauteile zum Einsatz. Funkmodule auf Basis standardisierter und weit verbreiteter Protokolle wie WiFi, Bluetooth oder ZigBee sind aufgrund ihrer vergleichsweise hohen Stromaufnahme, der Protokollkomplexität oder der Ausrichtung auf eher hohe Datenraten keine guten Kandidaten für die energieeffiziente Vitalparameterübertragung am Patienten. Statt einer solchen Standardlösung wird für die Hardware ein besonders energieeffizienter Transceiverschaltkreis eingesetzt, der sich zudem frei programmieren lässt.

Als Ergebnis der Hardwareentwicklung stehen nun verschiedene Komponenten zur Verfügung: Eine Universalplatine dient der Umsetzung der Sensorknoten, eine Basisstation verbindet das Körpernetzwerk mit dem PC, eine Modem-Baugruppe erweitert beliebige Medizingeräte um eine Schnittstelle zum Körpernetzwerk und schließlich eine Körpereinheit, die als zentraler Empfänger und Speicher eines autonomen BSNs dient. Diese Baugruppen decken somit alle wichtigen Anwendungsbereiche drahtloser Körpernetzwerke ab.

Die Nutzung eines besonders stromsparenden Transceivers ist eine grundlegende Voraussetzung für die Umsetzung eines energieeffizienten Körpernetzwerkes. Eine wesentlich wichtigere Rolle spielt jedoch die Verwendung geeigneter Kommunikationsprotokolle. Daher wurden in dieser Arbeit verschiedene Protokollkonzepte erarbeitet, die die Energie der Funkkommunikation für Vitalparametersensoren minimieren.

Wesentliche Ideen sind dabei die Nutzung einer einfachen Stern-Topologie unter Verzicht auf Routingmechanismen, das Puffern und gemeinsame Versenden von Daten in kurzen Datagrammen, der Verzicht auf ein komplexes Verbindungsmanagement und die Vermeidung unnötiger Funkkommunikation. Damit werden vor allem die wesentlichen Schwächen der Alternativlösungen adressiert. Die hier entwickelte Lösung ist also spezialisiert auf den Anwendungsbereich der drahtlosen Körpernetzwerke und weniger allgemeingültig als alternative, standardisierte Funkprotokolle, dafür lassen sich aber höhere Gerätelaufzeiten realisieren.

Konkret umgesetzt werden diese Konzepte zur Reduktion der Energieaufnahme in der Firmware der verschiedenen Hardwarebaugruppen. Im Detail vorgestellt wurden in dieser Arbeit zwei Beispiele: eine Firmware für die energieeffiziente Vitalparameterübertragung und eine Firmware für eine sichere Übertragung von Binärdaten. Anhand dieser Beispiele konnte messtechnisch nachgewiesen werden, dass die hier entwickelten Lösungen wesentlich weniger Energie benötigen als vergleichbare Realisierungen mit ZigBee oder Bluetooth.

Einen weiteren wichtigen Teil des Entwicklungsframeworks bildet die Anwendungssoftware. Diese Programme ermöglichen beispielsweise eine einfache und intuitive Konfiguration der Netzwerkgeräte, das einfache Programmieren neuer Firmwareversionen oder das Testen der Geräte auf Fehlerfreiheit. Speziell die Testsoftware lässt sich aufgrund ihres generischen Konzeptes unverändert mit beliebigen Geräten verwenden, die eine kommandobasierte Schnittstelle aufweisen. Dazu müssen lediglich die notwendigen Testfälle in der hier definierten Auszeichnungssprache umgesetzt werden.

Die Programmteile zur Kommunikation mit den Hardwarebaugruppen und zur Protokollauswertung lassen sich zusätzlich einfach als Grundlage für beliebige weitere Anwendungsprogramme einsetzten. All diese Programme unterstützen die Entwickler von Körpernetzwerken bei ihrer Arbeit und helfen dabei, Fehler zu vermeiden und die Entwicklungszeit kurz zu halten.

Den letzten Schwerpunkt bildet die Entwicklung eines ein Simulationsframeworks. Dazu wurde im ersten Schritt ein Energiemodell des Transceivers in C++ umgesetzt. Dessen Grundlage sind hochauflösende Messungen an der Hardware. Anschließend wurde ein Simulationsmodell des verwendeten Transceivers entwickelt, das dessen Verhalten und Energieaufnahme detailliert nachbildet. Der Vergleich der Ergebnisse mit dem Referenzmodell stellt dabei die Korrektheit des Simulationsmodells sicher.

Mit Hilfe der Simulationsumgebung lassen sich nun beliebige Konzepte objektiv hinsichtlich ihrer Energieeffizienz oder anderer Leistungsmerkmale untersuchen und vergleichen. Durch die Vorteile der Simulationen wird besonders die Entwicklung anwendungsspezifischer Protokolle massiv vereinfacht. In dieser Arbeit wurden beispielsweise für spezielle Anwendungsszenarien neue Kommunikationsprotokolle entwickelt, einer funktionalen Evaluierung unterzogen und mit alternativen Lösungen verglichen.

Durch Auswertung der Simulationsversuche konnte gezeigt werden, dass durch die Umsetzung und Optimierung anwendungsspezifischer Protokolle der Energiebedarf gesenkt und signifikante Laufzeitsteigerungen erzielt werden können. Weiterhin konnten durch Simulationsversuche auch Schwächen des verwendeten Transceivers erkannt und entsprechende Lösungen erarbeitet werden. Die aus den Simulationen gewonnenen Erkenntnisse sind wiederum in die Entwicklung neuer Konzepte für die Umsetzung der Hardware und Firmware-Varianten eingeflossen.

Mit den durchgeführten Arbeiten und den zur Verfügung gestellten Werkzeugen (Firmware, Protokollentwürfe, Anwendungssoftware, Testsoftware, Energiemodelle und Simulationsumgebung) steht dem Entwickler von anwendungsspezifischen Körpernetzwerken nun ein Framework zur Verfügung, dass den Entwurfsprozess wesentlich vereinfacht, die Entwicklungszeit verkürzt und somit die Entwicklungskosten reduziert. Im Ergebnis entstehen also Geräte, die wenig Energie benötigen, dementsprechend klein und leicht sind und lange ohne Batteriewechsel benutzt werden können. Dadurch lassen sich neuartige Konzepte der Langzeitüberwachung von Vitalparametern realisieren, die durch Nutzung einer besseren Datenbasis die optimale medizinische Versorgung der Patienten sicherstellen.

Auch im Privatbereich werden solche Systeme damit zunehmend attraktiv. Im besten Fall kann die permanente Überwachung und Auswertung von Körperfunktionen, gesteigert durch Dokumentation von Erfolgen zu einer Änderung der Lebensweise im positiven Sinn führen.

Literaturverzeichnis

[1] *GloMoSim - Global Mobile Information Systems Simulation Library.* http://pcl.cs.ucla.edu/projects/glomosim/, Abruf: 17.02.2012

[2] *Google Summer of Code Project: MAC and PHY for LTE for ns-3.* http://www.nsnam.org/wiki/index.php/GSOC2010MACPHYforLTE, Abruf: 17.02.2012

[3] *INET Framework for OMNeT++ Manual.* http://inet.omnetpp.org/doc/inet-manual-DRAFT.pdf, Abruf: 17.02.2012

[4] *INETMANET Framework for OMNEST/OMNeT++ 4.x (Project Homepage).* https://github.com/inetmanet/inetmanet/wiki, Abruf: 17.02.2012

[5] *JiST / SWANS.* http://jist.ece.cornell.edu/, Abruf: 17.02.2012

[6] *MiXiM Wiki.* http://sourceforge.net/apps/trac/mixim, Abruf: 17.02.2012

[7] *Octave.* http://www.gnu.org/software/octave/, Abruf: 17.02.2012

[8] *OMNeT++ Mailing Liste.* http://groups.google.com/group/omnetpp, Abruf: 17.02.2012

[9] *openWNS - Open Source Wireless Network Simulator.* http://www.openwns.org/Wiki, Abruf: 17.02.2012

[10] *OTcl - Project Homepage.* http://otcl-tclcl.sourceforge.net/otcl/, Abruf: 17.02.2012

[11] *PARSEC - Parallel Simulation Environment for Complex Systems.* http://pcl.cs.ucla.edu/projects/parsec/, Abruf: 17.02.2012

[12] *Project Webpage: Mobility Framework for OMNeT++.* http://mobility-fw.sourceforge.net/, Abruf: 17.02.2012

[13] *The ns-3 network simulator.* http://www.nsnam.org/, Abruf: 17.02.2012

[14] *INET Framework.* Version: 18.11.2011. http://inet.omnetpp.org/, Abruf: 17.02.2012

[15] *J-Sim.* Version: 2006. http://www.j-sim.zcu.cz, Abruf: 17.02.2012

[16] ASADA, G. ; DONG, M. ; LIN, T. S. ; NEWBERG, F. ; POTTIE, G. ; KAISER, W. J. ; MARCY, H. O.: Wireless integrated network sensors: Low power systems on a chip: Solid-State Circuits Conference, 1998. ESSCIRC '98. Proceedings of the 24th European. (1998)

[17] ATMEL: *ATmega128/L - 8-bit AVR Microcontroller with 128K Bytes In-System Programmable Flash: Datasheet.* http://www.atmel.com/dyn/products/product_card.asp?part_id=2018. Version: 07.2009, Abruf: 12.11.2010

[18] ATMEL: *AT86RF231 Datasheet - Low Power 2.4 GHz Transceiver for ZigBee, IEEE 802.15.4, 6LoW-PAN, RF4CE, SP100, WirelessHART, and ISM Applications.* http://www.atmel.com/Images/doc8111.pdf. Version: Rev. C, 09/09, Abruf: 29.2.2012

[19] ATMEL: *IEEE 802.15.4 MAC Stack Software.* Version: 10/11. http://www.atmel.com/tools/IEEE802_15_4MAC.aspx, Abruf: 17.02.2012

[20] ATMEL: *ATmega128RFA1: 8-bit AVR Microcontroller with Low Power 2.4GHz Transceiver for ZigBee and IEEE 802.15.4.* http://www.atmel.com/dyn/resources/prod_documents/doc8266.pdf. Version: 12/09, Abruf: 01.11.2010

[21] BACKHAUS, Claus: *Usability-Engineering in der Medizintechnik: Grundlagen - Methoden - Beispiele.* Berlin and Heidelberg : Springer-Verlag, 2010 (VDI-Buch). http://dx.doi.org/10.1007/978-3-642-00511-4. http://dx.doi.org/10.1007/978-3-642-00511-4. – ISBN 9783642005114

[22] BAKER, S. D. ; HOGLUND, D. H.: Medical-Grade, Mission-Critical Wireless Networks. In: *IEEE Engineering in Medicine and Biology Magazine* 27 (2008), Nr. 2, 86–95. http://ieeexplore.ieee.org/iel5/51/4469626/04469643.pdf?isnumber=4469626&arnumber=4469643. – ISSN 0739-5175

[23] BANKS, Jerry: *Discrete-event system simulation.* 3rd. Upper Saddle River and NJ : Prentice Hall, 2001 http://www.worldcat.org/oclc/43945281. – ISBN 0130887021

[24] BARTNECK, Norbert ; WEINLÄNDER, Markus: *Prozesse optimieren mit RFID und Auto-ID: Grundlagen, Problemlösungen und Anwendungsbeispiele.* Erlangen : Publicis Corp. Publ., 2008 (Siemens). http://www.wiley-vch.de/publish/en/books/bySubjectBA00/bySubSubjectBA10/3-89578-319-6/?sID=p2qlnooj68su7htl8qrrc2qjt3. – ISBN 9783895783197

[25] BÄRWOLFF, Hartmut ; HÜSKEN, Volker ; VICTOR, Frank: *IT-Systeme in der Medizin: IT-Entscheidungshilfe für den Medizinbereich - Konzepte, Standards und optimierte Prozesse.* Wiesbaden : Friedr. Vieweg & Sohn Verlag | GWV Fachverlage GmbH Wiesbaden, 2006 (Springer-11775 / [Dig. Serial]). http://dx.doi.org/10.1007/978-3-8348-9060-3. http://dx.doi.org/10.1007/978-3-8348-9060-3. – ISBN 9783834890603

[26] BEER, Steffen ; RESCH, Karl-Ludwig: Well.com.e: Entwicklung einer Gesundheitsplattform für proaktive, selbstbestimmte Menschen in der zweiten Lebenshälfte und ihre Dienstleister. In: VDE VERLAG (Hrsg.): *Ambient Assisted Living 2010.* Berlin : VDE-Verl., 2010. – ISBN 978–3–8007–3209–8

[27] BLUEGIGA TECHNOLOGIES: *Health Device Profile: iWRAP Application Note.* 16.07.2010

[28] BLUEGIGA TECHNOLOGIES: *WT12 Bluetooth Module - Product Data Sheet.* 16.11.2007

[29] BLUETOOTH SPECIAL INTEREST GROUP: *Bluetooth - Our History.* http://www.bluetooth.com/Pages/History-of-Bluetooth.aspx, Abruf: 17.02.2012

[30] BLUETOOTH SPECIAL INTEREST GROUP: *Bluetooth Low Energy Technology.* http://www.bluetooth.com/Pages/Low-Energy.aspx, Abruf: 17.02.2012

[31] BLUETOOTH SPECIAL INTEREST GROUP: *Bluetooth Specification: Adopted Documents.* https://www.bluetooth.org/Technical/Specifications/adopted.htm, Abruf: 17.02.2012

[32] BLUETOOTH SPECIAL INTEREST GROUP: *Bluetooth Core Specification Version 2.0 + EDR.* https://www.bluetooth.org/Technical/Specifications/adopted.htm. Version: 04.11.2004, Abruf: 01.03.2012

[33] BLUETOOTH SPECIAL INTEREST GROUP: *Bluetooth Core Specification Version 1.2.* https://www.bluetooth.org/Technical/Specifications/adopted.htm. Version: 05.11.2003, Abruf: 23.03.2011

[34] BLUETOOTH SPECIAL INTEREST GROUP ; MEDICAL DEVICES WORKING GROUP (Hrsg.): *Health Device Profile (HDP) Implementation Guidance Whitepaper.* V10r00. 17.12.2009

[35] BLUETOOTH SPECIAL INTEREST GROUP: *Bluetooth Core Specification Version 3.0 + HS.* https://www.bluetooth.org/Technical/Specifications/adopted.htm. Version: 21.04.2009, Abruf: 01.03.2012

[36] BLUETOOTH SPECIAL INTEREST GROUP: *Bluetooth Core Specification Version 1.1.* 22.02.2001

[37] BLUETOOTH SPECIAL INTEREST GROUP: *Bluetooth Core Specification Version 1.0a.* 24.07.1999

[38] BLUETOOTH SPECIAL INTEREST GROUP: *Bluetooth Core Specification Addendum 1.* https://www.bluetooth.org/Technical/Specifications/adopted.htm. Version: 26.06.2008, Abruf: 23.03.2011

[39] BLUETOOTH SPECIAL INTEREST GROUP: *Health Device Profile (HDP).* https://www.bluetooth.org/Technical/Specifications/adopted.htm. Version: V10r00, 26.06.2008, Abruf: 01.03.2012

[40] BLUETOOTH SPECIAL INTEREST GROUP: *Multi-Channal Adaptation Protocol (MCAP).* https://www.bluetooth.org/Technical/Specifications/adopted.htm. Version: V10r00, 26.06.2008, Abruf: 01.03.2012

[41] BLUETOOTH SPECIAL INTEREST GROUP: *Bluetooth Core Specification Version 4.0.* https://
www.bluetooth.org/Technical/Specifications/adopted.htm. Version: 30.06.2010, Abruf:
01.03.2012

[42] BONATO, P.: Wearable Sensors and Systems. In: *IEEE Engineering in Medicine and Biology Magazine*
29 (2010), Nr. 3, 25–36. http://ieeexplore.ieee.org/stamp/stamp.jsp?arnumber=5463017.
– ISSN 0739–5175

[43] BORISOV, Nikita ; GOLDBERG, Ian ; WAGNER, David: *Intercepting Mobile Communications: The In-
security of 802.11.* http://www.isaac.cs.berkeley.edu/isaac/mobicom.pdf. Version: 2001,
Abruf: 01.03.2012

[44] BREBELS, S. ; SANDERS, S. ; WINTERS, C. ; WEBERS, T. ; VAESEN, K. ; CARCHON, G. ; GY-
SELINCKX, B. ; RAEDT, W. d.: 3D SoP integration of a BAN sensor node. In: *Electronic Components
and Technology Conference, 2005. Proceedings. 55th,* 2005. – ISBN 0–7803–8907–7, 1602–1606

[45] BRINGUIER, Jonathan ; MITTRA, Raj ; WIARTE, Joe: *FDTD Simulation Of Wave Propagation And
Coupling For Body Area Networks.* http://www.ursi.org/proceedings/procGA08/papers/
BCKp4.pdf. Version: 2008, Abruf: 01.03.2012

[46] BUNDESMINISTERIUM DER JUSTIZ: *Frequenzbereichszuweisungsplanverordnung: FreqBZPV.* http:
//www.gesetze-im-internet.de/bundesrecht/freqbzpv_2004/gesamt.pdf

[47] BUNDESMINISTERIUM FÜR GESUNDHEIT: *Statistiken zur gesetzlichen Krankenversicherung:
Kennzahlen der Gesetzlichen Krankenversicherung - 1998 bis 2007; 1. bis 4. Quartal
2008.* http://www.bmg.bund.de/cln_151/nn_1168248/SharedDocs/Downloads/DE/
Statistiken/Gesetzliche-Krankenversicherung/Kennzahlen-und-Faustformeln/
Kennzahlen-und-Faustformeln.html. Version: 17.11.2009, Abruf: 17.05.2010

[48] CAMBRIDGE SILICON RADIO (CSR): *BlueCore 2 External - Product Data Sheet.* August 2004

[49] CLENDENIN, Mike ; EE TIMES (Hrsg.): *ZigBee's improved spec incompatible with
v1.0.* Version: 27.09.2006. http://www.eetimes.com/electronics-news/4065758/
ZigBee-s-improved-spec-incompatible-with-v1-0, Abruf: 17.02.2012

[50] CONTINUA HEALTH ALLIANCE: *Webseite der Continua Health Alliance.* http://www.
continuaalliance.org, Abruf: 17.02.2012

[51] CONTINUA HEALTH ALLIANCE: *Continua Design Guidelines 2010.* http://www.
continuaalliance.org/products/design-guidelines.html. Version: 01.10.2010, Abruf:
01.03.2012

[52] CONTINUA HEALTH ALLIANCE: *Press Release: Continua Health Alliance Looks to the Future with the
Selection of Two New Low Power Radio Standards, Enabling Expanded Use Cases: Addition of Bluetooth low energy technology and ZigBee Health Care to provide connectivity for mobile and home sensors.* Version: 2009. http://www.continuaalliance.org/static/cms_workspace/Continua_
06082009_vFINAL.pdf, Abruf: 17.02.2012

[53] DAINTREE NETWORKS: *ZigBee Specification Comparison Matrix.* http://www.daintree.net/
resources/spec-matrix.php, Abruf: 17.02.2012

[54] DANZ, Carl-Otto: *RFID-Transponder-Produktion als Teilgebiet der print-
ed electronics.* Version: 2010. http://www.mediencommunity.de/content/
rfid-transponder-produktion-als-teilgebiet-der-printed-electronics, Abruf:
17.02.2012

[55] DESPANG, Hans G. ; NETZ, Steffen ; HEINIG, Andreas ; HOLLAND, Hans J. ; FISCHER, Wolf J.:
Wireless long-term ECG integrated into clothing / In Kleidung integriertes, drahtloses Langzeit-EKG.
In: *Biomedizinische Technik/Biomedical Engineering* 53 (2008), Nr. 6, S. 270–278. http://dx.doi.
org/10.1515/BMT.2008.043. – DOI 10.1515/BMT.2008.043. – ISSN 0013–5585

[56] DIGI: *XBee / XBee-PRO 802.15.4 OEM RF Modules.* http://www.digi.com/products/
wireless/point-multipoint/xbee-series1-module.jsp, Abruf: 17.02.2012

[57] DIN, Deutsches Institut für Normgebung und VDE, Verband der Elektrotechnik Elektronik Informationstechnik: *DIN EN 60601-1-2: Medizinische elektrische Geräte Teil 1-2: Allgemeine Festlegungen für die Sicherheit einschließlich der wesentlichen Leistungsmerkmale – Ergänzungsnorm: Elektromagnetische Verträglichkeit – Anforderungen und Prüfungen (IEC 60601-1-2:2007, modifiziert); Deutsche Fassung EN 60601-1-2:2007.* http://www.vde-verlag. de/normen/0750130/vde-0750-1-2-din-en-60601-1-2-2007-12.html. Version: 12.2007, Abruf: 01.03.2012

[58] Doremalen, R. van ; Engen, P. van ; Jochems, W. ; Rommers, A. ; Maas, G. ; Shi, Cheng ; Rydberg, A. ; Fritzsch, T. ; Wolf, J. ; Raedt, W. d. ; Jansen, R. ; Muller, P. ; Alarcon, E. ; Sanduleanu, M.: Wireless activity monitor using 3D itegration. In: *Design, Test, Integration & Packaging of MEMS/MOEMS, 2009. MEMS/MOEMS '09. Symposium on*, 2009. – ISBN 978–1–4244– 3874–7, 86–91

[59] Douniama, Christian ; Couronne, Robert: Blood Pressure Estimation Based on Pulse Transit Time and Compensation of Vertical Position. In: Hornegger, Joachim (Hrsg.) ; Mayr, Ernst W. (Hrsg.) ; Schookin, Sergey (Hrsg.) ; Feussner, Hubertus (Hrsg.) ; Navab, Nassir (Hrsg.) ; Gulyaev, Yuri V. (Hrsg.) ; Höller, Kurt (Hrsg.) ; Ganzha, Victor (Hrsg.): *3rd Russian-Bavarian Conference on Biomedical Engineering* Bd. 1. Erlangen, 2007. – ISBN 3–921713–33–X, S. 38–41

[60] Egea-López, Esteban ; Vales-Alonso, Javier ; Martínez-Sala, Alejandro ; Pavón-Mariño, Pablo ; García-Haro, Joan: Simulation tools for wireless sensor networks. In: Obaidat, Mohammad S. (Hrsg.): *Proceedings of the 2005 International Symposium on Performance Evaluation of Computer and Telecommunication Systems* Bd. 37,3. San Diego und Calif. : Society for Modeling and Simulation International, 2005 (Simulation series). – ISBN 1565553004

[61] Ember Corporation: *EM250 - Single-Chip ZigBee/802.15.4 Solution - Product Data Sheet.* http://www.ember.com/products_zigbee_chips_e250.html. Version: 16.06.2006, Abruf: 18.02.2011

[62] Endomondo ApS: *Endomondo Community Website.* http://www.endomondo.com/, Abruf: 17.02.2012

[63] Ericsson Microelectronics: *ROK 101 007 - Bluetooth Multi Chip Module - Product Data Sheet.* December 2001

[64] Ernst, J. B. ; Denko, M. K.: Cross-Layer Mixed Bias Scheduling for Wireless Mesh Networks. In: *Communications (ICC), 2010 IEEE International Conference on*, 2010. – ISBN 978–1–4244–6402–9, 1–5

[65] ETSI - European Telecommunications Standards Institute: *Electromagnetic compatibility and Radio spectrum Matters (ERM);Short Range Devices (SRD);Ultra Low Power Active Medical Implants (ULP-AMI) and Peripherals (ULP-AMI-P) operating in the frequency range 402 MHz to 405 MHz;Part 1: Technical characteristics and test methods: EN 301 839-1*

[66] Ettelt, Stefanie ; Nolte, Ellen ; McKee, Martin ; Haugen, Odd A. ; Karlberg, Ingvar ; Klazinga, Niek ; Ricciardi, Walter ; Teperi, Juha: Evidence-based policy? The use of mobile phones in hospital. In: *Journal of public health (Oxford, England)* 28 (2006), Nr. 4, 299–303. http://dx.doi.org/10.1093/pubmed/fdl067. – DOI 10.1093/pubmed/fdl067. – ISSN 1741– 3842

[67] Europäischen Union: *Richtlinie 2004/108/EG des Europäischen Parlaments und des Rates vom 15. Dezember 2004 zur Angleichung der Rechtsvorschriften der Mitgliedstaaten über die elektromagnetische Verträglichkeit und zur Aufhebung der Richtlinie 89/336/EWG: Richtlinie 2004/108/EG.* http:// eur-lex.europa.eu/LexUriServ/LexUriServ.do?uri=OJ:L:2004:390:0024:0037:de:PDF

[68] European Communications Office (ERC): *ERC Recommendation 70-03 - Relating to the use of Short Range Devices (SRD): Recommendation adopted by the Frequency Management, Regulatory Affairs and Spectrum Engineering Working Groups.* http://www.erodocdb.dk/Docs/doc98/ official/pdf/REC7003E.PDF. Version: 01.06.2010, Abruf: 01.03.2012

[69] FALCK, T. ; ESPINA, J. ; EBERT, J. P. ; DIETTERLE, D.: BASUMA - the sixth sense for chronically ill patients. In: *2006. BSN 2006. International Workshop on Wearable and Implantable Body Sensor Networks* (2006), 4 pp.-60. http://ieeexplore.ieee.org/stamp/stamp.jsp?arnumber=1612895. – ISSN 0-7695-2547-4

[70] FALCK, Thomas ; BALDUS, Heribert ; ESPINA, Javier ; KLABUNDE, Karin: Plug 'n Play Simplicity for Wireless Medical Body Sensors. In: *Pervasive Health Conference and Workshops, 2006*, 2006. – ISBN 1-4244-1085-1, 1-5

[71] FALL, Kevin ; VARADHAN, Kannan: *The ns Manual.* http://www.isi.edu/nsnam/ns/doc/ns_doc.pdf, Abruf: 01.03.2012

[72] FARAHANI, Shahin: *ZigBee Wireless Networks and Transceivers.* Amsterdam : Elsever Newnes, 2008 http://www.gbv.de/dms/bowker/toc/9780750683937.pdf. – ISBN 9780750683937

[73] FCC - FEDERAL COMMUNICATIONS COMMISSION: *Code of Federal Regulations - Title 47 - Telecommunication - Part 15 Radio Frequency Devices.* http://www.gpo.gov/fdsys/pkg/CFR-2009-title47-vol1/pdf/CFR-2009-title47-vol1-part15.pdf

[74] FCC - FEDERAL COMMUNICATIONS COMMISSION: *Code of Federal Regulations - Title 47 - Telecommunication - Part 18 - Industrial, Scientific, and Medical Equipment.* http://www.gpo.gov/fdsys/pkg/CFR-2009-title47-vol1/pdf/CFR-2009-title47-vol1-part18.pdf

[75] FCC - FEDERAL COMMUNICATIONS COMMISSION: *Code of Federal Regulations - Title 47 - Telecommunication - Part 95 - Personal Radio Services.* http://www.gpo.gov/fdsys/pkg/CFR-2009-title47-vol5/pdf/CFR-2009-title47-vol5-part95.pdf

[76] FCC - FEDERAL COMMUNICATIONS COMMISSION: *Medical Device Radiocommunications Service: MedRadio.* Version: 04.09.2009. http://wireless.fcc.gov/services/index.htm?job=service_home&id=medical_implant, Abruf: 17.02.2012

[77] FCC - FEDERAL COMMUNICATIONS COMMISSION: *Wireless Medical Telemetry Service (WMTS).* Version: 14.09.2009. http://wireless.fcc.gov/services/index.htm?job=service_home&id=wireless_medical_telemetry, Abruf: 17.02.2012

[78] FLETCHER, R. R. ; DOBSON, K. ; GOODWIN, M. S. ; EYDGAHI, H. ; WILDER SMITH, O. ; FERNHOLZ, D. ; KUBOYAMA, Y. ; HEDMAN, E. B. ; MING, Zher P. ; PICARD, R. W.: iCalm: Wearable Sensor and Network Architecture for Wirelessly Communicating and Logging Autonomic Activity. In: *IEEE Transactions on Information Technology in Biomedicine* 14 (2010), Nr. 2, 215–223. http://ieeexplore.ieee.org/iel5/4233/5431105/05373932.pdf?isnumber=5431105&arnumber=5373932. – ISSN 1089–7771

[79] FOOD AND DRUG ADMINISTRATION (FDA): *Radio-Frequency Wireless Technology in Medical Devices: Daft Guidance.* Version: 03.01.2007. http://www.fda.gov/MedicalDevices/DeviceRegulationandGuidance/GuidanceDocuments/ucm077210.htm, Abruf: 17.02.2012

[80] FRANKE, Detlef: *Krankenhaus-Management im Umbruch: Konzepte - Methoden - Projekte.* Kohlhammer, 2007 (Kohlhammer Krankenhaus). http://books.google.de/books?id=z6EwOSuJdAoC. – ISBN 9783170195769

[81] FRANZ, W. ; DEPPERMANN, K.: Theorie der Beugung am Zylinder unter Berücksichtigung der Kriechwelle. In: *Annalen der Physik* 445 (1952), Nr. 6-7, 361–373. http://dx.doi.org/10.1002/andp.19524450606. – DOI 10.1002/andp.19524450606. – ISSN 1521–3889

[82] FRAUNHOFER GESELLSCHAFT: *senSave.* http://www.iis.fraunhofer.de/Images/Broschuere_senSAVE_tcm182-28254.pdf, Abruf: 17.02.2012

[83] FREESCALE: *IEEE 802.15.4 Protocol Stack.* http://www.freescale.com/webapp/sps/site/overview.jsp?code=PROTOCOL_802154, Abruf: 17.02.2012

[84] FREESCALE: *SMAC.* Version: 3/2008. http://www.freescale.com/webapp/sps/site/overview.jsp?code=PROTOCOL_SMAC, Abruf: 17.02.2012

[85] FREESCALE SEMICONDUCTOR: *IEEE 802.15.4 / ZigBee Software Selector Guide.* http://www.freescale.com/files/rf_if/doc/app_note/AN3403.pdf. Version: 09/2007, Abruf: 29.01.2010

[86] FREESCALE SEMICONDUCTOR: *MC13202 Datasheet - 2.4 GHz Low Power Transceiver for the IEEE 802.15.4 Standard.* http://www.freescale.com/files/rf_if/doc/data_sheet/MC13202.pdf. Version: Rev. 1.5, 12/2008, Abruf: 01.03.2012

[87] FRIIS, H. T.: A Note on a Simple Transmission Formula. In: *Proceedings of the IRE* 34 (1946), Nr. 5, 254–256. http://ieeexplore.ieee.org/stamp/stamp.jsp?arnumber=1697062. – ISSN 0096–8390

[88] GÄRTNER, Armin: *Praxiswissen Medizintechnik.* Bd. Bd. 4: *Medizintechnik und Informationstechnologie: Funk und Video in der Medizintechnik.* Köln : TÜV-Verl., 2007 http://www.gbv.de/dms/ilmenau/toc/52999156X.PDF. – ISBN 3824910454

[89] GEORGIA TECH: *Georgia Tech Wearable Motherboard: The Intelligent Garment for the 21st Century.* http://www.gtwm.gatech.edu/, Abruf: 17.02.2012

[90] GESSLER, Ralf ; KRAUSE, Thomas: *Wireless-Netzwerke für den Nahbereich: Eingebettete Funksysteme: Vergleich von standardisierten und proprietären Verfahren ; mit 44 Tabellen.* 1. Aufl. Wiesbaden : Vieweg+Teubner Verlag / GWV Fachverlage GmbH Wiesbaden, 2009 (Springer-11774 / [Dig. Serial]). http://dx.doi.org/10.1007/978-3-8348-9601-8. http://dx.doi.org/10.1007/978-3-8348-9601-8

[91] GISLASON, Drew: *Zigbee Wireless Networking.* Amsterdam : Elsevier/Newnes, 2008 http://www.gbv.de/dms/bowker/toc/9780750685979.pdf. – ISBN 9780750685979

[92] GOODSPEED, Travis: *PRNG Vulnerability of Z-Stack ZigBee SEP ECC.* Version: 09.01.2010. http://travisgoodspeed.blogspot.com/2009/12/prng-vulnerability-of-z-stack-zigbee.html, Abruf: 17.02.2012

[93] GUTIÉRREZ, Jose A. ; CALLAWAY, Edgar H. ; BARRETT, Raymond L.: *Low-rate wireless personal area networks ... enabling wireless sensors with IEEE 802.15.4.* New York and NY : Institute of Electrical and Electronics Engineers, 2004 (IEEE standards wireless networks series). – ISBN 0738135577

[94] HALL, P. S. ; HAO, Y.: Antennas and propagation for body centric communications. In: *2006. EuCAP 2006. First European Conference on Antennas and Propagation* (2006), 1–7. http://ieeexplore.ieee.org/stamp/stamp.jsp?arnumber=4584864. – ISSN 978–92–9092–937–6

[95] HALPERIN, D. ; HEYDT BENJAMIN, T. S. ; RANSFORD, B. ; CLARK, S. S. ; DEFEND, B. ; MORGAN, W. ; FU, K. ; KOHNO, T. ; MAISEL, W. H.: Pacemakers and Implantable Cardiac Defibrillators: Software Radio Attacks and Zero-Power Defenses. In: *2008. SP 2008. IEEE Symposium on Security and Privacy* (2008), 129–142. http://ieeexplore.ieee.org/stamp/stamp.jsp?arnumber=4531149. – ISSN 978–0–7695–3168–7

[96] HARMS, Holger ; AMFT, Oliver ; TRÖSTER, Gerhard ; ROGGEN, Daniel: SMASH: a distributed sensing and processing garment for the classification of upper body postures. In: *Proceedings of the ICST 3rd international conference on Body area networks.* ICST and Brussels and Belgium : ICST (Institute for Computer Sciences, Social-Informatics and Telecommunications Engineering), 2008 (BodyNets '08). – ISBN 978–963–9799–17–2, 22:1–22:8

[97] HEINZELMAN, W. R. ; CHANDRAKASAN, A. ; BALAKRISHNAN, H.: Energy-efficient communication protocol for wireless microsensor networks. In: *2000. Proceedings of the 33rd Annual Hawaii International Conference on System Sciences* (2000), 10 pp. vol.2. http://ieeexplore.ieee.org/stamp/stamp.jsp?arnumber=926982. – ISSN 0–7695–0493–0

[98] HOLLAND, Hans-Jürgen ; GRÄTZ, Hagen ; BRAUNSCHWEIG, Markus ; KUNTZ, Michael: Sensorsystem für den Einsatz in Implantaten. In: DE GRUYTER (Hrsg.): *Biomedizinische Technik* Bd. Band 55 (Suppl. 1). 2010

[99] HUPPELSBERG, Jens ; WALTER, Kerstin ; HUCKSTORF, Christine ; GUSTA, Malgorzata ; GUSTA, Pjotr: *Kurzlehrbuch Physiologie.* 3., überarb. Aufl. Stuttgart : Thieme, 2009 http://www.gbv.de/dms/ilmenau/toc/603712436.PDF. – ISBN 9783131364333

[100] IAR SYSTEMS: *IAR Embedded Workbench for TI MSP430.* http://www.iar.com/en/Products/ IAR-Embedded-Workbench/TI-MSP430/, Abruf: 17.02.2012

[101] IEEE: *Health informatics-Personal health device communication Part 10404: Device specialization-Pulse oximeter.* http://ieeexplore.ieee.org/stamp/stamp.jsp?arnumber=04816037, Abruf: 29.2.2012

[102] IEEE: *Health Informatics-Personal Health Device Communication Part 10408: Device Specialization-Thermometer.* http://ieeexplore.ieee.org/stamp/stamp.jsp?arnumber=04723945, Abruf: 29.2.2012

[103] IEEE: *Health Informatics-Personal Health Device Communication Part 10415: Device Specialization-Weighing Scale.* http://ieeexplore.ieee.org/stamp/stamp.jsp?arnumber=04723951, Abruf: 29.2.2012

[104] IEEE: *Health informatics-Personal health device communication Part 10417: Device specialization-Glucose meter.* http://ieeexplore.ieee.org/stamp/stamp.jsp?arnumber=04913385, Abruf: 29.2.2012

[105] IEEE: *IEEE 802.11 Wireless Local Area Networks: The Working Group for WLAN Standards.* http://grouper.ieee.org/groups/802/11/, Abruf: 17.02.2012

[106] IEEE: IEEE Standard for Information Technology - Telecommunications and Information Exchange Between Systems - Local and Metropolitan Area Networks Specific Requirements Part 15.4: Wireless Medium Access Control (MAC) and Physical Layer (PHY) Specifications for Low-Rate Wireless Personal Area Networks (LR-WPANs). In: *IEEE Std 802.15.4-2003* (2003), S. 1–670

[107] IEEE: IEEE Standard for Information Technology- Telecommunications and Information Exchange Between Systems- Local and Metropolitan Area Networks- Specific Requirements Part 15.4: Wireless Medium Access Control (MAC) and Physical Layer (PHY) Specifications for Low-Rate Wireless Personal Area Networks (WPANs). In: *IEEE Std 802.15.4-2006 (Revision of IEEE Std 802.15.4-2003)* (2006), S. 1–305

[108] IEEE: Health Informatics-Personal Health Device Communication Part 20601: Application Profile-Optimized Exchange Protocol. In: *IEEE Std 11073 20601 2008* (2008), c1-198. http://ieeexplore. ieee.org/stamp/stamp.jsp?arnumber=04723887. – ISSN 978–0–7381–5827–3

[109] IEEE: Health informatics - PoC medical device communication - Part 00101: Guide-Guidelines for the use of RF wireless technology. In: *IEEE Std 11073-00101-2008* (26.12.2008), S. 1–99

[110] INFORMATION SCIENCES INSTITUTE (ISI): *Contributed Code for ns-2.* http://nsnam.isi.edu/ nsnam/index.php/Contributed_Code, Abruf: 17.02.2012

[111] INFORMATION SCIENCES INSTITUTE (ISI): *The Network Simulator ns-2.* http://www.isi.edu/ nsnam/ns/, Abruf: 17.02.2012

[112] INFORMATION WEEK: *California Hospital Offers Wi-Fi While You Recover.* Version: 08.06.2004. http://www.informationweek.com/news/21402244, Abruf: 17.02.2012

[113] INSTITUTE FOR SOFTWARE INTEGRATED SYSTEMS: *Prowler: Probabilistic Wireless Network Simulator.* http://www.isis.vanderbilt.edu/projects/nest/prowler/, Abruf: 17.02.2012

[114] INSTITUTE OF COMMUNICATION NETWORKS AND COMPUTER ENGINEERING (IKR): *IKR Simulation and Emulation Library.* http://www.ikr.uni-stuttgart.de/INDSimLib/, Abruf: 17.02.2012

[115] INTANAGONWIWAT, C. ; GOVINDAN, R. ; ESTRIN, D. ; HEIDEMANN, J. ; SILVA, F.: Directed diffusion for wireless sensor networking. In: *IEEE/ACM Transactions on Networking* 11 (2003), Nr. 1, 2–16. http://ieeexplore.ieee.org/iel5/90/26510/01180542.pdf? isnumber=26510&arnumber=1180542. – ISSN 1063–6692

[116] INTERNATIONAL TELECOMMUNICATION UNION, Radiocommunication Sector (ITU-R): *Radio Regulations - Edition of 2001.* 2001

[117] IRNICH, W. E. ; TOBISCH, R.: Mobile phones in hospitals. In: *Biomed Instrum Technol (Biomedical instrumentation and technology / Association for the Advancement of Medical Instrumentation)* 33 (1999), Nr. 1, S. 28–34. – ISSN 0899–8205

[118] ISO/IEC: *7498-1:1994 Information technology – Open Systems Interconnection – Basic Reference Model: The Basic Model.* http://standards.iso.org/ittf/PubliclyAvailableStandards/ s020269_ISO_IEC_7498-1_1994(E).zip. Version: Second Edition, 15.11.1994, Abruf: 01.03.2012

[119] ITRS: *The next Step in Assembly and Packaging: System Level Integration in the package (SiP).* http://www.itrs.net/Links/2007ITRS/LinkedFiles/AP/AP_Paper.pdf. Version: V9.0, 2007, Abruf: 01.03.2012

[120] ITRS: *International Technology Roadmap for Semiconductors 2009 Edition: Executive Summary.* http://www.itrs.net/Links/2009ITRS/2009Chapters_2009Tables/2009_ExecSum. pdf. Version: 2009, Abruf: 01.03.2012

[121] JENNIC: *Preliminary Data Sheet – JN5121-MOxxx.* http://www.jennic.com/products/ modules/jn5121_modules. Version: V0.9, 2006, Abruf: 08.07.2010

[122] JOHANSSON, A. J.: Wave-propagation from medical implants-influence of body shape on radiation pattern. In: *2002. 24th Annual Conference and the Annual Fall Meeting of the Biomedical Engineering Society EMBS/BMES Conference Engineering in Medicine and Biology* 2 (2002), 1409–1410. http: //ieeexplore.ieee.org/stamp/stamp.jsp?arnumber=1106454. – ISSN 0–7803–7612–9

[123] KAHLA-WITZSCH, Heike A.: *Praxiswissen Qualitätsmanagement im Krankenhaus: Hilfen zur Vorbereitung und Umsetzung.* 2., überarb. und erw. Aufl. Stuttgart : Kohlhammer, 2009 http:// deposit.d-nb.de/cgi-bin/dokserv?id=3191229&prov=M&dok_var=1&dok_ext=htm. – ISBN 9783170205406

[124] KAHN, J. M. ; KATZ, R. H. ; PISTER, K. S. J.: Next century challenges: mobile networking for 'Smart Dust'. In: *Proceedings of the 5th annual ACM/IEEE international conference on Mobile computing and networking.* New York : ACM, 1999 (MobiCom '99). – ISBN 1–58113–142–9, S. 271–278

[125] KARL, Holger ; WILLIG, Andreas: *Protocols and architectures for wireless sensor networks.* Reprinted with corr. Chichester : Wiley, 2007 http://eu.wiley.com/WileyCDA/WileyTitle/ productCd-0470095105.html. – ISBN 9780470095102

[126] KASCH, William ; WARD, Jon ; ANDRUSENKO, Julia: Wireless network modeling and simulation tools for designers and developers. In: *IEEE Communications Magazine* 47 (2009), Nr. 3, 120–127. http://ieeexplore.ieee.org/stamp/stamp.jsp?arnumber=04804397. – ISSN 0163–6804

[127] KERN, Christian: *Anwendung von RFID-Systemen.* Berlin : Springer, 2006 (VDI-Buch). http://www. myilibrary.com?id=61999. – ISBN 9783540277293

[128] KIM, Sukun ; PAKZAD, Shamim ; CULLER, David ; DEMMEL, James ; FENVES, Gregory ; GLASER, Steve ; TURON, Martin: Wireless sensor networks for structural health monitoring. In: *Proceedings of the 4th international conference on Embedded networked sensor systems.* New York : ACM, 2006 (SenSys '06). – ISBN 1–59593–343–3, S. 427–428

[129] KIMURA, N. ; LATIFI, S.: A survey on data compression in wireless sensor networks. In: *Information Technology: Coding and Computing, 2005. ITCC 2005. International Conference on* 2 (2005), S. 8–13 Vol. 2

[130] KJARTAN FURSET ; EE TIMES (Hrsg.): *Inside Bluetooth low-energy technology.* Version: 22.11.2010. http://www.eetimes.com/design/microwave-rf-design/4210913/ Inside-Bluetooth-low-energy-technology, Abruf: 17.02.2012

[131] KÖPKE, A. ; SWIGULSKI, M. ; WESSEL, K. ; WILLKOMM, D. ; HANEVELD, P. T. K. ; PARKER, T. E. V. ; VISSER, O. W. ; LICHTE, H. S. ; VALENTIN, S.: Simulating wireless and mobile networks in OMNeT++ the MiXiM vision. In: *Simutools '08: Proceedings of the 1st international conference on Simulation tools and techniques for communications, networks and systems & workshops.* ICST and Brussels and Belgium : ICST (Institute for Computer Sciences, Social-Informatics and Telecommunications Engineering), 2008. – ISBN 978–963–9799–20–2, S. 1–8

[132] KORKALAINEN, Marko ; SALLINEN, Mikko ; KÄRKKÄINEN, Niilo ; TUKEVA, Pirkka: Survey of Wireless Sensor Networks Simulation Tools for Demanding Applications. In: *Networking and Services, 2009. ICNS '09. Fifth International Conference on*, 2009. – ISBN 978–1–4244–3688–0, 102–106

[133] KRAMME, Rüdiger: *Medizintechnik: Verfahren - Systeme - Informationsverarbeitung*. 3., vollständig überarbeitete und erweiterte Auflage. Berlin and Heidelberg : Springer Medizin Verlag Heidelberg, 2007. http://dx.doi.org/10.1007/978-3-540-34103-1. http://dx.doi.org/10.1007/978-3-540-34103-1. – ISBN 9783540341031

[134] KUPRIS, Gerald ; SIKORA, Axel: *Elektronik- und Elektrotechnik-Bibliothek*. Bd. 4: *ZIGBEE: Datenfunk mit IEEE 802.15.4 und ZIGBEE*. Poing : Franzis, 2007 http://www.gbv.de/dms/ilmenau/toc/559204833.PDF. – ISBN 9783772341595

[135] LABIOD, H. ; AFIFI, H. ; SANTIS, C. D.: *Wi-Fi, Bluetooth, Zigbee and Wimax*. Dordrecht : Springer, 2007 (Springer-11647 /Dig. Serial]). http://dx.doi.org/10.1007/978-1-4020-5397-9. http://dx.doi.org/10.1007/978-1-4020-5397-9. – ISBN 9781402053979

[136] LANGE, Armin: *Physikalische Medizin: Mit 28 Tabellen*. Berlin and Heidelberg and New York and Hongkong and London and Mailand and Paris and Tokio : Springer, 2003 http://www.gbv.de/dms/hebis-mainz/toc/10655445X.pdf. – ISBN 3540413065

[137] LATRÉ, Benoît ; VERMEEREN, Günter ; MARTENS, Luc ; DEMEESTER, Piet: Networking and propagation issues in body area networks. (2004). http://hdl.handle.net/1854/LU-317981

[138] LAURA MARIE FEENEY: *Energy Framework V0.9*. http://www.sics.se/~lmfeeney/software/energyframework.html, Abruf: 17.02.2012

[139] LAW, Averill M.: *Simulation modeling and analysis*. 4. ed., international ed. Boston Mass. u.a. : McGraw-Hill, 2006 (McGraw-Hill series in industrial engineering and management). – ISBN 978–0–07–110336–7

[140] LAWRENTSCHUK, Nathan ; BOLTON, Damien M.: Mobile phone interference with medical equipment and its clinical relevance: a systematic review. In: *The Medical journal of Australia* 181 (2004), Nr. 3, S. 145–149. – ISSN 0025-729X

[141] LUBRIN, E. ; LAWRENCE, E. ; NAVARRO, K. F.: Wireless remote healthcare monitoring with Motes. In: *Mobile Business, 2005. ICMB 2005. International Conference on*, 2005. – ISBN 0–7695–2367–6, 235–241

[142] LÜHRS, Christian ; WIRELESS CONGRESS 2010 - SYSTEMS AND APPLICATIONS (Hrsg.): *Bluetooth HDP and BLE in Medical Systems*. 2010

[143] MAINWARING, Alan ; CULLER, David ; POLASTRE, Joseph ; SZEWCZYK, Robert ; ANDERSON, John: Wireless sensor networks for habitat monitoring. In: *Proceedings of the 1st ACM international workshop on Wireless sensor networks and applications*. New York : ACM, 2002 (WSNA '02). – ISBN 1–58113–589–0, S. 88–97

[144] MATHWORKS: *MATLAB*. http://www.mathworks.de/products/matlab/, Abruf: 17.02.2012

[145] MAXIM: *MAX4194 - Micropower, Single-Supply, Rail-to-Rail, Precision Instrumentation Amplifiers*. http://www.maxim-ic.com/datasheet/index.mvp/id/2006, Abruf: 17.02.2012

[146] MAXSTREAM: *XBee / XBee-PRO OEM RF Modules - Product Manual*. 13.10.2006

[147] MCILWRAITH, Douglas ; YANG, Guang-Zhong: Body Sensor Networks for Sport, Wellbeing and Health. In: *Sensor Networks*, Springer Berlin Heidelberg, 2009 (Signals and Communication Technology). – ISBN 978–3–642–01340–9, 349–381

[148] MEHTA, S. ; ULLAH, N. ; KABIR, M. H. ; SULTANA, M. N. ; KYUNG, Sup K.: A Case Study of Networks Simulation Tools for Wireless Networks. In: *Modelling and Simulation, 2009. AMS '09. Third Asia International Conference on*, 2009. – ISBN 978–1–4244–4154–9, 661–666

[149] MICROCHIP: *MRF24J40 Data Sheet - IEEE 802.15.4 2.4 GHz RF Transceiver.* http:// ww1.microchip.com/downloads/en/DeviceDoc/DS-39776b.pdf. Version: 18.10.2008, Abruf: 01.03.2012

[150] MICROCHIP: *PIC12F683 Data Sheet: 8-Pin Flash-Based, 8-Bit CMOS Microcontrollers with nanoWatt Technology.* http://ww1.microchip.com/downloads/en/DeviceDoc/41211D_.pdf. Version: Rev. D, 19.02.2007, Abruf: 01.03.2012

[151] MICROCHIP: *MiWi(TM) IEEE 802.15.4 Wireless Networking Protocol Stack.* http://ww1. microchip.com/downloads/en/AppNotes/MiWi%20Application%20Note_AN1066.pdf. Version: 2007, Abruf: 01.03.2012

[152] MICROSOFT CORPORATION: *HyperTerminal.* http://technet.microsoft.com/de-de/ library/cc784492(WS.10).aspx, Abruf: 17.02.2012

[153] MINERAUD, Julien: An implementation of Parameterised Gradient Based Routing (PGBR) in ns-3. In: *Network Operations and Management Symposium Workshops (NOMS Wksps), 2010 IEEE/IFIP*, 2010. – ISBN 978–1–4244–6037–3, 63–66

[154] MISIC, Jelena ; MISIC, Vojislav B.: *Wireless personal area networks: Performance, interconnections and security with IEEE 802.15.4.* Chichester : Wiley, 2008 (Wiley series on wireless communications and mobile computing). http://eu.wiley.com/WileyCDA/WileyTitle/ productCd-0470518472.html. – ISBN 9780470518472

[155] MIXIM PROJECT: *MiXiM Project Web Page.* http://mixim.sourceforge.net, Abruf: 17.02.2012

[156] MOORE, Gordon E.: Cramming more components onto integrated circuits. In: *Electronics* 38 (1965), Nr. 8

[157] MOOZE OY (LTD.): *HeiaHeia Social Web Service.* http://www.heiaheia.com/, Abruf: 17.02.2012

[158] MYERSON, Saul G. ; MITCHELL, Andrew R. J.: Mobile phones in hospitals. In: *BMJ (Clinical research ed.)* 326 (2003), Nr. 7387, S. 460–461. http://dx.doi.org/10.1136/bmj.326.7387.460. – DOI 10.1136/bmj.326.7387.460. – ISSN 1468–5833

[159] NANO-TERA: *TecInTex: Technology Integration into Textiles: Empowering Health and Security.* http://www.nano-tera.ch/projects/69.php, Abruf: 17.02.2012

[160] NATARAJAN, Anirudh ; MOTANI, Mehul ; SILVA, Buddhika d. ; YAP, Kok-Kiong ; CHUA, K. C.: Investigating network architectures for body sensor networks. In: *Proceedings of the 1st ACM SIGMOBILE international workshop on Systems and networking support for healthcare and assisted living environments.* New York : ACM, 2007 (HealthNet '07). – ISBN 978–1–59593–767–4, S. 19–24

[161] NATIONAL INSTITUTE OF STANDARDS AND TECHNOLOGY (NIST): *Block Ciphers.* Version: 17.01.2012. http://csrc.nist.gov/groups/ST/toolkit/block_ciphers.html, Abruf: 01.03.2012

[162] NATIONAL INSTITUTE OF STANDARDS AND TECHNOLOGY (NIST): *Specification for the Advances Encryption Standard (AES).* http://csrc.nist.gov/publications/fips/fips197/fips-197. pdf. Version: 26.11.2001, Abruf: 01.03.2012

[163] NATIONAL INSTRUMENTS: *NI USB-6251 Mass Term: 16-Bit, 1.25 MS/s M Series Multifunction DAQ, External Power.* http://sine.ni.com/nips/cds/view/p/lang/en/nid/209213, Abruf: 17.02.2012

[164] NAVAS, Julio C. ; IMIELINSKI, Tomasz: GeoCast - geographic addressing and routing. In: *Proceedings of the 3rd annual ACM/IEEE international conference on Mobile computing and networking.* New York : ACM, 1997 (MobiCom '97). – ISBN 0–89791–988–2, S. 66–76

[165] NILSSON, Rolf ; WIRELESS CONGRESS 2010 - SYSTEMS AND APPLICATIONS (Hrsg.): *Bluetooth Low Energy Technology - The Optimal Solution for Wireless Sensors and Actuators.* 2010

[166] NOKIA: *Press Release: Wibree forum merges with Bluetooth SIG.* Version: 12.06.2007. http://www.nokia.com/NOKIA_COM_1/Press/Press_Events/Nokias_Wibree_merges_with_Bluetooth_SIG_June_12_2007/Wibree_pressrelease.pdf, Abruf: 17.02.2012

[167] NORDIC SEMICONDUCTOR: *nRF24AP1 - Ultra-low power 2.4GHz transceiver with embedded ANT protocol for wireless personal area networks.* http://www.nordicsemi.com/eng/Products/ANT/nRF24AP1, Abruf: 17.02.2012

[168] NORDIC SEMICONDUCTOR: *nRF24L01 - Single Chip 2.4GHz Transceiver.* http://www.nordicsemi.com/eng/Products/2.4GHz-RF/nRF24L01, Abruf: 17.02.2012

[169] NORDIC SEMICONDUCTOR: *nRF8001 - µBlue - Bluetooth Low Energy Connectivity IC.* Version: 2010. http://www.nordicsemi.com/eng/Products/Bluetooth-R-low-energy/nRF8001, Abruf: 17.02.2012

[170] NORDIC SEMICONDUCTOR: *nRF24L01 Single Chip 2.4GHz Transceiver: Product Specification.* http://www.nordicsemi.com/nordic/download_resource/8041/1/57728785. Version: 2.0, July 2007, Abruf: 01.03.2012

[171] OMNET++ COMMUNITY: *OMNeT++ Project Web Page.* http://www.omnetpp.org, Abruf: 17.02.2012

[172] OPNET TECHNOLOGIES, Inc: *Discrete Event Simulation Model Library.* http://www.opnet.com/support/des_model_library/, Abruf: 17.02.2012

[173] OPNET TECHNOLOGIES, Inc: *OPNET Modeler.* http://www.opnet.com/solutions/network_rd/modeler.html, Abruf: 17.02.2012

[174] OPNET TECHNOLOGIES, Inc: *OPNET Modeler Wireless Suite.* http://www.opnet.com/solutions/network_rd/modeler_wireless.html, Abruf: 17.02.2012

[175] PATTICHIS, C. S. ; KYRIACOU, E. ; VOSKARIDES, S. ; PATTICHIS, M. S. ; ISTEPANIAN, R. ; SCHIZAS, C. N.: Wireless telemedicine systems: an overview. In: *IEEE Antennas and Propagation Magazine* 44 (2002), Nr. 2, 143–153. http://ieeexplore.ieee.org/stamp/stamp.jsp?arnumber=1003651. – ISSN 1045–9243

[176] PAUL, Amrita B. ; KONWAR, Shantanu ; GOGOI, Upola ; CHAKRABORTY, Angshuman ; YESHMIN, Nilufar ; NANDI, Sukumar: Implementation and performance evaluation of AODV in Wireless Mesh Networks using NS-3. In: *Education Technology and Computer (ICETC), 2010 2nd International Conference on* Bd. 5, 2010. – ISBN 978–1–4244–6367–1, V5-298-V5-303

[177] PING, Yu ; WU, M. X. ; YU, H. ; XIAO, G. Q.: The Challenges for the Adoption of M-Health. In: *and Informatics Service Operations and Logistics* (2006), 181–186. http://ieeexplore.ieee.org/stamp/stamp.jsp?arnumber=4125574. – ISSN 1–4244–0317–0

[178] PRESSE- UND INFORMATIONSAMT DER BUNDESREGIERUNG: *Kosten im Gesundheitswesen senken.* Version: 28.04.2010. http://www.bundesregierung.de/Content/DE/Artikel/2010/04/2010-04-28-gesundheitskosten-arzneimittelausgaben-senken.html, Abruf: 17.02.2012

[179] PUMPKIN INC.: *Salvo RTOS.* http://www.pumpkininc.com, Abruf: 17.02.2012

[180] RABAEY, J. M. ; AMMER, M. J. ; SILVA, J. L. J. ; PATEL, D. ; ROUNDY, S.: PicoRadio supports ad hoc ultra-low power wireless networking. In: *Computer* 33 (2000), Nr. 7, 42–48. http://ieeexplore.ieee.org/stamp/stamp.jsp?arnumber=00869369. – ISSN 0018–9162

[181] RADIOCRAFTS: *ZigBee - Ready RF Transceiver Modules RC220x - Product Data Sheet.* V1.0. 2005

[182] RENESAS ELECTRONICS CORPORATION: *Renesas small IEEE 802.15.4 stack.* http://www.renesas.eu/products/connectivity/zigbee/r154stack/r154stack_root.jsp, Abruf: 22.03.2011

[183] REUSENS, E. ; JOSEPH, W. ; LATRE, B. ; BRAEM, B. ; VERMEEREN, G. ; TANGHE, E. ; MARTENS, L. ; MOERMAN, I. ; BLONDIA, C.: Characterization of On-Body Communication Channel and Energy Efficient Topology Design for Wireless Body Area Networks. In: *IEEE Transactions on Information Technology in Biomedicine* 13 (2009), Nr. 6, 933–945. http://ieeexplore.ieee.org/stamp/stamp. jsp?arnumber=5272227. – ISSN 1089–7771

[184] ROELENS, L. ; BULCKE, S. van d. ; JOSEPH, W. ; VERMEEREN, G. ; MARTENS, L.: Path loss model for wireless narrowband communication above flat phantom. In: *Electronics Letters* 42 (2006), Nr. 1, 10–11. http://ieeexplore.ieee.org/stamp/stamp.jsp?arnumber=1577590. – ISSN 0013–5194

[185] ROST, Henning ; CLEMENS, Wolfgang ; INDUSTRIAL + SPECIALTY PRINTING (Hrsg.): *RFID Tags Enter Mass Production.* Version: 28.09.2010. http://industrial-printing.net/content/ rfid-tags-enter-mass-production, Abruf: 17.02.2012

[186] ROY, Radhika R.: *Handbook of Mobile Ad Hoc Networks for Mobility Models.* Boston and MA : Springer Science+Business Media LLC, 2011. http://dx.doi.org/10.1007/ 978-1-4419-6050-4. http://dx.doi.org/10.1007/978-1-4419-6050-4. – ISBN 9781441960504

[187] RUTHERFORD, J. J.: Wearable Technology. In: *IEEE Engineering in Medicine and Biology Magazine* 29 (2010), Nr. 3, 19–24. http://ieeexplore.ieee.org/stamp/stamp.jsp?arnumber=5463002. – ISSN 0739–5175

[188] RYCKAERT, J. ; DONCKER, P. d. ; MEYS, R. ; LE HOYE, A. d. ; DONNAY, S.: Channel model for wireless communication around human body. In: *Electronics Letters* 40 (2004), Nr. 9, 543–544. http: //ieeexplore.ieee.org/stamp/stamp.jsp?arnumber=1296981. – ISSN 0013–5194

[189] SANDER ELECTRONIC: *ZEBRA : ZigBee-Enabled Board for Radio Applications.* Version: 15.03.2008. http://www.sander-electronic.de/gm00040.html, Abruf: 17.02.2012

[190] SARAF, Sanjay: Use of mobile phone in operating room. In: *Journal of medical physics / Association of Medical Physicists of India* 34 (2009), Nr. 2, S. 101–102. http://dx.doi.org/10.4103/ 0971-6203.51938. – DOI 10.4103/0971–6203.51938. – ISSN 1998–3913

[191] SARKAR, Subir K. ; BASAVARAJU, T. G. ; PUTTAMADAPPA, C.: *Ad hoc mobile wireless networks: Principles, protocols, and applications.* Boca Raton and Fla. : Auerbach, 2008. – ISBN 9781420062212

[192] SAUTER, Martin: *Grundkurs mobile Kommunikationssysteme: Von UMTS und HSDPA, GSM und GPRS zu Wireless LAN und Bluetooth Piconetzen.* 3., erweiterte Auflage. Wiesbaden : Friedr. Vieweg & Sohn Verlag I GWV Fachverlage GmbH Wiesbaden, 2008 (Springer-11774 / [Dig. Serial]). http://dx.doi. org/10.1007/978-3-8348-9445-8. http://dx.doi.org/10.1007/978-3-8348-9445-8. – ISBN 9783834894458

[193] SCHAENZLER, Nicole ; RIKER, Ulf A.: *Medizinische Fachbegriffe: Die 100 häufigsten Erkrankungen, Untersuchungsmethoden und Therapien.* 1. Aufl. München : Gräfe und Unzer, 2006 (Der große GU-Kompass). http://deposit.ddb.de/cgi-bin/dokserv?id=2749625&prov=M&dok_ var=1&dok_ext=htm. – ISBN 9783774272057

[194] SCHWAB, Adolf J. ; KÜRNER, Wolfgang: *Elektromagnetische Verträglichkeit.* 5., aktualisierte und ergänzte Auflage. Berlin and Heidelberg : Springer-Verlag Berlin Heidelberg, 2007. http://dx.doi. org/10.1007/978-3-540-68623-1. http://dx.doi.org/10.1007/978-3-540-68623-1. – ISBN 9783540686231

[195] SHIH, Eugene ; CHO, Seonghwan ; LEE, Fred S. ; CALHOUN, Benton H. ; CHANDRAKASAN, Anantha: Design Considerations for Energy-Efficient Radios in Wireless Microsensor Networks. In: *J. VLSI Signal Process. Syst* 37 (2004), S. 77–94. http://dx.doi.org/10.1023/B:VLSI.0000017004. 57230.91. – DOI 10.1023/B:VLSI.0000017004.57230.91. – ISSN 0922–5773

[196] SHIH, Lun C. ; HO, Yin L. ; CHIUNG, Chen a. ; HONG, Yi H. ; CHING, Hsing L.: Wireless Body Sensor Network With Adaptive Low-Power Design for Biometrics and Healthcare Applications. In: *IEEE Systems Journal* 3 (2009), Nr. 4, 398–409. http://ieeexplore.ieee.org/stamp/stamp. jsp?arnumber=5291713. – ISSN 1932–8184

[197] SILICON LABORATORIES: *C8051F350/1/2/3 - 8k ISP Flash MCU Family: Datasheet*. Rev 1.1. 05.2007

[198] SILICON LABORATORIES: *C8051F340/1/2/3/4/5/6/7 - Full Speed USB Flash MCU Family: Datasheet*. Rev 1.0. 08.2006

[199] SIMON, G. ; VOLGYESI, P. ; MAROTI, M. ; LEDECZI, A.: Simulation-based optimization of communication protocols for large-scale wireless sensor networks. In: *Aerospace Conference, 2003. Proceedings. 2003 IEEE* Bd. 3, 2003. – ISBN 0–7803–7651–X, 3_1339–3_1346

[200] SIMPY DEVELOPER TEAM: *SimPy - Simulation Package Homepage*. http://simpy.sourceforge. net/, Abruf: 17.02.2012

[201] SIMULCRAFT INC.: *OMNEST - High-Performance Simulation for All Kinds of Networks*. http: //www.omnest.com/, Abruf: 17.02.2012

[202] SOOMRO, Amjad ; CAVALCANTI, Dave: Opportunities and challenges in using WPAN and WLAN technologies in medical environments. In: *IEEE Communications Magazine* 45 (2007), Nr. 2, 114–122. http://ieeexplore.ieee.org/stamp/stamp.jsp?arnumber=04105883. – ISSN 0163–6804

[203] SPORTS TRACKING TECHNOLOGIES: *Sports Tracker*. http://www.sports-tracker.com, Abruf: 17.02.2012

[204] ST: *STR71xF - ARM7TDMI 32-bit MCU with Flash, USB, CAN, 5 timers, ADC, 10 communications interfaces: Datasheet*. Rev 12. 02.2008

[205] STATISTISCHES BUNDESAMT: *Gesundheit - Fachserie 12 Reihe 7.2: Krankheitskosten*. Version: 11.08.2010. http://www.destatis.de/jetspeed/portal/cms/Sites/destatis/ Internet/DE/Content/Publikationen/Fachveroeffentlichungen/Gesundheit/ Krankheitskosten/Krankheitskosten,templateId=renderPrint.psml, Abruf: 02.03.2012

[206] STATISTISCHES BUNDESAMT: *Demografischer Wandel in Deutschland: Heft 1 Bevölkerungs- und Haushaltsentwicklung im Bund und in den Ländern - Ausgabe 2011*. Version: März 2011. http://www.destatis.de/jetspeed/portal/cms/Sites/destatis/ Internet/DE/Content/Publikationen/Fachveroeffentlichungen/Bevoelkerung/ VorausberechnungBevoelkerung/BevoelkerungsHaushaltsentwicklung,templateId= renderPrint.psml, Abruf: 02.03.2012

[207] STATISTISCHES BUNDESAMT: *Demografischer Wandel in Deutschland: Heft 2 Auswirkungen auf Krankenhausbehandlungen und Pflegebedürftige im Bund und in den Ländern - Ausgabe 2010*. http://www.destatis.de/jetspeed/portal/cms/Sites/destatis/ Internet/DE/Content/Publikationen/Fachveroeffentlichungen/Bevoelkerung/ VorausberechnungBevoelkerung/KrankenhausbehandlungPflegebeduerftige, templateId=renderPrint.psml. Version: November 2010, Abruf: 07.03.2012

[208] STOLLMANN E+V GMBH: *BlueDev+P25/G2/HDP - Development-Kit für das Bluetooth Health Device Profile*. http://www.stollmann.de/de/module/bluetooth-development-kits/ bluedev-p25g2hdp.html, Abruf: 17.02.2012

[209] STOLLMANN E+V GMBH: *Bluetooth Products*. http://www.stollmann.de/en/modules/ bluetooth-modules.html, Abruf: 17.02.2012

[210] STOLLMANN E+V GMBH: *BlueMod+P25 - Hardware Reference*. Version 1.5. 31.03.2006

[211] TAMM, Gerrit ; TRIBOWSKI, Christoph: *RFID*. Heidelberg : Springer, 2010 (Informatik im Fokus). http://dx.doi.org/10.1007/978-3-642-11460-1. http://dx.doi.org/10.1007/ 978-3-642-11460-1. – ISBN 9783642114601

[212] TEXAS INSTRUMENTS: *INA118 - Precision, Low Power Instrumentation Amplifier*. http://www.ti. com/product/ina118, Abruf: 17.02.2012

[213] TEXAS INSTRUMENTS: *MSP430F1611 - 16-bit Ultra-Low-Power MCU*. http://www.ti.com/ product/msp430f1611, Abruf: 17.02.2012

[214] TEXAS INSTRUMENTS: *MSP430FG4618/F2013 Experimenter Board.* http://www.ti.com/tool/msp-exp430fg4618, Abruf: 17.02.2012

[215] TEXAS INSTRUMENTS: *MSP430x13x, MSP430x14x, MSP430x14x1 Mixed Signal Microcontroller: Datasheet.* http://www.ti.com/product/msp430f149. Version: Rev F, 03.06.2004, Abruf: 01.03.2012

[216] TEXAS INSTRUMENTS: *MSP430F15x, MSP430F16x, MSP430F161x Mixed Signal Microcontroller: Datasheet.* http://focus.ti.com/docs/prod/folders/print/msp430f1611.html. Version: Rev. D, 03.2005

[217] TEXAS INSTRUMENTS: *Bluetooth low energy software stack and tools.* Version: 13.07.2011. http://www.ti.com/tool/ble-stack, Abruf: 17.02.2012

[218] TEXAS INSTRUMENTS: *CC2420 - 2.4 GHz IEEE 802.15.4 / ZigBee-ready RF Transceiver - Product Data Sheet.* http://focus.ti.com/lit/ds/symlink/cc2420.pdf. Version: 19.3.2007, Abruf: 11.01.2010

[219] TEXAS INSTRUMENTS: *CC1100 - Single Chip Low Cost Low Power RF Transceiver - Product Data Sheet.* http://focus.ti.com/lit/ds/symlink/cc1100.pdf. Version: 20.06.2006, Abruf: 18.02.2011

[220] TEXAS INSTRUMENTS: *CC2540 - 2.4GHz Bluetooth Low Energy System-on-Chip Solution.* Version: 2010. http://www.ti.com/product/cc2540, Abruf: 17.02.2012

[221] TEXTRONICS INC: *Textronics Website.* http://www.textronicsinc.com, Abruf: 17.02.2012

[222] THE ECLIPSE FOUNDATION: *The Eclipse Project.* http://www.eclipse.org, Abruf: 17.02.2012

[223] THE R FOUNDATION: *The R Project for Statistical Computing.* http://www.r-project.org/, Abruf: 17.02.2012

[224] THEANO GMBH: *XML Validation.* http://www.xmlvalidation.com/, Abruf: 17.02.2012

[225] TI: *TIMAC - IEEE802.15.4 Medium Access Control (MAC) Software Stack.* http://www.ti.com/tool/timac, Abruf: 17.02.2012

[226] TIM GEE: *An Assessment of Wireless Medical Telemetry System (WMTS).* Version: 27.04.2008. http://medicalconnectivity.com/2008/04/27/an-assessment-of-wireless-medical-telemetry-system-wmts/, Abruf: 17.02.2012

[227] TOBIAS HAMMER: *HTerm.* Version: 24.11.2008. http://www.der-hammer.info/terminal/, Abruf: 17.02.2012

[228] TOBISCH, Rolf ; IRNICH, Werner: *Mobilfunk im Krankenhaus: Einfluß von Mobiltelefonen auf lebensrettende und lebenserhaltende Medizintechnik.* Stand Januar 1999. Berlin : Schiele und Schön, 1999 http://www.gbv.de/dms/hbz/toc/ht010912136.pdf. – ISBN 3794906403

[229] TROLLTECH: *Qt Reference Documentation.* Version: 2008. http://doc.qt.nokia.com/4.3/index.html, Abruf: 17.02.2012

[230] USB IMPLEMENTERS FORUM, Inc: *Universal Serial Bus Device Class Definition for Personal Healthcare Devices.* http://www.usb.org/developers/devclass_docs. Version: 08.11.2007, Abruf: 01.03.2012

[231] VARGA, András ; OPENSIM LTD.: *OMNeT++ User Manual V4.1.* http://www.omnetpp.org/doc/omnetpp41/Manual.pdf. Version: 2010, Abruf: 01.03.2012

[232] VARSHNEY, U. ; SNEHA, S.: Wireless patient monitoring: reliability and power management. In: *Broadband Networks, 2005. BroadNets 2005. 2nd International Conference on,* 2005. – ISBN 0–7803–9276–0, 1034–1040

[233] VARSHNEY, U. ; SNEHA, S.: Patient monitoring using ad hoc wireless networks: reliability and power management. In: *IEEE Communications Magazine* 44 (2006), Nr. 4, 49–55. http://ieeexplore.ieee.org/stamp/stamp.jsp?arnumber=01632649. – ISSN 0163–6804

154

[234] VARTA MICROBATTERY GMBH: *LPP 523450 DL.* http://www.varta-microbattery.com/en/mb_data/documents/data_sheets/DS56493.pdf, Abruf: 17.02.2012

[235] VETTI, Svein ; WIRELESS CONGRESS 2010 - SYSTEMS AND APPLICATIONS (Hrsg.): *First steps in developing your Bluetooth Low Energy application.* 2010

[236] WANG, Lei ; YANG, Guang-Zhong ; HUANG, Jin ; ZHANG, Jinyong ; YU, Li ; NIE, Zedong ; CUMMING, David R. S.: A Wireless Biomedical Signal Interface System-on-Chip for Body Sensor Networks. In: *IEEE Transactions on Biomedical Circuits and Systems* 4 (2010), Nr. 2, 112–117. http://ieeexplore.ieee.org/stamp/stamp.jsp?arnumber=05430902. – ISSN 1932-4545

[237] WANG, Xin: *Mobile Ad-Hoc Networks: Applications.* InTech, 2011 http://www.intechopen.com/books/show/title/mobile-ad-hoc-networks-applications

[238] WEARTECH: *WearTech Website.* http://www.weartech.es, Abruf: 17.02.2012

[239] WEDER, Andreas: *Bedienungsanleitung Develboard Low-Power-Funksysteme.* 04.02.2010

[240] WEHRLE, Klaus ; GÜNES, Mesut ; GROSS, James: *Modeling and Tools for Network Simulation.* Berlin and Heidelberg : Springer-Verlag Berlin Heidelberg, 2010. http://dx.doi.org/10.1007/978-3-642-12331-3. http://dx.doi.org/10.1007/978-3-642-12331-3. – ISBN 9783642123313

[241] WEIGAND, C. ; WANSCH, R. ; COURONNÉ, R. ; SCHLEGEL, H.: EMV-Messung. Von Funkstandard-Risiken im Klinikumfeld. In: *Krankenhaus-IT-Journal* (2005), Nr. 1, S. 50–54

[242] WEINGÄRTNER, E. ; VOM LEHN, H. ; WEHRLE, K.: A Performance Comparison of Recent Network Simulators. In: *Communications, 2009. ICC '09. IEEE International Conference on*, 2009. – ISBN 978-1-4244-3435-0, 1–5

[243] WERNER-ALLEN, G. ; LORINCZ, K. ; RUIZ, M. ; MARCILLO, O. ; JOHNSON, J. ; LEES, J. ; WELSH, M.: Deploying a wireless sensor network on an active volcano. In: *IEEE Internet Computing* 10 (2006), Nr. 2, 18–25. http://ieeexplore.ieee.org/stamp/stamp.jsp?arnumber=1607983. – ISSN 1089-7801

[244] WESSEL, Karl ; SWIGULSKI, Michael ; KÖPKE, Andreas ; WILLKOMM, Daniel: MiXiM: the physical layer an architecture overview. In: *Simutools '09: Proceedings of the 2nd International Conference on Simulation Tools and Techniques.* ICST and Brussels and Belgium and Belgium : ICST (Institute for Computer Sciences, Social-Informatics and Telecommunications Engineering), 2009. – ISBN 978-963-9799-45-5, S. 1–8

[245] WONG, A. C. W. ; MCDONAGH, D. ; KATHIRESAN, G. ; OMENI, O. C. ; EL JAMALY, O. ; CHAN, T. C. K. ; PADDAN, P. ; BURDETT, A. J.: A 1V, Micropower System-on-Chip for Vital-Sign Monitoring in Wireless Body Sensor Networks. In: *2008. ISSCC 2008. Digest of Technical Papers. IEEE International Solid State Circuits Conference* (2008), 138–602. http://ieeexplore.ieee.org/stamp/stamp.jsp?arnumber=4523095. – ISSN 978-1-4244-2010-0

[246] WORLD WIDE WEB CONSORTIUM (W3C): *XML Schema.* Version: 02.11.2011. http://www.w3.org/XML/Schema, Abruf: 17.02.2012

[247] YANG, Guang-Zhong: *Body Sensor Networks.* London : Springer-Verlag London Limited, 2006 (Springer-11645 / [Dig. Serial]). http://dx.doi.org/10.1007/1-84628-484-8. http://dx.doi.org/10.1007/1-84628-484-8. – ISBN 9781846284847

[248] YE, Wei ; HEIDEMANN, J. ; ESTRIN, D.: Medium access control with coordinated adaptive sleeping for wireless sensor networks. In: *IEEE/ACM Transactions on Networking* 12 (2004), Nr. 3, 493–506. http://ieeexplore.ieee.org/stamp/stamp.jsp?arnumber=01306496. – ISSN 1063-6692

[249] YE, Wei ; HEIDEMANN, John: Medium Access Control in Wireless Sensor Networks. Version: 2004. http://dx.doi.org/10.1007/978-1-4020-7884-2_4. In: RAGHAVENDRA, C. S. (Hrsg.) ; SIVALINGAM, Krishna M. (Hrsg.) ; ZNATI, Taieb (Hrsg.): *Wireless Sensor Networks.* Springer US, 2004. – DOI 10.1007/978-1-4020-7884-2_4. – ISBN 978-1-4020-7884-2, S. 73–91

[250] YE, Wei ; HEIDEMANN, John ; ESTRIN, Deborah: An energy-efficient MAC protocol for wireless sensor networks. In: IEEE (Hrsg.): *INFOCOM 2002. Twenty-First Annual Joint Conference of the IEEE Computer and Communications Societies. Proceedings.* Bd. 3, 2002. – ISBN 0–7803–7476–2, 1567–1576

[251] ZHANG, Xiaoyu ; JIANG, Hanjun ; ZHANG, Lingwei ; ZHANG, Chun ; WANG, Zhihua ; CHEN, Xinkai: An Energy-Efficient ASIC for Wireless Body Sensor Networks in Medical Applications. In: *IEEE Transactions on Biomedical Circuits and Systems* 4 (2010), Nr. 1, 11–18. http://ieeexplore.ieee.org/stamp/stamp.jsp?arnumber=05308310. – ISSN 1932–4545

[252] ZIGBEE-ALLIANCE: *ZigBee-Alliance FAQ.* http://www.zigbee.org/About/FAQ.aspx, Abruf: 17.02.2012

[253] ZIGBEE-ALLIANCE: *ZigBee-Alliance Webpage.* http://www.zigbee.org, Abruf: 17.02.2012

[254] ZIGBEE-ALLIANCE: *ZigBee Standards Overview.* http://www.zigbee.org/Standards/Overview.aspx, Abruf: 17.02.2012

[255] ZIGBEE-ALLIANCE: *ZigBee Telecom Applications Profile Specification.* 01. April 2010

[256] ZIGBEE-ALLIANCE: *ZigBee Smart Energy Profile Specification.* 01. Dezember 2008

[257] ZIGBEE-ALLIANCE: *ZigBee Home Automation Profile Specification.* 08. Februar 2010

[258] ZIGBEE-ALLIANCE: *ZigBee-2006 Specification.* www.zigbee.org. Version: 09.10.2006

[259] ZIGBEE-ALLIANCE: *ZigBee-2007 Specification.* www.zigbee.org. Version: 10.12.2006

[260] ZIGBEE-ALLIANCE: *ZigBee Specification 1.0.* www.zigbee.org. Version: 14.12.2004

[261] ZIGBEE-ALLIANCE: *ZigBee Remote Control Profile Specification.* 17. März 2009

[262] ZIGBEE-ALLIANCE: *ZigBee Alliance Begins Certification for Sub-1 GHz Platforms.* Version: 17.02.2010. http://zigbee.org/imwp/idms/popups/pop_download.asp?contentID=17280, Abruf: 17.02.2012

[263] ZIGBEE-ALLIANCE: *ZigBee Health Care Profile Specification.* März 2010

Abkürzungsverzeichnis

AAL .... Ambient Assisted Living
ACL .... Asynchronous Connection-Oriented
ADC .... Analog-to-Digital-Converter
AES .... Advanced Encryption Standard
AFH .... Adaptive Frequency Hopping
AODV .... Ad-hoc On-demand Distance Vector
APO .... Application Objects
APS .... Application Support Sub-layer
ARP .... Address Resolution Protocol
ART .... Automatic Retransmission
ASIC .... Application Specific Integrated Circuit
ASK .... Amplitude Shift Keying
BAN .... Body Area Network
BER .... Bit Error Rate
BGA .... Ball Grid Array
BLE .... Bluetooth Low Energy
BMG .... Bundesministerium für Gesundheit
BPSK .... Binary Phase Shift Keying
BSN .... Body Sensor Network
BT .... Bluetooth
CAP .... Contention Access Period
CCA .... Clear Channel Assessment
CFP .... Contention Free Period
CMOS .... Complementary Metal Oxide Semiconductor
CRC .... Cyclic Redundancy Check
CSMA-CA ...... Carrier Sense Multiple Access with Collision Avoidance
CSP .... Clock Synchronistion Protocol
DAQ .... Data AcQuisition
DECT .... Digital Enhanced Cordless Telecommunications
DES .... Descrete Event Simulation
DSSS .... Direct Sequence Spread Spectrum
EDR .... Enhanced Data Rate
EEG .... Elektroenzephalographie
EKG .... Elektrokardiogramm
EMG .... Elektromyographie
EMV .... elektromagnetische Verträglichkeit
EP .... End Point
EPI .... Energy Per Instruction
eSCO .... extended SCO
ETSI .... European Telecommunications Standards Institute

EU	Europäische Union
FCC	Federal Communications Commission
FDA	Food and Drug Administration
FEL	Future Event List
FFD	Full Function Device
FHSS	Frequency Hopping Spread Spectrum
FSK	Frequency Shift Keying
FSM	Finite State Machine
FTP	File Transfer Protocol
GFSK	Gaussian Frequency Shift Keying
GKV	gesetzliche Krankenversicherung
GSM	Global System for Mobile Communications
GTS	Guaranteed Time Slot
GUI	Graphical User Interface
GUS	Gemeinschaft Unabhängiger Staaten
HCI	Host Controller Interface
HDP	Health Device Profile
HIL	Hardware-In-The-Loop
IDE	Integrated Development Environment
IEEE	Institute of Electrical and Electronics Engineers
IPv4	Internet Protocol Version 4
IPv6	Internet Protocol Version 6
ISM	Industrial, Scientific and Medical
IT	Information Technology
ITRS	International Technology Roadmap for Semiconductors
ITU	International Telecommunication Union
ITU-R	International Telecommunication Union, Radiocommunication Sector
KIS	Krankenhaus-Informationssystem
L2CAP	Logical Link Control and Adaptation Protocol
LFSR	Linear Feedback Shift Register
LOS	Line-of-Sight
LR-WPAN	Low-Rate Wireless Personal Area Network
LTE	Long Term Evolution
MAC	Media Access Control (Layer)
MANET	Mobile Ad Hoc Network
MBAN	Medical Body Area Networks
MCAP	Multi-Channel Adaptation Protocol
MCU	Microcontroller Unit
MICS	Medical Implant Communications Service
MIT	Massachusetts Institute of Technology
MSP	Manufacturer Specific Profiles
NIST	National Institute of Standards and Technology
NLOS	Non-Line-of-Sight
NWK	Network (Layer)
O-QPSK	Offset Quadrature Phase Shift Keying
OOK	On-Off Keying

OSI .... Open Systems Interconnectio
PACS .... Picture Archiving and Communication System
PDA .... Personal Digital Assistent
PHY .... PHYsical (Layer)
PLL .... Phase-Locked Loop
PRX .... Primary Receiver
PSK .... Phase Shift Keying
PSSS .... Parallel Sequence Spread Spectrum
PTT .... Pulse Transit Time
PTX .... Primary Transmitter
QoS .... Quality-of-Service
RAM .... Random Access Memory
RFD .... Reduced Function Device
RFID .... Radio Frequency Identification
RSSI .... Received Signal Strength Indication
RX .... Receiver, Empfänger bzw. Empfangen
SCO .... Synchronous Connection-Oriented
SDP .... Service Discovery Protocol
SIG .... Special Interest Group
SIM .... Subscriber Identity Module
SiP .... System-in-Package
SoC .... System-on-Chip
SPP .... Serial Port Profile
SRD .... Short Range Devices
SSP .... Security Service Provider
TCP .... Transmission Control Protocol
TRX .... Transceiver, Sendeempfänger
TX .... Transmitter, Sender bzw. Senden
UART .... Universal Asynchronous Receiver Transmitter
UDP .... User Datagram Protocol
ULP .... Ultra Low Power
UMTS .... Universal Mobile Telecommunications System
USA .... United States of America
USB .... Universal Serial Bus
UWB .... Ultra-WideBand
VoIP .... Voice over IP
W3C .... World Wide Web Consortium
WBSN .... Wireless Body Sensor Network
WEP .... Wired Equivalent Privacy
WiFi .... Kunstwort; steht für drahtlose Netzwerke nach IEEE 802.11
WMTS .... Wireless Medical Telemetry Service
WSN .... Wireless Sensor Network
WWW .... World Wide Web
XML .... eXtensible Markup Language
ZC .... Zigbee Coordinator
ZCL .... ZigBee Cluster Library

ZDO .... ZigBee Device Object
ZDP .... Zigbee Device Profile
ZED .... Zigbee End Device
ZHC .... Zigbee Health Care
ZR .... Zigbee Router

Anhang A. ISM-Bänder

Von besonderer Bedeutung für die drahtlose Datenübertragung in der Medizintechnik sind die ISM-Bänder (*Industrial, Scientific and Medical*, ISM). Dabei handelt es sich um Frequenzbereiche, die von der ITU-R (*International Telecommunication Union, Radiocommunication Sector*) für Hochfrequenzanwendungen in Industrie, Wissenschaft und Medizin vorgesehen sind. Entgegen der üblichen Annahme handelt es sich bei ISM-Anwendungen aber nicht um Funkdienste. Laut FreqBZPV ist eine ISM-Anwendungen definiert als:»*Nutzung elektromagnetischer Wellen durch Geräte oder Vorrichtungen für die Erzeugung und lokale Nutzung von Hochfrequenzenergie für industrielle, wissenschaftliche, medizinische, häusliche oder ähnliche Zwecke, die nicht Funkanwendung ist.*« [46, S. 3]. Darunter fallen also Anwendungen wie industrielle Induktionsöfen, Funkenerosionsmaschinen, Ultraschallgeräte und medizinische Hochfrequenztherapiegeräte, die in den vorgegebenen Frequenzbändern arbeiten können. Die wohl bekannteste Anwendung im ISM-Bereich sind Mikrowellenöfen, die gewöhnlich bei 2.45 GHz arbeiten.

Die konkreten ISM-Frequenzbereiche sind in den Abschnitten 5.138, 5.150 und 5.280 der *ITU-R Radio Regulations* [116] definiert und in Tabelle A.1 zusammengefasst. Die Nutzung der Frequenzbereiche nach Artikel 5.138 bedarf dabei der gesonderten Genehmigung durch nationalen Autoritäten, welche unter Umständen weitere Einschränkungen vornehmen können. Die Verwendung der Frequenzbereiche nach Artikel 5.150 bedarf hingegen keiner zusätzlichen Genehmigung. Die nationalen Regulierungen werden beispielsweise in den USA durch die *Federal Communications Commission* (FCC) in den *Code of Federal Regulations, Part 18* [74] vorgenommen. In Deutschland sind die entsprechenden Frequenzbereiche durch eine Allgemeinzuteilungen für ISM-Anwendungen freigegeben (FreqBZPV [46], D138 und D150).

Funkdienste, welche die gleichen Frequenzbereiche nutzen, müssen Störungen durch ISM-Anwendungen akzeptieren. Gerade weil in diesen Bereichen mit vorübergehenden Störungen durch ISM-Anwendungen zu rechnen ist und alternative freie Frequenzen ein rares Gut sind, wurden diese Frequenzbereiche für eine unentgeltliche Nutzung ohne gesonderte Frequenzzuteilung freigegeben. Diese Allgemeinzuteilung gilt für Kurzstreckenfunk (*Short Range Devices*, SRD) mit geringer Sendeleistung. Die Regelungen für einen unlizensierten Betrieb von Funkdiensten ist durch die FCC in *Code of Federal Regulations, Part 15* [73] geregelt. Die entsprechenden Empfehlungen der EU für Kurzstreckenfunk sind in den *ERC Recommendations 70-30* [68] zu finden. Dort werden für unterschiedliche Anwendungsfälle (Annex 1 - Annex 13) Rahmenbedingungen für einzelne Frequenzbereiche vorgegeben. Das betrifft vor allem die maximal erlaubte Sendeleistung, Modulationsarten, Kanalabstand oder die erlaubte Einschaltdauer (Duty Cycle).

Die Besonderheit der ISM-Bänder ist also, dass für den Betrieb entsprechender Geräte keine spezielle Lizenz erforderlich ist. Dies bedeutet aber nicht, dass diese Frequenzbereich für beliebige drahtlose Datenübertragung verwendet werden darf. Die verwendeten Geräte müssen die verschiedenen gesetzlichen Vorgaben einhalten, der eigentliche Betrieb ist jedoch unentgeltlich möglich und erfordert keine Lizenz. Aus diesem Grund arbeitet viele der in der Medizin verwendeten Funksysteme innerhalb dieser Frequenzbereiche.

Die Lizenzfreiheit der ISM-Bänder hat jedoch auch eine Schattenseite: Inzwischen existiert eine große Anzahl von Geräten, die diese Frequenzbereiche nutzen. Diese können sich unter Um-

Tabelle A.1.: ISM-Bänder nach ITU-R Radio Regulations [116]

ISM-Frequenzbereich nach Abschnitt	
5.138	5.150
6,765 - 6,795 MHz	13,553 - 13,567 MHz
433,05 - 434,79 MHz[a]	26,957 - 27,283 MHz
61 GHz - 61,5 GHz	40,66 - 40,70 MHz
122 GHz - 123 GHz	902 - 928 MHz[b]
244 GHz - 246 GHz	2,400 - 2,500 GHz
	5,725 - 5,875 GHz
	24 - 24,25 GHz

[a] nur Region 1 (Europa, Afrika, GUS)
[b] nur Region 2 (Nord- und Südamerika)

ständen gegenseitig stören und so die Zuverlässigkeit der Anwendungen reduzieren. Problematisch für eine kommerzielle Anwendung kann es auch sein, dass die Frequenzbereich weltweit nicht einheitlich vergeben sind.

Anhang B. Hardware

B.1. Entwicklungshardware *»BSN-Develboard«*

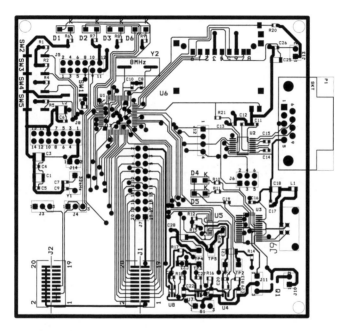

Abbildung B.1.: Schaltungslayout der Entwicklungshardware *»BSN-Develboard«*.

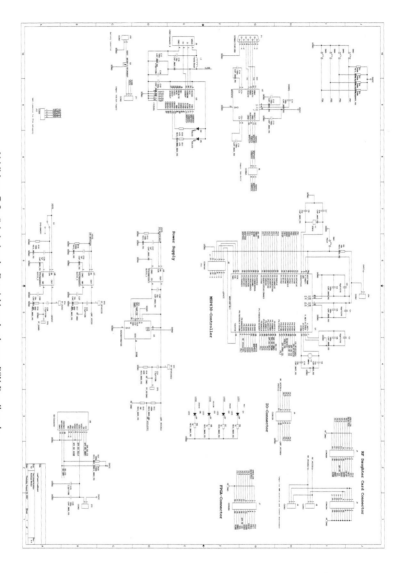

Abbildung B.2.: Schaltplan der Entwicklungshardware »*BSN-Develboard*«

B.2. Erweiterungsplatine *»nRF24L01-Daughter-Card«*

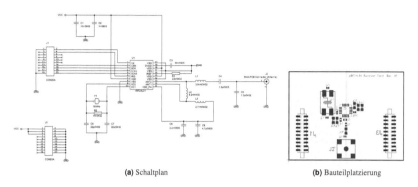

(a) Schaltplan

(b) Bauteilplatzierung

Abbildung B.3.: Erweiterungsplatine *»nRF24L01-Daughter-Card«*

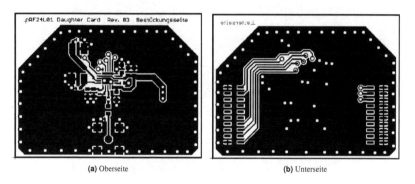

(a) Oberseite

(b) Unterseite

Abbildung B.4.: Layout der Erweiterungsplatine *»nRF24L01-Daughter-Card«*

B.3. Universelle BSN-Hardware »*BSN-UniNode*«

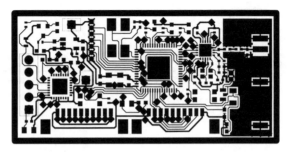

Abbildung B.5.: Layout der Platine der universellen BSN-Hardware (Top-Layer).

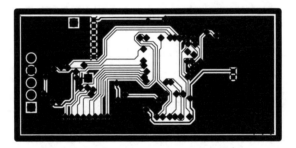

Abbildung B.6.: Layout der Platine der universellen BSN-Hardware (Bottom-Layer).

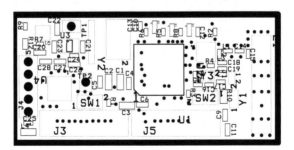

Abbildung B.7.: Bauteilplatzierung auf der universellen BSN-Hardware.

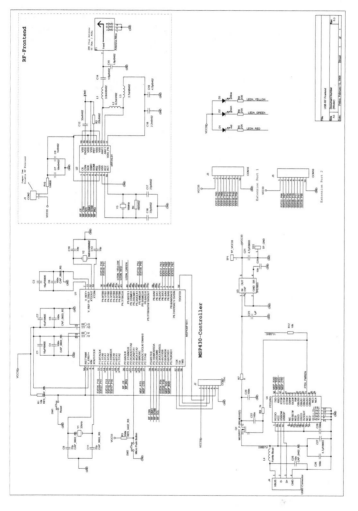

Abbildung B.8.: Schaltplan der universellen BSN-Hardware »BSN-UniNode«.

B.4. Optimierte Basisstation *»BSN-USBBaseStation«*

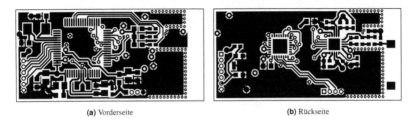

(a) Vorderseite   (b) Rückseite

Abbildung B.9.: Layout der Platinen der verbesserten Basisstationshardware *»BSN-USBBaseStation«*.

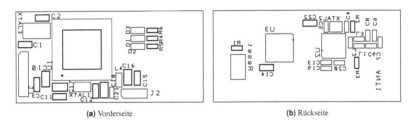

(a) Vorderseite   (b) Rückseite

Abbildung B.10.: Bauteilplatzierung auf den Platinen der verbesserten Basisstationshardware *»BSN-USB-BaseStation«*.

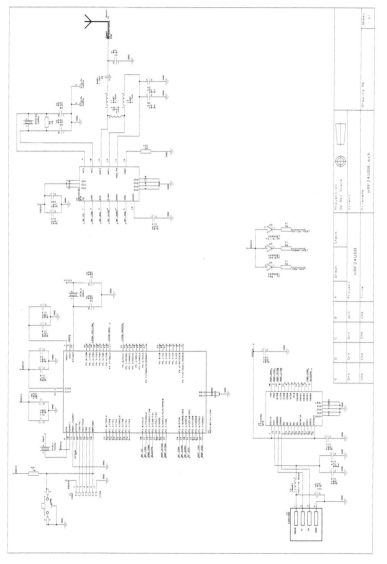

Abbildung B.11.: Schaltplan der optimierten USB-Basisstation »BSN-USBBaseStation«

B.5. Körpereinheit »*BSN-BodyUnit*«

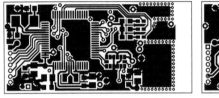 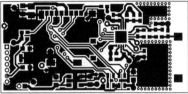

(a) Vorderseite   (b) Rückseite

Abbildung B.12.: Layout der Platinen der Körpereinheit »*BSN-BodyUnit*«.

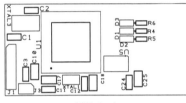 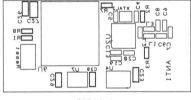

(a) Vorderseite   (b) Rückseite

Abbildung B.13.: Bauteilplatzierung auf den Platinen der Körpereinheit »*BSN-BodyUnit*«.

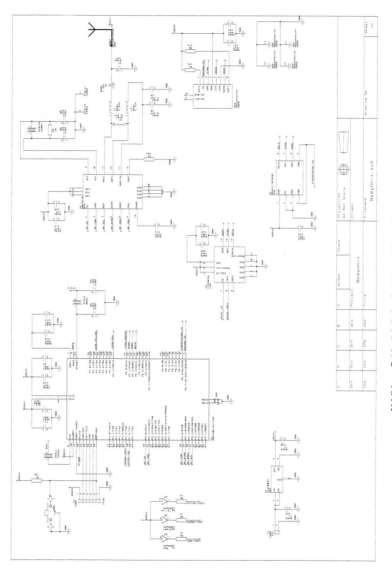

Abbildung B.14.: Schaltplan der Körpereinheit »BSN-BodyUnit«.

B.6. BSN-Funkmodul »*BSN-Modem*«

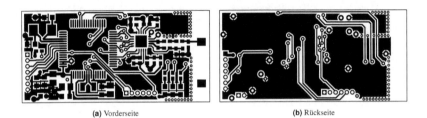

(a) Vorderseite   (b) Rückseite

Abbildung B.15.: Layout der Platinen des dedizierten Funkmoduls »*BSN-Modem*«.

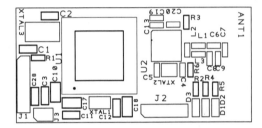

Abbildung B.16.: Bauteilplatzierung auf den Platinen des Funkmoduls »*BSN-Modem*«.

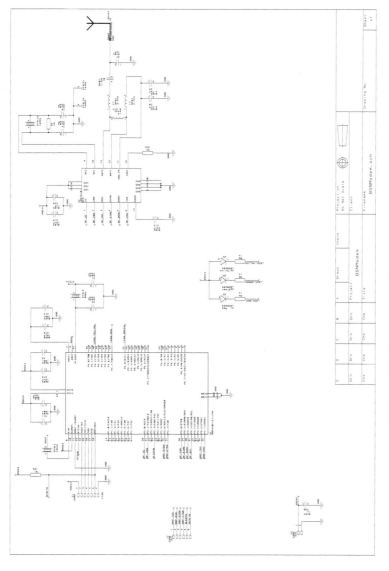

Abbildung B.17.: Schaltplan des dedizierten Funkmoduls »BSN-Modem«.

Anhang C. Software

C.1. XML-Syntax-Definition für Testfälle

```xml
<?xml version="1.0" encoding="ISO-8859-1" ?>
<xsd:schema xmlns:xsd="http://www.w3.org/2001/XMLSchema">

<!-- This element describes a test case. -->
<xsd:element name="testcase" type="TestCaseType"/>

<!-- Description of the test case type -->
<xsd:complexType name="TestCaseType">
  <xsd:sequence>
    <xsd:element name="testname"     type="xsd:string" />
    <xsd:element name="target"       type="xsd:string" />
    <xsd:element name="author"       type="xsd:string" />
    <xsd:element name="version"      type="xsd:string" />
    <xsd:element name="description"  type="xsd:string" />
    <xsd:element name="date"         type="xsd:date" />
    <xsd:element name="test"         type="TestType" maxOccurs="unbounded"
       "/>
  </xsd:sequence>
</xsd:complexType>

<!-- Type description of tests, consistion of a send command and
     an optional receive command. -->
<xsd:complexType name="TestType">
  <xsd:sequence>
    <xsd:element name="send"    type="CommandTypeSend" />
    <xsd:element name="receive" type="CommandTypeReceive" minOccurs="0"
      />
  </xsd:sequence>
</xsd:complexType>

<!-- The following type describes the hexadezimal string for the
     send command. -->
<xsd:simpleType name="hexString">
  <xsd:restriction base="xsd:string">
    <xsd:pattern value="[0-9A-Fa-f ]+"/>
  </xsd:restriction>
</xsd:simpleType>

<!-- The following element describes the format of the position
     attribute. It can be a single number or a range (two numbers
     separated by '-'; example: 4-23)    -->
<xsd:simpleType name="positionString">
  <xsd:restriction base="xsd:string">
    <xsd:pattern value="[0-9]+-[0-9]+|[0-9]+"/>
```

```
    </xsd:restriction>
  </xsd:simpleType>

<!-- Command type definition for the receive command. The receive
     command consists of one ore more protocol tags, an optional
     device tag and a description tag that describes what the
     command actually means. The protocol tag has an optional
     position attribute that can be used to set specific bytes in
     the protocol. The receive command can have an ignorebytes tag
     to describe bytes that should not be evaluated in the test
     software -->
<xsd:complexType name="CommandTypeReceive">
  <xsd:sequence>
    <xsd:element name="protocol" maxOccurs="unbounded">
      <xsd:complexType>
        <xsd:simpleContent>
          <xsd:extension base="hexString">
            <xsd:attribute name="pos" type="positionString"/>
          </xsd:extension>
        </xsd:simpleContent>
      </xsd:complexType>
    </xsd:element>
    <xsd:element name="description" type="xsd:string" />
    <xsd:element name="device" type="xsd:string" minOccurs="0"/>
    <xsd:element name="ignorebytes" type="positionString" minOccurs="0"/>
  </xsd:sequence>
</xsd:complexType>

<!-- Command type definition for the send command. The send command
     consists of one ore more protocol tags, an optional device tag
     and a description tag that describes what the command actually
     means. The protocol tag has an optional position attribute that
     can be used to set specific bytes in the protocol.-->
<xsd:complexType name="CommandTypeSend">
  <xsd:sequence>
    <xsd:element name="protocol" maxOccurs="unbounded">
      <xsd:complexType>
        <xsd:simpleContent>
          <xsd:extension base="hexString">
            <xsd:attribute name="pos" type="positionString"/>
          </xsd:extension>
        </xsd:simpleContent>
      </xsd:complexType>
    </xsd:element>
    <xsd:element name="description" type="xsd:string" />
    <xsd:element name="device" type="xsd:string" minOccurs="0"/>
  </xsd:sequence>
</xsd:complexType>

</xsd:schema>
```

176

C.2. Beispielkonfiguration für das FSM-Modell in C++

```
# transceiver model of the nRF24L01, based on the product specification
<TRANSITION_TIME_TO_RX=130.0>  # PLL lock time before switching to RX or
    TX [us]
<TRANSITION_TIME_TO_TX=130.0>  # PLL lock time before switching to RX or
    TX [us]

<CURRENT_TX_SETTLING_0DBM=8.0>   # average current during TX settling @
    0dBm [mA]
<CURRENT_TX_SETTLING_6DBM=8.0>   # average current during TX settling @
    -6dBm [mA]
<CURRENT_TX_SETTLING_12DBM=8.0>  # average current during TX settling @
    -12dBm [mA]
<CURRENT_TX_SETTLING_18DBM=8.0>  # average current during TX settling @
    -18dBm [mA]

<CURRENT_RX_SETTLING=8.4>  # average current during RX settling [mA]

<CURRENT_TX_0DBM=11.3>    # TX current @    0dBm [mA]
<CURRENT_TX_6DBM=9.0>     # TX current @   -6dBm [mA]
<CURRENT_TX_12DBM=7.5>    # TX current @  -12dBm [mA]
<CURRENT_TX_18DBM=7.0>    # TX current @  -18dBm [mA]

<CURRENT_RX_1MBIT=11.8>   # RX current @ 1MBit/s [mA]
<CURRENT_RX_2MBIT=12.3>   # RX current @ 2MBit/s [mA]
```

C.3. Messsoftware für LabVIEW

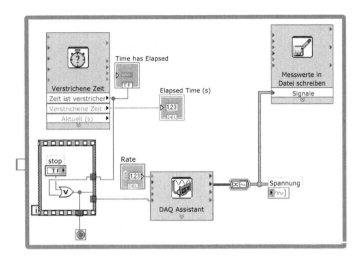

Abbildung C.1.: LabVIEW-Programm zur Aufzeichnung von Rohdaten.

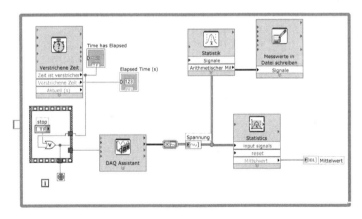

Abbildung C.2.: LabVIEW-Programm zur Aufzeichnung der mittleren Stromaufnahme.

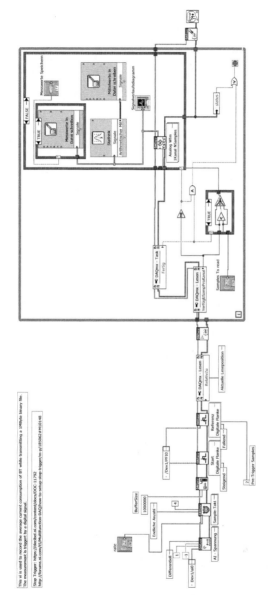

Abbildung C.3.: LabVIEW-Programm zur Aufzeichnung von Rohdaten und mittleren Stromaufnahme mit externer Steuerung für Messbeginn und Messende.

179

Lebenslauf

Andreas Weder wurde 1980 in Görlitz geboren. Er schloss seine schulische Bildung 1999 am Gymnasium Herrnhut mit dem Abitur ab. Anschließend studierte in den Jahren 2000-2006 an der Technischen Universität Dresden Elektrotechnik mit der Spezialisierungsrichtung Nachrichtentechnik. Sein Studium schloss er mit der Diplomarbeit mit dem Titel »Implementierung eines auf elliptischen Kurven basierenden Kryptoalgorithmus« erfolgreich ab. Dafür wurde er mit dem »EADS Defence Electronics ARGUS Award 2006« ausgezeichnet. Seit 2006 arbeite er am Fraunhofer Institut für Photonische Mikrosysteme (IPMS) in der Abteilung Wireless Micro Systems (WMS). Dort entwickelt er Hardware und Software für verschiedene Medizinprodukte. Für seine Promotion forscht er seit 2006 auf dem Gebiet der drahtlosen Sensornetzwerken am Körper (Wireless Body Sensor Networks). Einen besonderen Schwerpunkt bildet dabei die Simulation von Körpernetzwerken zur Validierung von Protokollentwürfen und deren energetische Optimierung.